Selçuk Çapuk

Havayollarında Zaman Etkenli Faaliyet Tabanlı Maliyet Uygulaması

Selçuk Çapuk

Havayollarında Zaman Etkenli Faaliyet Tabanlı Maliyet Uygulaması

Bir Havayolu İşletmesinde Zaman Etkenli Faaliyet Tabanlı Maliyet Uygulaması

Türkiye Alim Kitapları

Impressum / Yayınevi adı
Bibliografische Information der Deutschen Nationalbibliothek: Die Deutsche Nationalbibliothek verzeichnet diese Publikation in der Deutschen Nationalbibliografie; detaillierte bibliografische Daten sind im Internet über http://dnb.d-nb.de abrufbar.

Deutsche Nationalbibliothek tarafından yayınlanan bibliyografik bilgiler: Deutsche Nationalbibliothek, bu yayını Deutsche Nationalbibliografie'de listeler; detaylı bibliyografik bilgi İnternet'te http://dnb.d-nb.de sitesinde mevcuttur.

Coverbild / Kitap kapağı resmi: www.ingimage.com

Verlag / Yayıncı:
Türkiye Alim Kitapları
ist ein Imprint der / yayınevinin bir ticari markasıdır
OmniScriptum GmbH & Co. KG
Heinrich-Böcking-Str. 6-8, 66121 Saarbrücken, Deutschland / Almanya
Email / E-posta: info@turkiye-alim-kitaplary.com

Herstellung: siehe letzte Seite /
Basım yeri: son sayfaya bakın
ISBN: 978-3-639-67236-7

Genel Bilgiler

İsim ve Soyadı : **Selçuk Çapuk**

Anabilim Dalı : **İşletme**

Programı : **Muhasebe Finansman**

Tez Danışmanı : **Prof. Dr. Gülümser Ünkaya**

Tez Türü ve Tarihi : **Doktora – Haziran 2012**

Anahtar Kelimeler : **Faaliyet Tabanlı Maliyetleme, Faaliyet Tabanlı Maliyet Sistemi, Sürece Dayalı Faaliyet Tabanlı Maliyet Sistemi, Havacılık, Havayolu İşletmesi.**

Özet

Bir Havayolu Şirketinde Zaman Etkenli Faaliyet Tabanlı Maliyet Uygulaması

Bu çalışmanın amacı, faaliyet tabanlı maliyet sistemini anlamak ve havacılık sektörü için uygulanabilir bir faaliyet tabanlı maliyet sistemi yaratmaktır. Çalışmanın temel olarak çıkış noktası, yoğun rekabet altında doğru maliyet bilgisinin önemini anlamaktır. Teknolojik gelişmeler ve yeni üretim koşulları geleneksel maliyet sistemlerinden elde edilen sonuçların doğruluğu konusunda eleştirilere yol açtı. Bu çerçevede faaliyete tabanlı maliyet sistemleri, geleneksel hacim tabanlı maliyet sistemlerine alternatif olarak geliştirilmiştir. Çalışmada, faaliyet tabanlı maliyet sisteminin en yeni versiyonu olan zaman etkenli faaliyet tabanlı maliyet sisteminin havacılık sektöründe uygulanabilirliği Türk Hava Yolları Muhasebe Bölümü'nün desteği ile ele alınmıştır. ABC Havayolları kurgulanmış bir havayolu şirketi olup, sistemin uygulanabilirliğini belirlemek için yapılan anket ve mülakat sonuçlarıABC havayolları bünyesinde sunulmuştur.

General Knowledge

Name and Surname : **Selçuk Çapuk**

Field : **Business Administration**

Programme : **Accounting and Finance**

Supervisor : **Gülümser Ünkaya**

Degree Awarded and Date : **Doctorate**

Keywords :**Activity Based Costing, Time Driven Activity Based Costing, Process Based Activity Based Costing, Aviation, Airline.**

Abstract

Applicatıon of Time Driven Activity Based Costing for an Airline Company

The aim of this study is to understand time driven activity based costing and to create an applicable time driven activity based costing model for aviation sector. This study's basic starting point is understanding the importance for the accurate costing knowledge under intensive competition. Technological developments and new production circumstances caused the changes in the production structures which in turn led to criticisms to the accuracy of the results obtained from the traditional costing systems. In this frame, activity based costing were developed as an alternative to traditional volume based costing. In the study, the applicability of the newest version of activity based costing which is called time driven activity based costing system in aviation sector was taken into consideration with the help of The Accounting Department of Turkish Airlines. The poll results applied to determine the applicability of this system for a constructed airline company which is called ABC Airlines were presented.

Teşekkür

Yazar, bu çalışmanın gerçekleşmesinde katkılarından dolayı, aşağıda adı geçen kişi ve kuruluşlara içtenlikle teşekkür eder.

Sayın Prof. Dr. Gülümser ÜNKAYA (tez danışmanı), tez çalışmasının gerçekleştirilmesi için gerekli ortamı hazırlamıştır.

Sayın Prof. Dr. Fahir BİLGİNOĞLU, çalışmanın sonuca ulaştırılmasında ve karşılaşılan güçlüklerin aşılmasında yön gösterici olmuştur.

Türk Havayolları Muhasebe Bölümü Başkanı Sayın Hüseyin BAĞRIYANIK, çalışmanın uygulama aşamasının gerçekleşmesi için gerekli ortamı sağlayarak çalışmanın her aşamasına destek olmuştur.

Türk Havayolları Pazarlama ve Satış Başkanlığı'ndan Sayın Ahmet ÖZTAŞ, tezin anlatım dilinin düzeltilmesinde yardımcı olmuşlardır.

İçindekiler

		Sayfa No.
Türkçe Özet		1
İngilizce Özet		2
Teşekkür		3
İçindekiler		4
Tablo Listesi		7
Şekil Listesi		9
Kısaltmalar		10
1.Giriş		11
2.Faaliyet Tabanlı Maliyet Sistemi		13
2.1.	Hacim Tabanlı Maliyet Sisteminin Özellikleri ve Sistemi Yetersiz Kılan Sebepler	15
	2.1.1. Hacim Tabanlı Maliyet Sisteminin Özellikleri	16
	2.1.2. Hacim Tabanlı Maliyet Sistemini Yetersiz Kılan Sebepler	19
2.2.	Faaliyet Tabanlı Maliyet Sisteminin Gelişimi	22
	2.2.1. Faaliyet Tabanlı Maliyet Sistemine Duyulan İhtiyaç	23
	2.2.2. Faaliyet Tabanlı Maliyet Sisteminin Tarihsel Gelişimi	29
2.3.	Faaliyet Tabanlı Maliyet Sisteminin Temel Özellikleri ve Sistemin Tasarlanması	33
	2.3.1. Faaliyet Tabanlı Maliyet Sisteminin Temel Özellikleri	34
	2.3.2. Faaliyet Tabanlı Maliyet Sisteminin Tasarlanması	38
2.4.	Faaliyet Tabanlı Maliyet Yönetimi ve Faaliyet Tabanlı Yönetim	40
2.5.	Kullanıcısı Açısından FTMS'nin Uygunluğu ve Başarı Unsurları	46
	2.5.1. FTMS Uygulaması'nın Kullanıcısı Açısından Uygunluğu	46
	2.5.2. FTMS Uygulamasının Başarılı Olma Unsurları	49
2.6.	Hacim Tabanlı Maliyet Sistemi ile Faaliyet Tabanlı Maliyet Sistemlerinin Karşılaştırılması	51

2.7. Faaliyet Tabanlı Maliyet Sisteminin Uygulamada Karşılaştığı Zorluklar ve Sisteme Getirilen Eleştiriler 57

3. Zaman Etkenli Faaliyet Tabanlı Maliyet Sistemi 60

3.1. Zaman Etkenli Faaliyet Tabanlı Maliyet Sistemine Duyulan İhtiyaç 60
3.2. Zaman Etkenli Faaliyet Tabanlı Sistemi ve Sistemin Tarihsel Gelişimi 63
3.2.1. Zaman Etkenli Faaliyet Tabanlı Maliyet Sistemi 64
3.2.2. Zaman Etkenli Faaliyet Sisteminin Tarihsel Gelişimi 69
3.3. Zaman Etkenli Maliyet Sisteminin Tasarlanması ve İşleyişi 72
3.3.1. Zaman Etkenli Maliyet Sisteminin Tasarlanması 72
3.3.2. Zaman Etkenli Maliyet Sisteminin İşleyişi 74
3.4. Zaman Etkenli Faaliyet Tabanlı Maliyet Sistemi ve Faaliyet Tabanlı Maliyet Sistemlerinin Karşılaştırılması 80
3.5. ZEFTMS'nin Güçlü ve Zayıf Yönleri 87

4. Havacılık Sektörü 92

4.1. Havacılık Tarihi 92
4.1.1. Dünya Havacılık Tarihi 93
4.1.2. Türk Havacılık Tarihi 97
4.2. Yolcu Taşımacılığı ve Havacılık Sektörünün Mevcut Durumu 102
4.2.1. Yolcu Taşımacılığı 102
4.2.2. Havacılık Sektörünün Mevcut Durumu 104
4.3. Havacılık Sektörü Maliyet Yapısı ve Çalışmaları 112
4.3.1. Havacılık Sektörü Maliyet Yapısı 116
4.3.2. Havacılık Sektörü Maliyet Çalışmaları 131

5.Havacılık Sektöründe Zaman Etkenli Faaliyet Tabanlı Maliyet Sistemi Uygulaması 145

5.1. Havacılık Sektöründe Yeni Maliyet Sistemlerine Duyulan İhtiyaç 145

5.2. Uçuş Saati Bazında ve Uçak Tiplerine Göre Sektör Maliyetleri 148

5.3. Bir Havayolu İşletmesinde Zaman Etkenli Maliyet Sistemi Uygulaması 150

5.3.1. ABC Havayoluna Ait Temel Bilgiler 151

5.3.2. ABC Havayollarının Maliyetleri ve Maliyet Sistemi Bilgileri 151

5.3.2.1. ABC Havayollarının 2011 Yılı Maliyet Bilgileri 151

5.3.2.2. Havayollarının Maliyet Sistemi Bilgileri 154

5.3.3. ABC Havayolu'nun Kullandığı Hacim Tabanlı Maliyet Sistemi'nde Örnek Ürünlerinin(Hatlarının) Maliyetleri 159

5.3.4. ZEFTMS Model Kurma ve Maliyet Etkenlerinin Belirlenmesi 181

5.3.4.1. ZEFTMS Model Kurma 183

5.3.4.2. ZEFTMS Maliyet Etkenlerinin Belirlenmesi 187

5.3.5. ABC Havayolu'nun ZEFTMS Modeli'ni Kullanarak Örnek Ürünlerinin(Hatlarının) Maliyetlerinin Belirlenmesi 193

5.3.6. Sonuçların Fiili Maliyet Sisteminin Verileriyle Karşılaştırılması 210

6.Sonuç 213

Ekler 217

Kaynakça 219

Tablo Listesi

		Sayfa No.
Tablo 1:	Geleneksel Üretim Ortamı ile İleri Üretim Ortamının Karşılaştırılması	27
Tablo 2:	Türkiye'de Sanayi Şirketlerinde FTM Yönteminin Kullanımı	32
Tablo 3:	FTM Yönteminin Uygulanmama Nedenleri	32
Tablo 4:	Zaman ve Maliyet Yapısı İlişkisi	51
Tablo 5:	Ülkelere Göre FTMS Kullanım Durumları	59
Tablo 6:	FTMS Gelişimlerinin Sınıflandırılması	71
Tablo 7:	Geleneksel FTMS ve ZEFTMS Kıyas	83
Tablo 8:	Geleneksel FTMS'ye Göre Faaliyet Maliyet Oranlarının Hesaplanması	86
Tablo 9:	ZEFTMS'ye Göre Faaliyet Maliyetlerinin Hesaplanması	87
Tablo 10:	Türkiye'deki Havayolu İşletmelerinin 2011 Haziran Ayı İtibariyle Filo Durumları	108
Tablo 11:	İstanbul'dan Diğer Şehirlere Yapılan Yolculuk Süreleri (Saat)	109
Tablo 12:	Türkiye'de Yıllar İtibariyle Havayolu ile Taşınan Yolcu Sayısı (x Bin)	110
Tablo 13:	Havayolları İşletme Maliyetlerin 2008 Yılı Dağılımı	117
Tablo 14:	Bölgelere Göre Havayolları İşletme Maliyetleri	119
Tablo 15:	Yıllara Göre Jet Yakıt Varil Fiyatları	121
Tablo 16:	2002-2009 Döneminde Global Uçak Filosu'na katılan 4,157 Uçağın Dağılımı	122
Tablo 17:	Orta Doğu Havayolları Filo Genişleme Planları (2008 yılı mart ayı itibariyle)	123
Tablo 18:	Global Havayolları Filo İstatistikleri	124
Tablo 19:	2009 Yılı AOCTF Çalışması 11 Büyük Amerikan Havayolu Filo Bilgileri	126
Tablo 20:	Anahtar Performans Ölçütleriyle 11 Büyük Amerikan Havayolu'nun Analizi	127
Tablo 21:	49 Amerikan Havayolunun 2009 Yılı Operasyenel Giderlerinin Dağılımı	130
Tablo 22:	10 Büyük Amerikan Havayolu 2008-2009 İşletme Maliyetleri Analizi	132
Tablo 23:	10 Büyük Amerikan Havayolu 2008-2009 İşletme Maliyetlerinin Sınıflandırması	133
Tablo 24:	British Midland Airways – Maliyet Yapısı: Finansal Yıl 2003/04	135
Tablo 25:	AOCTF'ye Göre Maliyetlerin Dağılımı	140
Tablo 26:	ICAO Sınıflandırması, Dünya Havayolu Maliyet Dağıtımları 1992-2005	143
Tablo 27:	Bölgeye Göre Performans Ölçüm Tekniklerin Kullanım Yüzdesi	147
Tablo 28:	A320 Tipi Uçağın Block Saat Uçuş Operasyon Maliyetleri, 2005 Yılı	149
Tablo 29:	Amerikan Havayollarının Farklı Uçak Tiplerinin 2008-2009 Yılları Ortalama Uçuş Operasyon Maliyetleri (block saat)	149
Tablo 30:	Havayollarının 2011 Yılı Kapasite Bilgileri	151
Tablo 31:	Anahtar Performans Ölçütleriyle ABC Havayolunun 2011 Yılı Analizi	152
Tablo 32:	ABC Havayolları Gelirlerin Sınıflandırması	154
Tablo 33:	ABC Havayolları Giderlerin Sınıflandırması	155
Tablo 34:	ABC Havayollarının 2011 Yılı Toplam Gelir ve Maliyetinin Dağılımı	160
Tablo 35:	ABC Havayollarının 2011 Yılı İstanbul-Medine (IST-MED) Hattı Maliyet Analizi	163
Tablo 36:	ABC Havayollarının 2011 Yılı İstanbul-Londra (IST-LHR) Hattı Maliyet Analizi	166
Tablo 37:	ABC Havayollarının 2011 Yılı İstanbul-Newyork (IST-JFK) Hattı Maliyet Analizi	168
Tablo 38:	ABC Havayollarının 2011 Yılı İstanbul-İzmir (IST-ADB) Hattı Maliyet Analizi	171
Tablo 39:	ABC Havayollarının 2011 Yılı İstanbul-Sivas (IST-VAS) Hattı Maliyet Analizi	174
Tablo 40:	ABC Havayollarının 2011 Yılı İstanbul-Kars (IST-KSY) Hattı Maliyet Analizi	177
Tablo 41:	ABC Havayolları Hacim Tabanlı Maliyet Sistemi Hat Maliyetleri Kıyaslaması	179

Tablo 42: ABC Havayolları Endirekt Maliyet Merkezleri 184
Tablo 43: ABC Havayolları Faaliyet Düzeyleri İtibariyle Departmanların Sınıflandırması 185
Tablo 44: ABC Havayollarının 2011 Yılı Endirekt Maliyetlerinin Maliyet Merkezlerine Dağılımı 188
Tablo 45: ABC Havayolları Endirekt Maliyet Merkezlerinin Faaliyet Düzeyleri İtibariyle Sınıflandırılması ve ZEFTMS Maliyet Etkenleri 190
Tablo 46: ABC Havayolları ZEFTMS Modeli 2011 Yılı İstanbul-Medine (IST-MED) Hattı Maliyet Analizi 193
Tablo 47: ABC Havayolları ZEFTMS Modeli 2011 Yılı İstanbul-Londra (IST-LHR) Hattı Maliyet Analizi 196
Tablo 48: ABC Havayolları ZEFTMS Modeli 2011 Yılı İstanbul-Newyork (IST-JFK) Hattı Maliyet Analizi 199
Tablo 49: ABC Havayolları ZEFTMS Modeli 2011 Yılı İstanbul-İzmir (IST-ADB) Hattı Maliyet Analizi 202
Tablo 50: ABC Havayolları ZEFTMS Modeli 2011 Yılı İstanbul-Sivas (IST-VAS) Hattı Maliyet Analizi 205
Tablo 51: ABC Havayolları ZEFTMS Modeli 2011 Yılı İstanbul-Kars (IST-KSY) Hattı Maliyet Analizi 208
Tablo 52: ABC Havayolları Hacim Tabanlı Maliyet Sistemi İle ZEFTMS Modeli Hat Maliyetleri Kıyaslaması 211

Şekiller Listesi

		Sayfa No.
Şekil 1:	Geleneksel Maliyet Yükleme Modeli	17
Şekil 2:	Rekabet Avantajı Sağlayan Enstrümanlar ve Aralarındaki İlişki	24
Şekil 3:	Faaliyet Tabanlı Maliyet Sisteminin Tarihsel Gelişimi	32
Şekil 4:	Faaliyet Tabanlı Maliyet Sisteminde İki Aşamalı Dağıtım	36
Şekil 5:	İki Boyutlu Faaliyet Tabanlı Maliyet Sistemi	37
Şekil 6:	FTY, Süreçler, Faaliyetler ve Maliyet İlişkisi	44
Şekil 7:	FTM, FTMY ve FTY'nin Karşılaştırması	45
Şekil 8:	Maliyet Davranışı ve Bilgi Sistemi Doğruluğu İlişkisi	49
Şekil 9:	FTMS Sebep Sonuç	54
Şekil 10:	Maliyet Muhasebesinde Darwin Evrimi	56
Şekil 11:	Zaman Etkenli Faaliyet Tabanlı Maliyet Sistemi	67
Şekil 12:	Faaliyet Tabanlı Maliyet "Zaman Bölünmeleri"	75
Şekil 13:	ZEFTMS Faaliyet Maliyeti Hesaplanması	77
Şekil 14:	ABC Havayolları ZEFTMS Modeli Giderlerin Dağılımı	182
Şekil 15:	ABC Havayolları ZEFTMS Modeli İşleyişi	183

Kısaltmalar

AEA	Association of European Airlines
IATA	International Air Traffic Association-Ulusl. Hava Taş. Birl.
AOCTF	Airline Operational Cost Task Force Data Collection
ASELSAN	Askeri Elektronik Sanayi
BT	Bilgi Teknolojileri
C.	Cilt no
CRM	Customer Relationship Management-Müşteri İlişkileri Yönetimi
CRS	Computer Reservations System-Bilgisayar Destekli Rez.Sist.
CUTE	Common Used Terminal Equipment
Dİ	Direkt İşçilik
DİMM	Direkt İlk Madde ve Malzeme
ERP	Enterprise Resource Planning- Kurumsal Kaynak Planlaması
FTM	Faaliyet Tabanlı Maliyet
FTMS	Faaliyet Tabanlı Maliyet Sistemi
FTMY	Faaliyet Tabanlı Maliyet Yönetimi
FTY	Faaliyet Tabanlı Yönetim
GÜM	Genel Üretim Maliyetleri
ICAO	International Civil Aviation Organisation-Ulusl. Sivil Hav. Örgt.
MCTF	Maintenance Cost Task Force
S.	Sayı
s.	Sayfa
TAI	Türk Havacılık ve Uzay Sanayi
TEI	Türk Motor Sanayi
TZÜ	Tam Zamanında Üretim
THK	Türk Hava Kurumu
THY	Türk Hava Yolları
TKY	Toplam Kalite Yönetimi
TZÜ	Tam Zamanında Üretim
UFRS	Uluslararası Finansal Raporlama Standartları
US DOT	U.S. Department of Transportation -Amerikan Ulaşt. Bakanlığı
V	Volume
Y	Yayın no
YHÜ	Yolcu Hizmet Ücreti
ZBÜS	Zaman Bazlı Üretim Sistemleri
ZEFTMS	Zaman Etkenli Faaliyet Tabanlı Maliyet Sistemi

1. GİRİŞ

XXI. Yüzyıl, dünya ekonomisinde çok yoğun değişikliklerin yaşandığı bir dönemdir. Yaşanan bu değişim, üretim sektöründe istihdam edilen insan faktörünün hizmet sektörüne kayması,üretim faaliyetinin teknoloji yoğun olarak yürütülmesi, yani üretim sistemini yürüten unsur olan insanın,makinelerle ikame edilmesi ve günümüz işletmelerinin üretim faktörlerinde büyük değişimlerinyaşanması sonuçlarını doğurmuştur. Bu durumda direkt işçilik maliyetlerinde önemli azalmalar ortaya çıkmış, yoğun olarak kullanılan teknoloji ya da makineyle ilgili maliyetlerdeartış olmuştur. Başka bir ifadeyle, üretim sistemindeki değişim, direkt işçilik maliyetlerinde düşüşe, genel üretim maliyetlerinde ise yükselişe neden olmuştur.

İşletmelerin, üretim faktörlerinde ve dış çevrelerinde yaşanan değişimler karşısında başvurdukları geleneksel yönetim araçları, hantal yapıları sebebiyle değişimlerin doğurduğu ihtiyaçlar karşısında yetersiz kalmıştır. Geleneksel yönetim araçlarının olumsuz sonuçlarını hissetmeye başlayan işletmeler ve akademisyenler var olan sistemleri gözden geçirerek ve ihtiyaçları karşılayacak yeni yönetim araçları geliştirerek, yaşanan değişimlere ayak uydurmaya çalışmışlardır.

Geleneksel hacim tabanlı maliyet sistemlerinde, özellikle üretim faktörlerindeki değişim ve artan rekabet ortamının baskısı karşısında, artan genel üretim maliyetlerini sebep-sonuç ilişkisini yitirmiş direkt unsurlarla ürünlere yüklemeye devam edildiği için sistematik olarak yanlış maliyet bilgisi üretildiği 1980'li yıllarda genel kabul görmeye başlamıştır. Bu yıllardan itibaren geleneksel hacim tabanlı maliyet sistemlerinin çağdaş maliyet sistemleriyle ikame edilmesi ihtiyacı önem kazanmıştır.İşletmelerin, değişen üretim teknolojilerine rağmen, ürettikleri ürünleri direkt işçilik saati, makine saati gibi dağıtım anahtarlarını esas alarak hesaplamaları, bu hesaplamanın geçerliliğinin sorgulanmasına neden olmuştur. Bu sorgulamalar da hem işletmeleri hem de konu ile ilgili diğer kişileri yeni yöntemlerin araştırılmasına itmiştir. Bu araştırmaların belirli alanlarda yoğunlaşması 1980'li yılların sonlarına rastlamaktadır.

Yapılan çalışmalar, değişen üretim sistemlerinin de etkisiyle ürünlerin maliyetlerinin hesaplanmasında kullanılan hacim tabanlı yaklaşımın yerine, üretim sistemlerine uygun yaklaşımlara yönelinmesi gerektiğini ortaya koymuştur. Bu konuda ortaya konulan en önemli sistem ise, faaliyet tabanlı maliyet sistemi olmuştur.

Bahsedilen bu değişim ve hacim tabanlı maliyet sistemindeki eksikliğin giderilmesi amacıyla geliştirilen faaliyet tabanlı maliyet yaklaşımı, genel üretim maliyetlerinin işletme kaynaklarını tüketen faaliyetler tarafından oluşturulduğu ve söz konusu işletme faaliyetlerinin de yarı mamul, mamul, hizmet gibi maliyet unsurları tarafından tüketildiği esasına dayanır. Buna göre, ürün-maliyet ilişkisi faaliyetler üzerinden kurulmalıdır.

Faaliyet tabanlı maliyet sistemi (FTMS) uygulamaları konusunda standartlaşma olmasa da, 1990'lı yıllarda iş ve yönetim çevrelerinde oldukça popüler olmuştur. Şirketler, FTMS uygulamaları ile kârlılığı arttırıcı birçok fırsat ile birlikte maliyetleri kurumsal anlamda çok daha etkinyönetebilmenin yollarını keşfetmişlerdir. Ancak temel faaliyetlerin hesaplanmasının,modelin geliştirilmesinin ve kontrol edilmesinin maliyetli ve fazla zaman alan biruygulama olması yeni bir yöntem ihtiyacını ortaya çıkarmıştır.Böylece, Robert Kaplan ve Acorn Systems ekibi tarafından geleneksel FTMS yaklaşımının iyileştirilmiş bir modeli olan zaman etkenli faaliyet tabanlı maliyet sistemi (ZEFTMS) isminde yeni bir yöntem geliştirmişlerdir.

Değişen üretim yapısı ve artan rekabet günümüzde işletmelerin maliyetlerini hesaplama noktasından çok farklı bir boyut kazanmıştır. Artık sadece maliyetlerin hesaplanması rekabette sürekliliğin sağlanması için yetmemekte, "en uygun maliyet yapısına" ulaşılması da gerekmektedir. İşletmeler rekabet güçlerini yitirmemeleri için maliyetlerini, amaçları doğrultusunda yönetebilmelidir. Fiyat, piyasa tarafından belirlenen dışsal bir unsur olarak kabul edildiğinde, bir iç unsur olan "maliyet" ve "maliyet yönetimine" odaklanmak firmalar için kaçınılmaz hale gelmiştir.

Çalışma, giriş bölümü de dâhil olmak üzere altı ana bölümden oluşmaktadır.

Çalışma, zaman etkenli faaliyet tabanlı maliyet sisteminin havayolu işletmelerine uygunluğunu ve nasıl uygulanacağını ortaya koyma temel amacını taşımaktadır.

Çalışmanın ikinci bölümü, faaliyet tabanlı maliyet sistemine ilişkin teorik bilgileri içermektedir. Bu bölümde faaliyet tabanlı maliyet sisteminin ortaya çıkışı, uygulama aşamaları ele alınmakta ve hacim tabanlı maliyet sistemi ile karşılaştırması yapılmaktadır.

Çalışmanın üçüncübölümün, zaman etkenli faaliyet tabanlı maliyet sistemi, kapsamlı olarak ele alınmaktadır.

Dördüncü bölümde, havacılık sektörü, maliyet yapısı ve sistemi incelenmiş ve maliyetlerin hesaplanmasında kullanılan mevcut sistemin eksiklikleri ortaya konulmuştur.

Çalışmanın beşinci bölümünü oluşturan havayolu işletmesinde ZEFTMS uygulaması, THY A.O Muhasebe Başkanlığı'nın desteğiyle gerçekleştirilmiş olup, bu çalışmada söz konusu olan verilere ait maliyet hesaplamasındaki rakamlar birebir gerçek rakamlar olmayıp, THY A.O.'nun bu konudaki hassasiyetine saygı duyarak, sektör genelindeki rakamlara uygun tahmini senaryolar geliştirilmesi şeklinde oluşturulmuştur. Uygulama aşamasında, "yerleşik" tabir edilen büyük bir geleneksel havayolu işletmesinde ZETFMS modeli uygulayarak toplam maliyetleri içerisinde %15-25 oranın sahip olan genel giderlerinin(endirekt maliyetlerinin) yeniden değerlendirilmesi ve ürünlere yüklenmesinin ardından, ürün maliyetlerinin geleneksel hacim tabanlı maliyet sisteminden elde edilen sonuçlarıyla kıyaslaması yapılacaktır.

Çalışmanın sonuç bölümünde, havayolu işletmeleri için ele alınan zaman etkenli faaliyet tabanlı maliyet sistemi modelinin pratikte uygulanabilirliğine dair değerlendirmeler yapılacaktır. Ayrıca bu bölümde, çalışmamızın uygulama aşamasında edinilen tecrübelerden yola çıkarak, söz konusu modelin pratikte karşılaşabileceği muhtemel engellerin aşılmasına yönelik çeşitli önerilere yer verilecektir.

2. FAALİYET TABANLI MALİYET SİSTEMİ

Piyasada oluşan üretim ve tüketim yapılarındaki değişme, işletmeleri fiyat alanındaki rekabetten uzaklaştırarak maliyette rekabete yöneltmektedir. Maliyet rekabetinde başarı ise, öncelikle maliyetlerin doğruya en yakın şekliyle hesaplanması ve işletme kaynaklarının etkin kullanılarak, maliyetlerin istenilen amaca yönlendirilmesi ile mümkün olabilir. Kaynakların etkin kullanımı, işletmelerde maliyetlerin, veri olmaktan uzaklaştırılarak, yönetilmesi konusunu gündeme getirmektedir.

Maliyet yönetiminde amaç, yönetime zamanında ve amaca uygun bilgi sunmaktır. Bu bilgiler, yöneticilerin zamanında doğru karar almalarına ve sonuçta maliyetlerin düşürülmesine ve işletme kaynaklarının verimli bir şekilde kullanılmasını sağlayacaktır. İşletmelerin başarısının ön koşulu, karar almak için gerekli ve doğru bilgileri tam zamanında yöneticilere ulaştırmaktır. Bu nedenle maliyet sisteminin, bahsedilen amaca hizmet edecek şekilde yapılandırılması gerekir. Diğer bir ifadeyle maliyet yönetimine imkân verecek bir maliyet sisteminin kurulması gerekir.[1] Maliyetlere yön vermek, günümüzde işletmeler için bir ihtiyaç olarak ortaya çıkmış, yalnızca geçmiş maliyet bilgilerini kullanmak yetersiz kalmış, bunun yerine, üzerinden gelecekle ilgili çıkarımlar yapılabilecek işlenmiş maliyet bilgisi ihtiyacı ortaya çıkmıştır.

Maliyet yönetimi, maliyet yapı ve davranışlarını piyasa şartlarına göre önceden şekillendirmek amacına hizmet eder. Bu amacın gerçekleştirilmesi için, değer zincirinde maliyetler belirlenmeli, planlanmalı, kontrol edilmeli ve değerlendirilmelidirler. Maliyetlerin ortaya çıkmadan önce planlanmasına dayanan bu süreç, hedef maliyet, faaliyet tabanlı maliyet sistemi, yaşam dönemi maliyeti gibi yeni maliyetleme kavramların oluşmasına öncülük etmiştir.[2]

İşletmelerde etkin karar verme amaçlı birçok maliyet sistemi kullanılmaktadır. Bunların her biri kendi amaçları doğrultusunda konunun bir yönüne yardımcı olmaktadır. Henüz günümüz dinamik ekonomik yapısı içinde, bütün işletmelerin maliyet yönetimi ile ilgili sorunlarına çözüm getirecek maliyet yönetim sistemi geliştirilememiştir. Geliştirilen sistemlerin her biri sorunun bir kısmına ışık tutmaktadır. İşletmeler, kendi özelliklerine ve ihtiyaçlarına göre bu yöntemlerden uygun olanları uygulamaları gerekmektedir.[3] İşletmeleri yöntem seçiminde dikkat etmeleri gereken, kendi özelliklerine ve ihtiyaçlarına uygun olduğunu düşündükleri sistemlerinden, işletmeye uyumlaştırılmasında esnek ve uyumluluğu en yüksek olanı tercih etmelidirler.

İşletmelerin rekabet ortamında varlıklarını sürdürebilmeleri iç ve dış çevrelerindeki bileşenlerin değerlendirilerek işletme süreçlerinde kaynaklarını etkin kullanma yeteneklerine bağlıdır. Ekonomik bileşen, işletmenin maliyet sisteminden elde ettiği verilere bağlıdır. Bu kapsamda işletmeler etkin kaynak kullanımı için birçok teknikle birlikte, faaliyet tabanlı maliyet sisteminden de yararlanmaktadır. Burada amaç, kendisini üreten maliyet merkezine veya çıktılara yüklenmeyen gizli maliyetlerin ortaya çıkarılması suretiyle işletmede şeffaflığın sağlanmasıdır.[4] Faaliyet tabanlı maliyet sistemi, kaynakları tüketen faaliyetlere odaklanarak maliyetlerin yönetimini gerçekleştirmektedir.

---

[1] Nihat Küçüksavaş, **Tek Düzen Muhasebe Sisteminde Yönetim Açısından Bilgisayar Uygulamalı Maliyet Muhasebesi**, İstanbul: Beta Yayıncılık, 2002, s.585.

[2] Stefan Seuring and Maria Goldbach, **Cost Management in Supply Chains,** Physica-Verlag Inc., New York, 2002, p.3.

[3] Küçüksavaş, s.86.

[4] Martin Bennet, Jan Jaab Bouma and Teun Wolters, **Environmental Management Accounting: Informational and Institutional Developments**, Kluwer Academic Publishers, Dordrecht, The Netherlands, 2002, p.83.

Geleneksel yönetim bilgi sistemlerininkökleri, üretim faktörleri içerisinde emeğin baskın olduğu sanayi çağına dayanırken, Faaliyet Tabanlı Maliyet Sistemi (FTMS), "teknoloji çağının bir çıktısı" olarak kabul edilmektedir.[5]FTMS, üretilen mal ve hizmetlerin maliyetlerininhesaplanmasıyla birlikte, faaliyetlerin yönetiminde de karar alıcılara yol göstermektedir.

FTMS'ninözellikle değişen çevre koşullarına cevap vermesindeki yavaşlık, maliyet etkenlerinin seçimindeki görecelik ve verilerin toplanması, işlenmesi ve saklanmasının işletmeler açısından yüksek maliyetli olması nedeniyle bazı işletmelere uyarlanmasında güçlükler bulunmaktadır. Bundan dolayı da Kaplan ve Anderson tarafından geleneksel FTMS'nin eksiklik ve kısıtlarının giderilmesi amacıyla "Zaman Etkenli Faaliyet Tabanlı Maliyet" yöntemini geliştirmişlerdir.[6]ZEFTMS'nin, FTMS'nin zaman içerisinde geçirdiği evrimde geldiği son nokta olduğunu söylemek yanlış olmayacaktır.

Çalışmanın sonraki kısımlarında faaliyet tabanlı maliyet sistemine duyulan gereksinim, sistemin temel yapısı ve dönüşümü ayrıntılı olarak açıklanmıştır.

2.1.Hacim Tabanlı Maliyet Sisteminin Özellikleri ve Sistemi Yetersiz Kılan Sebepler

Hacim tabanlı maliyet sistemi, hammadde ve direkt işçilik maliyetlerini hesaplarken, kullandığı üretim hacmine bağlı maliyet etkenlerini, genel üretim maliyetlerini hesaplarken de kullanmaya devam eder. Geleneksel yaklaşım çerçevesinde değerlendirilen hacim tabanlı maliyet anlayışı, bir ürün ya da hizmetin üretim hacminin esas maliyet etkeni olduğunu savunur.[7] Ancak geçmiş zamanların şartlarına uygun olduğunu kabul edebileceğimizbu anlayışın aksine günümüzde, maliyete neden olan esas faktörün, ürün ya da hizmet üretimiyle ilişkili olan faaliyetler olduğu kabul edilir.

Üretim sitemlerindeki değişimle birlikte, ürünlerin maliyetini oluşturan temel unsurların bileşiminde de önemli değişimler ortaya çıkmıştır. Bu değişimin en önemlisi, direkt işçilik

---

[5]Michael H. Granof, David E. Platt and Igor Vaysman, **Using Activity Based Costing To Manage More Effectively**, The PricewaterhouseCoopers Endowment for the Business of Government, Austin USA, 2000, p. 7.
[6]Metin Atmaca and Serkan Terzi, "Zaman Etkenli Faaliyet Tabanlı Maliyetleme", **KMÜ İİBF Dergisi,** Aralık 2007, s.368.
[7]Kamran Rezaie, B. Ostadi, Seyyed A. Torabi, "Activity-Based Costing in Flexible Manufacturing Systems With a Case Study in a Forging Industry", **International Journal of Production Research**, Vol: 46, No: 4, 15 February 2008, p. 1050.

maliyetinde gözlenmiştir. Otomasyona dayalı yeni üretim sistemi, direkt işçiliğin önemini azaltırken, direkt işçilik saati esas alınarak yapılan birim maliyetlerin hesaplanmasının da sorgulanmasına neden olmuştur.[8] 1950'lerde yaygınlaşan kitle üretimi için geliştirilen geleneksel maliyet muhasebesi sistemlerinin yetersiz veya uygun olmayan niteliğini kazanması, talep değişiminin ürünlerin karmaşıklığındaki değişimi tetiklemiş olmasına dayanır.

2.1.1. Hacim Tabanlı Maliyet Sisteminin Özellikleri

Hacim tabanlı maliyet sistemi, üretim maliyetlerinden, direkt ilk madde ve malzeme maliyetleri ile direkt işçilik maliyetlerini doğrudan mamullere yüklerken, genel üretim maliyetlerini maliyet etkenleri yardımıyla mamullere yükler. Hacim tabanlı maliyet sistemi, genel üretim maliyetlerinin mamul maliyetlerine yüklenmesinde direkt işçilik saatleri, makine saatleri, direkt ilk madde ve malzeme maliyetleri gibi hacim tabanlı maliyet etkenleri kullanırken, üretilen mamullerle genel üretim maliyetleri arasında çok yakın ilişkili olduğu varsayımına dayanmakta ve bu varsayımın doğruluğu oranında doğru maliyet bilgileri üretmektedir.[9]

Geleneksel maliyet sistemleri, ürünleri kaynakları tüketen unsurlar olarak görür ve ürünler üzerinde yoğunlaşır. Maliyetler, üretimdeki direkt işçilik veya makine saatlerine ya da tüketilen malzeme miktarına göre hesaplanırlar. Bu, "hacim tabanlı" maliyet sistemini ifade eder. Hacim tabanlı maliyet sistemlerinde genel üretim giderlerin dağıtımı da, üretimde kaynakların direkt kullanımıyla ilgili olan etken ya da etkenler göz önüne alınarak yapılır.[10]Artan endirekt maliyetlerin hacim tabanlı maliyet etkenleriyle ürünlere yüklenmesi anlayışının, sistematik olarak yanlış maliyet bilgisi üretmesinin sebebi, endirekt maliyetlerin, maliyet etkenleriyle olan neden-sonuç ilişkisinin neredeyse tükenmiş olmasıdır.

Geleneksel anlamda, mamul ya da hizmet üretimi olsun, üretim çıktılarına maliyetlerin yüklenmesinde çıktı hacmi temel etken olarak benimsenmiştir. Fonksiyonel bazda maliyet olarak da ifade edilen bu yaklaşımda, maliyet yükleme modeli Şekil 1'de görüldüğü gibidir. Bu modelde direkt madde ve direkt işçilik ile çıktılar direk olarak ilişkilendirilir. Direkt madde ve direkt işçilik

[8]David K Narong, "Activity-Based Costing and Management Solutions to Traditional Shortcomings of Cost Accounting", **Cost Engineering,** Vol: 51, No: 8, Aug 2009, p. 17.
[9]Selman Aziz Erden, **Üretim Ortamları Maliyet Yönetim Sistemleri İlişkisi ve Stratejik Maliyet Yönetimi,** İstanbul: Türkmen Kitapevi, 2004, s. 132.
[10]John L.Mikesell, **Fiscal Administration**, Eigth Edition, Cangage Learnings Inc., USA, 2010, p.240.

arasında girdi-çıktı ilişkisi, izlenebilir nitelikteyken;genel üretim girdileri için bu söz konusu değildir. Bu nedenle de dağıtım süreci, GÜM'nin çıktılara yüklenmesinde zorunlu bulunmaktadır.[11]

Şekil 1: Geleneksel Maliyet Yükleme Modeli

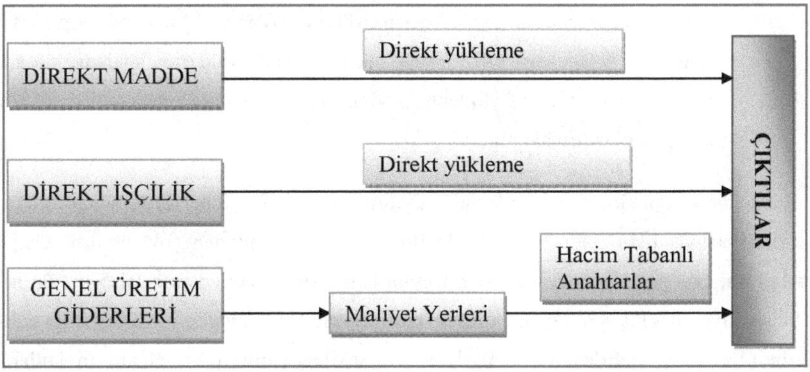

Kaynak: Rüstem Hacırüstemoğlu ve Münir Şakrak, **Maliyet Muhasebesinde Güncel Yaklaşımlar**, İstanbul: Türkmen Kitap Evi, 2002, s.33.

Geleneksel üretim ortamlarında, üretim maliyetlerinin yönetim ve kontrolünün, direkt işçilik, zaman ve maliyetlerinin dikkatli izlenmesi ve yönetimi ile sağlanacağı düşünülmekte, direkt işçiliğin bu şekilde kontrolüyle, aynı zamanda diğer üretim maliyetlerinin, özellikle de genel üretim maliyetlerinin etkin yönetildiği kabul edilmektedir. Çünkü direkt işçiliğin, genel üretim maliyetlerinin maliyet etkeni olduğu varsayılmaktadır.[12]Geleneksel üretim ortamında genel üretim giderlerinin de direkt giderler gibi direkt maliyetlerin izlenmesiyle yönetilebileceği kabul edildiği için maliyet yerleriyle üretim çıktıları arasında ilişki kurulur.

Geleneksel yaklaşımda GÜG'ün mamullere yüklenmesi dört aşamalı bir süreç olarak değerlendirilebilir: Bunlar;

- GÜG'ün ürün veya hizmetlere yükleme ölçütlerinin belirlenmesi,
- Üretim sürecinde belirlenen bu yükleme oranı kullanılarak GÜG'ün ilgili yerlere yüklenmesi,

[11]Rüstem Hacırüstemoğlu ve Münir Şakrak, **Maliyet Muhasebesinde Güncel Yaklaşımlar**, İstanbul: Türkmen Kitapevi, 2002, s. 33.
[12]Erden, s. 58.

- Gerçekleşen GÜG'ün fiili olarak kaydedilmesi ve iv. son olarak da fiili GÜG ile standart yüklenen GÜG arasındaki farkların karşılaştırılmasıdır. Üretilen bir birim ürünün maliyeti, toplam yüklenen GÜG ve fiili direkt madde ve direkt işçilik maliyetlerinden oluşan toplam üretim maliyetinin ürün miktarına bölünmesi veya bu üretim unsurlarının birim başına düşen payının belirlenerek toplanması ile bulunur.[13] Geleneksel yaklaşımda hacim tabanlı yükleme anahtarları, endirekt maliyetlerin mamullere yüklenmesindeki temel ölçütleri kabul edilirken, sistemin esasını da oluşturmaktadır.

Buna karşın, günümüz işletmelerinde üretim hacmi, tüm genel üretim maliyet (GÜM) türlerinin oluşmasında belirleyici durumda değildir. Üretim hacminden çok, üretim süreçlerinin yapısı ve farklılıkları, endirekt maliyetlerin düzeyini belirleyen temel etkenler olabilir. Bu nedenle sağlıklı bir maliyet hesabı için, genel üretim maliyetlerinden mamullere yükleme aşamasında, maliyetlerin oluşumunu belirleyen etkenleri, en iyi şekilde temsil eden ölçütlerin kullanılması gerekmektedir.[14]Maliyet etkenlerinin, 80/20 kuralınauygun olarak GÜM'ün dağıtımında ve dolayısıyla ürünlerin maliyetlerinin hesaplanmasında %80 etkili olduğu söylenebilir.[15]Pareto prensibi olarak bilinen bu kurala göre, etkilerin kabaca %80'i etkenlerin %20'sinden kaynaklanır. Buradan hareketle doğruya en yakın şekilde belirlenebilen maliyet etkenlerinin, doğru ürün maliyetinin hesaplanmasında %80 etkili olacağı sonucuna varılabilir. Maliyet etkenlerinin belirlenmesinde mükemmellikten söz etmek mümkün olmasa da anlamlı ilişkiyi ifade eden maliyet etkenlerinin seçilmesi, doğruya yakın maliyet bilgisini elde etmede hayati öneme sahiptir.

Geleneksel emek-yoğun üretim ortamlarında, yalnızca üretim hacmine dayalı yükleme anahtarlarının kullanılmasından kaynaklanan, raporlanmış maliyet hataları göz ardı edilebilecek düzeydeydi. Çünkü üretim hacmine bağlı bulunmayan maliyetler, bugünün yüksek teknolojiye dayalı üretim ortamlarında olduğundan çok daha düşük düzeylerde bulunmaktaydı. Gelişen teknolojiyle birlikte, işletmelerde çok farklı özelliklerde mamul üretimi yaygınlaşmıştır. Üretimdeki bu çeşitlenmeyle birlikte, geleneksel uygulama yöntemlerinin, mamul maliyetlerinin

[13]Belverd E. Needles, Marian Powers and Susan V. Crosson, **Principles of Accounting**, South Western Cengage Learning, Eleventh Edition, USA, 2011, p. 864.
[14]Hacırüstemoğlu ve Şakrak, s. 29.
[15]Wolfgang Kersten, Thorsten Blecker, Cornelius Herstatt, **Innovative Logistics Management: Competitive Advantages through new Processes and Services**, Erich Schmidt Verlag GmbH&Co., Berlin, 2007, p. 126.

hesaplanmasında neden olduğu hatalar daha da artmıştır.[16] Sayılan unsurlarla birlikte, hacim tabanlı maliyet sisteminin yetersizliğini ortaya koyan daha birçok unsur bulunmaktadır. Bu unsurlar özellikle üretim sistemindeki değişimdir. Yaşanan değişim, direkt nitelikteki bazı maliyet unsurlarını endirekt hale getirirken, teknoloji değişimin etkisiyle ortaya çıkan bazı yeni maliyetlerin önemini arttırmıştır.

2.1.2. Hacim Tabanlı Maliyet Sistemini Yetersiz Kılan Sebepler

Mamul ve hizmet maliyetleri direkt ilk madde-malzeme, direkt işçilik ve genel üretim maliyetlerinin toplamından oluşmaktadır. Direkt ilk madde ve malzeme ile direkt işçilik maliyetlerinin mamul maliyetine yüklenmesinde görece fazla sorun çıkmamasına karşın; genel üretim giderlerinin mamul ve hizmetlere yüklenmesinde birtakım dağıtım anahtarlarına ihtiyaç duyulması, mamul ve hizmet maliyetlerinin doğru ve gerçeğe yakın olarak belirlenmesindeki güçlüğü ortaya çıkarmaktadır. Genel üretim giderlerinin mamullere yüklenmesi, geleneksel maliyet sistemlerinde direkt işçilik veya makine saatine göre yapılmaktadır.[17]Üretim maliyetlerinin belirlenmesinde ve hesaplanmasında, girdinin niteliği temel belirleyicidir. Yani, hangi girdi önemli miktarda ya da tutarda kullanılıyorsa, hesaplamada bunun esas alınması gerekir. Üretim, makine yerine insanlarla yapılıyorsa, burada dağıtımda esas alınacak ölçüt, emek faktörünü merkeze alacak direkt işçilik saati olacaktır.

Ayrıca geleneksel maliyet sistemlerinde her ürün biriminin kaynakları eşit tükettiği varsayımından hareketle maliyetler, mamul ve hizmetlere eşit yüklenerek izlenmektedir. Burada yapılan dağıtım, direkt işçilik saatleri, makine saatleri veya mamul yapımında tüketilen hammadde miktarı gibi sadece bir birimin özelliklerinin ölçümüne dayalı olarak yapılmaktadır.[18] Başka bir ifadeyle, genel üretim giderlerine atanan maliyet etkenleri geleneksel maliyet sistemlerinde nedensellik ilişkisi tek ve artık ilgisini yitirmiş olan direkt üretim faktörleridir.Üretim maliyeti unsurları arasında yer alan direkt madde-malzeme ve direkt işçilik ile mamuller arasında doğrudan bağlantı kurulabilirken, genel üretim giderleri ile mamuller arasında direkt bir ilişki bulunmaz.

---

[16]Hacırüstemoğlu ve Şakrak, s. 26.

[17]Colin Drury, **Management and Cost Accounting,** 7th Edition, South-Western Cengage Learning, London, 2007, p.225.

[18]Joon Jong No and Brian H. Kleiner, "How to Implement Activity-Based Costing", **Logistics Information Management,** Vol. 10, Iss: 2, 1997, p. 69.

Genel üretim giderlerinin maliyet muhasebesi içerisindeki önemini ve karmaşıklığını üç başlık altında vurgulamak gerekir:[19]

- Genel üretim giderleri birçok ekonomi içerisinde en büyük paya sahip maliyet bileşenidir
- İkinci olarak, genel giderlerin toplam giderler içindeki oranı ve tutarı mükemmel bir şekilde belirlenebilirken, ürünler, departmanlar ve faaliyetlere dağıtılması hususunda sistematik olarak büyük sorunlar yaşana gelmiştir,
- Son olarak hacim tabanlı geleneksel maliyet sistemlerinin, genel üretim giderlerin stratejik olarak değerlendirilebildiği çağdaş maliyet muhasebesi sistemleri karşısındaki başarısızlığı akademik çevrelerce de kabul edilmektedir.

Geleneksel maliyet sisteminde kullanılan dağıtım anahtarları, hacim tabanlı dağıtım anahtarları iken, sabit maliyetlerin, en azından belirli bir üretim hacmi aralığında, üretim miktarına bağlı olarak değişmediği varsayılmaktadır. Sabit maliyetler değişmeyeceği için, üretim arttıkça birim mamule daha az genel üretim maliyeti yüklenmektedir. Ancak fiili üretim ortamında sabit maliyetler içerisinde yer aldığı halde üretim faaliyetinden etkilenen maliyet kalemleri mevcuttur. Örneğin, kalite kontrol faaliyeti bir sabit maliyet olarak kabul edilebilir, ancak üretimdeki artış neticesinde yetersiz kalan bu faaliyetin sürekliliği için yapılacak ek personel, teçhizat gibi unsurlardan dolayı katlanılacak ilave maliyetlerin varlığından söz etmek de mümkündür.[20] Bunun yanı sıra, birim mamul maliyetlerini düşürmek uğruna arttırılan üretim sonucu elde edilen mamuller satılamaz ya da satılmaları uzun zaman alırsa, bu takdirde, stokları elde tutma maliyeti ile stokların modasının geçme maliyetleri, arttırılan üretim nedeniyle elde edilen maliyet tasarruflarından daha fazla olabilmektedir.[21]

Geleneksel maliyet dağıtımı, sonuçları itibariyle hizmetlerin toplam üretim içindeki payının artması, teknolojideki gelişmeler ve küresel rekabetteki artış olarak üç başlık altında toplanabilecek değişikliklerden olumsuz etkilenmiştir. Yaşanan yoğun ve hızlı teknolojik gelişmeler sonucu ortaya çıkan değişiklikler şunlardır:[22]

---

[19]David S Harrison, J Gregory Jenkins, Michael Ritchie, Employing Active Learning in theDiscovery of Activity-Based Costing, **The Icfai University Journal of Accounting Research**, Vol: VII, No: 3, USA, 2008, p. 10.

[20]W. Steve Albrecht,Earl K. Stice, James D. Stice and Monte R. Swain, **Accounting Concepts & Applications,** Eleventh Edition, South-Western Cengage Learning, USA, 2010, p. 1063-64.

[21]Erden, s.179.

[22]Vasfi Haftacı, **Maliyet Muhasebesi,**Kocaeli: Umuttepe Yayınları, 2009, s.271.

- Üretimde otomasyonun artması, işçilik maliyetlerinin toplam üretim maliyetleri içindeki payını azaltmış, buna karşılık, genel üretim giderlerinin payını yükseltmiştir.
- Müşteri bilinçlenmiş, mamul çeşitliliği artmış, buna karşılık üretim miktarları azalmıştır. Bunun bir sonucu olarak, katı otomasyon yerine bir işten diğerine geçişi az maliyetle ya da maliyetsiz sağlanabilen akıllı teknolojiler kullanılmaya başlanmış, kitlesel üretimin yerini daha düşük maliyette üretim yapabilen esnek üretim modelleri almıştır. Böyle bir ortamda genel üretim giderlerinin mamullere direkt işçilik saatleri gibi hacim temelli ölçülerle yüklenmesi, fazla bir anlam ifade etmeyebilir.
- Mamullerin yaşam dönemi kısalmış, bu dönemdeki üretim maliyeti dışındaki araştırma-geliştirme, tasarım, sunuş, satış ve lojistik destek ile servis ve garanti maliyetlerinin de önemi anlaşılmıştır.
- İşletmeler arasında artan rekabet, kâr marjlarını daraltmış, işletmelerin piyasada tutunabilmeleri, her mamul türü için ayrı ayrı maliyet ve kâr hesaplamasını gerekli kılmıştır.

Geleneksel maliyet sisteminde üretim sürecindeki genel üretim giderleri, direkt işçilik ve direkt madde giderleri gibi üretimle doğrudan ilişkili olmamasına rağmen, ürünlere hacim tabanlı maliyet etkenleri kullanılarak en son yüklenmektedir. Bu maliyetler, bir faaliyet ya da departmanla ilişkilendirilebilirken, ürünle direkt ilgili değillerdir.[23] Bu durum, genel üretim maliyetlerinin, bazı mamullere olduğundan daha çok, bazı mamullere ise daha az yüklenmesine sebep olmakta ve sonuçta maliyet bilgilerini doğrudan uzaklaştırmaktadır.

İleri üretim ortamlarında hacim tabanlı dağıtım anahtarlarıyla genel üretim maliyetlerini mamullere yüklemeye devam edilmesi, sistematik olarak yüksek hacimli mamullerin fazla, düşük hacimli mamullerin az maliyet almaları sonucunu doğurmaktadır. Sonuçta hacim tabanlı maliyet dağıtım anahtarlarıyla GÜG'ün ürünlere yüklenmesi yanlış bilgi vermektedir. Ancak, eğer hacim tabanlı olmayan genel giderlerin toplam içindeki payı görece düşükse; hacim tabanlı dağıtım anahtarlarının kullanılmasında sakınca yoktur.[24] Hacim tabanlı maliyet sisteminin doğru bilgileri vermekten uzak olmasının nedeni, üretilen mamuller arasında hacim, parti sayısı ve karmaşıklık açısından farklılık olması durumunda, hacim tabanlı genel üretim maliyeti dağıtım anahtarları ve yükleme oranları ile genel üretim maliyetleri arasında uygun neden-sonuç ilişkisinin olmamasıdır.

---

[23]Sheeba Kapil, **Financial Management**, Dorling Kindersley Pvt. Ltd., India, 2011, p.72.
[24]Jae K. Shim and Joel G. Siegel, **Modern Cost Management and Analysis,** Third Edition, New York, Baron's Educational Series Inc., 2009, p. 104.

Rekabet gücü ve kârlılık açısından maliyet, toplam sürecin maliyeti olarak ele alınmalıdır. Klasik maliyet muhasebesi sistemleri ile bu amaca ulaşılamamaktadır. Klasik maliyet muhasebesi sistemleri, bir mamulü üretmenin maliyetini hesaplarken, süreçte bir şeyi yapmanın, mesela, makinenin düşük kapasite ile çalıştırılmasının, parçaları ya da malzemeleri beklemenin neden olduğu maliyetleri, stokların sevkiyat için bekletilme maliyetlerini, hatalı parçaların yeniden işleme alınmasının veya hurdaya çıkarılmasının maliyetlerini dikkate almamaktadır.[25]Klasik maliyet sistemlerinin ürün maliyetlerinin belirlenmesindeki yetersizliğinin yanında, hata payının genel kabulü ile üretim süreçlerindeki zayıflıkların gözden kaçırılmasına da neden olduğu söylenebilir.

Yukarıda açıklanan eksiklikleri gidermek için günümüzde geleneksel maliyet ve yönetim muhasebesi teknikleri yerine, değişen üretim sistemlerini destekleyecek ve yöneticilerin ihtiyaç duyduğu doğru bilgileri sağlayacak maliyet ve yönetim muhasebesi teknikleri uygulanmaya başlanmıştır. Bu tekniklerle beraber artık işletmelerde odaklanılan nokta özellikle maliyetlerin hesaplanması değil, işletme içi bir unsur olarak kabul edilen maliyetlerin rekabet avantajı sağlayacak şekilde yönetilmesini ortaya çıkarmıştır.[26] Günümüz bilgi teknolojileri ve yönetimm araçları kendileriyle kolaylıkla entegre edilebilecek gelişkin maliyet sistemlerine duyulan ihtiyacın karşılanmasını desteklemektedir.

2.2. Faaliyet Tabanlı Maliyet Sisteminin Gelişimi

Teknolojik gelişmelerin bir sonucu olarak üretilen ürünlere direkt yüklenebilen maliyetlerin payı azalırken, pazarlama ve araştırma-geliştirme gibi endirekt olan yönetimsel maliyetlerin payı artmış olup,[27] bu durumun en önemli iki nedenleri şunlardır:[28]

- Teknolojik gelişmeler sonucu, bilgisayar destekli üretim ve otomasyonun yüksek seviyelere ulaşması,
- Ürün çeşitliliğinin artması, maliyetlerin düşürülmesi ve kalitenin arttırılması konularında ülkeler ve şirketler arası rekabetin yoğunlaşması.

---

[25]Sait Yüksel Kaygusuz, **Yenilikçi Yönetim Muhasebesi Sistem Araçlar Yöntemler**, İstanbul: Alfa Aktüel, 2006, s. 12.

[26]İrfan Özen, "Hastane İşletmelerinde Etkin Maliyet Yönetimi ve Uygulaması", (Yayınlanmamış Doktora Tezi, Marmara Üniversitesi Sosyal Bilimler Enstitüsü), 2010, s.5.

[27]Kapil, p.72.

[28]Küçüksavaş, s. 584.

Geleneksel maliyet muhasebesi sistemlerinin karşılaştıkları en temel sorun, değişen piyasa koşullarında, genel üretim giderlerinin, direk işçilik veya makine saati maliyet sürücüleri kullanılarak ürünlere dağıtılmasıyla ortaya çıkan hatalı sonuçlardır. Sorun, birçok ürün ve hizmet üretimindeki direk işçilik ve makine saatlerindeki düşüşün karşısında genel üretim giderlerdeki artışın devam etmesiyle büyümüştür. Bunun sonucu, geleneksel maliyet muhasebesi sistemlerinin, ürün maliyetini belirlemede doğrudan uzaklaşmış olması sebebiyle gözden geçirilerek revize edilmeleri gerektiği ortaya çıkmış olup,[29]daha sonraları aynı durumun varlığı hizmet sektöründe de fark edilerek, işletmelerin ürün veya hizmetlerinin kârlı olup olmadığını ve birbirlerinden ayırt edemedikleri anlaşılmıştır.

2.2.1. Faaliyet Tabanlı Maliyet Sistemine Duyulan İhtiyaç

Geçmiş dönemlere hakim olan rekabetin düşük olduğu oligopol ya da neredeyse hiç olmadığı monopol piyasalarda fiyat, sadece ürüne bakılarak fiili direkt maliyetlerin belirlenmesi, genel giderlerin eklenmesi ve son olarak da uygun bir kâr marjının bu rakama ilave edilmesiyle bulunmaktaydı. "Aşağıdan yukarıya yaklaşımı" (itme sistemi) olarak adlandırılan bu yöntem, çağdaş rekabetçi piyasa koşullarında yerini, piyasa merkezli "yukarıdan aşağıya" (dışarıdan içeriye-çekme sistemi) yaklaşımına bırakmıştır. Bu yaklaşımda maliyet-fiyat-kâr denkleminin ilk verisi, piyasada belirlenen fiyat girdisidir.[30] Fiyat bir veri iken, arzu edilen kâra ulaşmak için doğruya en yakın sonuçları veren maliyet sistemlerinin geliştirilmesi zorunlu olmuştur.

ABD Nüfus Sayım Bürosu(The U.S. Bureau of the Census) 2006 yılı itibariyle, hizmet sektörünün Amerikan işgücü potansiyelinin %74'ünü istihdam ettiğini raporlamıştır.[31]Bu durum, temel hizmet sektörlerinin stratejik karar alma noktasında doğru maliyet bilgisine ne derece ihtiyaç duyduğunu ve çevreye daha duyarlı olan çağdaş maliyet sistemlerinin bu ihtiyacın giderilmesinde etkin olabileceği sonucunu ortaya çıkarmaktadır.

Üretimdeki teknolojik gelişmelere paralel olarak, işçilik maliyetleri düşerken, genel üretim giderleri artmıştır. Dağıtım anahtarı olarak önemi azalan direkt işçilik saatinin genel üretim giderlerinin dağıtımında temel alınması ürünlerin birim maliyetlerinin hesaplanmasında yanlış

---

[29]Carles Gríful-Mıquela, "Activity-Based Costing Methodologyfor Third-Party Logistics Companies", **IAER: Int'l Advances in Econ. Res,** Vol: 7, No: 1, February 2001, p.134.

[30]M. Bradford Clifton, Henry M. B. Bird, Robert E. Albano and Wesley P.Townsend, **Target Costing: Market-Driven Product Design**, Marcel Dekker Inc., New York, 2005, p. 40.

[31]Linda Smith Bamber and K.E. Hughes,"Activity Based Costing in the Service Sector: The Buckeye National Bank", **Issues in Accounting Education**, Vol: 16,No:3 August 2001, p.382.

sonuçların çıkmasına neden olmaktadır.[32] Genel maliyetlerin ürünlere sistematik olarak yanlış dağıtımı, kârlı ürünlerin gerçekte maliyetleri karşılayamadıkları ya da tam tersine zarar getiren ürünlerin gerçekte kârlı olduğu yanılgılarına ve sonucunda yanlış yönetimsel kararların alınmasına neden olmaktadır.

Maliyet yapılarındaki bu değişim, maliyet muhasebesinin yeniden şekillendirilmesi gereksinimini de ortaya çıkarmıştır. Bu gereksinimlere göre yapılandırılan maliyet muhasebesi bilgi sistemi, yönetimin ihtiyaç duyduğu bilgi gereksinimini karşılayarak, ortaya çıkacak hataların da engellenmesini sağlayacaktır.

Bilgi ve üretim alanındaki değişimler sonucunda işletmelerin mamulleri kısa sürede (zaman), müşteriler tarafından tanımlanan en yüksek kaliteyle (kalite) ve en uygun fiyatla (maliyet) pazara sunması önemli hale gelmiştir.[33] Rekabet avantajı sağlamada etkili olan faktörlerin birbirleriyle olan ilişkileri aşağıdaki Şekil 2 yardımıyla da ifade edilebilir:

Şekil 2: Rekabet Avantajı Sağlayan Enstrümanlar ve Aralarındaki İlişki

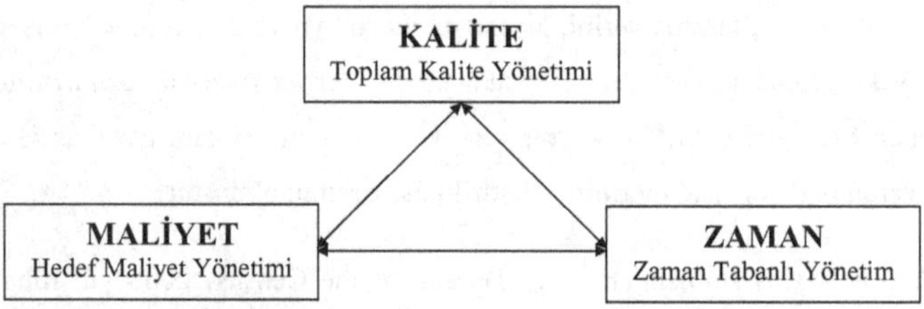

Kaynak: Yunus Ceran, "Küresel Rekabet Ortamında Rekabetçi Üstünlük Sağlayan Sihirli Üçgen: Maliyet-Kalite-Zaman", **Muhasebe ve Denetime Bakış Dergisi**, Yıl: 4, Sayı: 11, Ocak 2004, s.29.

Aşırı rekabet ortamı, firmaları üretim kalite ve verimliliklerini arttırmaya, üretim maliyetlerini azaltmaya zorlamaktadır. Süreklilik arz eden bu süreç firmaların geçmiş dönemden daha fazla ders almaları ve pratik çözümler üretmelerini geliştirmeleri için nicelik olarak azalan işçiliğin nitelik olarak tekrar önem kazanmasına neden olmuştur.[34] Bu şekildeki bir dönüşüm, geleneksel maliyet muhasebesinin sorgulanmasına zemin hazırlamış, yeni arayışların hız kazanmasına sebep olmuştur.

---

[32]Edward J. Blocher, Kung H. Chen and Thomas W. Lin, **Cost Management: A Strategic Emphasis,** Mc Graw-Hill,Boston, 2002, p. 930.

[33]Yunus Ceran, "Küresel Rekabet Ortamında Rekabetçi Üstünlük Sağlayan Sihirli Üçgen: Maliyet-Kalite-Zaman", **Muhasebe ve Denetime Bakış Dergisi**, Yıl: 4, Sayı: 11, Ocak 2004, s. 28.

[34]Stephen F. Krar and Arthur Gill, **Exploring Advanced Manufacturing Technologies,** Industrial Pres, New York, 2003, p. 11-2-2.

Şekil 2'de ZEFTMS ve toplam kalite yönetimiyle birlikte anılan hedef maliyet anlayışında piyasa koşullarında veri haline gelen fiyatın maliyetler üzerinde kurduğu baskının bir sonucudur. Hedef maliyet yaklaşımı, geleneksel anlayış olan fiyatın maliyetin bir fonksiyonu olarak algılanması(maliyet + kâr kavramı) yaklaşımının antitezidir. "Maliyet + kâr" yaklaşımı uzun mamul hayat döngüsünün olduğu talebin yüksek durağanlık gösterdiği dönemlerde kullandığı bir yaklaşımdır.[35] Bu yaklaşımların birlikte uyum içerisinde kullanılması günümüz işletmelerinin devamlılıkları için hayati öneme sahiptir.

Geleneksel üretim ortamlarında, üretim maliyetlerinin yönetim ve kontrolünün, direkt işçilik maliyetlerinin ve direkt işçilik zamanlarının dikkatli izlenmesi ve yönetimi ile mümkün olacağına inanılırdı. İleri üretim ortamlarındaki fonksiyonel işçiliğin direktolma özelliğini yitirip endirekt maliyet şekline dönüşmesi maliyetlerin direkt olarak işçilik kullanılarak kontrolünü ve yönetimini mümkün olmaktan çıkarmıştır.[36]Üstelik geleneksel emek-yoğun üretim ortamında, hacim tabanlı yükleme anahtarlarının kullanılmasından kaynaklanan göz ardı edilebilecek raporlanmış maliyet hataları bugünün ileri üretim ortamında oldukça yüksek seviyelere ulaşmış durumdadır.

Geleneksel dağıtım anahtarlarıyla genel üretim maliyetleri mamullere yüklendiğinde, daha çok parçadan, daha küçük partiler halinde, daha karmaşık üretim sürecinden geçen ve daha farklı özellikler taşıyan mamullere yeteri kadar maliyet yüklenmezken; büyük partiler halinde, karmaşık olmayan üretim sürecinde elde edilen mamullere, işletmedeki faaliyetlerden daha az yararlandıkları halde, diğerleriyle aynı yoğunlukta faaliyete sebep olmuş gibimaliyet yüklenmektedir.[37]Durum böyleyken, üretim hacmine dayalı maliyet etkenlerinin faaliyetlerle ilişkilendirilen maliyet etkenleriyle ikame edilmesi bir zorunluluk olarak ortaya çıkmıştır.

Maliyetlerin çok az sayıda maliyet etkeniyle ilişkilendirilerek ürünlere yüklenmeye çalışıldığı geleneksel yöntemlerde, maliyet etkenlerinin artan faaliyet seviyelerine göre yeniden düzenlenmesi gerektiği gözden kaçarken, maliyetlerin doğru bir şekilde ürünlere yüklenememesi, ürün ve fiyat politikalarında yanlış kararlara neden olmaktadır.[38] Bu yanlışlığa neden olan

---

[35]Burak Arzova, **Faaliyet Tabanlı Maliyet Yönetim**, İstanbul: Türkmen Kitabevi, 2002, s. 120.

[36]Don R. Hansen Maryanne, M. Mowen, Liming Guan, **Cost Management: Accounting & Control,** Sixth Edition, South-Western Press, USA, 2009, p. 401.

[37]Muzaffer Civelek, **Maliyet Muhasebesi,** Erciyes Üniversitesi İktisadi ve İdari Bilimler Fakültesi Yayınları No: 7, Kayseri, 1997, s. 409.

[38]Roman L. Weil, Peter B. Frank, Christian W. Hughes and Michael J. Wagner, **Litigation Services Handbook: The Role of Financial Expert,** Forth Edition, Wiley, Canada, 2007, p.96.

unsurların başında kuşkusuz, üretim sistemlerinde ortaya çıkan değişimin meydana getirdiği "dağıtım anahtarı" bulunmaktadır.

Geleneksel üretim sisteminde, itme prensibine göre üretim yapılmaktadır. Modern üretim sisteminde ise, çekmeprensibine göre üretim yapılmaktadır. Çekme prensibinde hiç bir istasyonkendisinden sonraki istasyondan üretim emri gelmedikçe faaliyetegeçmemektedir. Böylece, istasyonlar arasında stok birikmesinin önüne geçilmişolunmaktadır. Çekme prensibi, üretim sürecindeki tüm faaliyetlerin eş zamanlıkoordinasyonunu gerektirmektedir. İtme prensibinde ise istasyonlar arasındastok birikimi olmaktadır. Ayrıca, itme prensibinde üretim sürecindekifaaliyetler arasında eş zamanlılık yoktur.[39] Faaliyetler birbirini takip etmektedir.Geleneksel ve ileri üretim ortamlarının karşılaştırılması şöyledir:

[39]Aydın Gersil, "Üretim Sistemleri ve Teknolojilerindeki Gelişmelerin ve Küreselleşmenin Geleneksel Maliyet Muhasebesine Etkileri", **Ankara Üniversitesi SBF Dergisi,** Sayı: 62-4, 2003, s. 113.

Tablo1: Geleneksel Üretim Ortamı ile İleri Üretim Ortamının Karşılaştırılması

GELENEKSEL ÜRETİM ORTAMI	İLERİ ÜRETİM ORTAMI
• Önemli düzeylerde stok	• Önemsiz veya sıfır stok
• İtme sistemi	• Çekme sistemi
• Süreçlerden oluşan yapı	• Üretim hücreleri
• Uzmanlaşmış işçilik	• Çok işlevli işçilik
• Merkezi yardımcı ve hizmetyerleri	• Merkezi olmayan yardımcı ve hizmet yerleri
• Kabul edilebilir kalite düzeyi	• Toplam kalite kontrolü
• Yüksek hacim, uzun üretim süreci	• Düşük hacim, kısa üretim süreci, değer katmayan faaliyet ve maliyetlerinin üzerinde odaklaşma
• Montaj hattı şeklinde otomasyon ve ayrı ayrı teknoloji uygulamaları	• Robotlar, esnek üretim sistemleri, iletişim ağı ile birbirine bağlanmış bütünleşik teknolojiler
• Mamullerde az çeşit, uzun ürün yaşam dönemi	• Mamullerde çok çeşit, kısa mamul yaşam dönemleri
• Çoğunlukla yerel pazarlar	• Küresel pazarlar
• Hiyerarşik emir kumanda ve kontrol temelli örgüt yapısı	• Şebeke temelli örgüt yapısı, ekip çalışması odaklı çalışanlar, daha çok sorumluluk ve kontrol sahibi olmayı geliştirici yaklaşım
• Kısa dönem başarı ölçüleri ve işletmenin cari hisse senedi fiyatını sürdürebilme üzerinde odaklanma	• Uzun dönem kritik başarı faktörleri, işletmenin hisse senedinin değerini arttırma üzerine odaklanma
• Zor ve karmaşık maliyet muhasebesi, çok kapsamlı finansal bilgiler	• Basit maliyet muhasebesi, finansal ve yapılan faaliyetlerle ilişkin bilgilerle firmanın stratejik başarı faktörlerine ilişkin bilgiler

Kaynak: Selman Aziz Erden, **Üretim Ortamları Maliyet Yönetim Sistemleri İlişkisi ve Stratejik Maliyet Yönetimi**, İstanbul: Türkmen Kitapevi, 2004, s.49.

Geleneksel yaklaşımda, üretim süreci talebe bağlı kalınmaksızın üretim emriyle gerçekleştirilmekte ve belirli bir stok düzeyini göze almaktadır. Ancak tam zamanında üretim (TZÜ) sitemi, talep odaklı yaklaşımı esas alarak fiili talebe göre üretimi süreçlendirmektedir. Bu sistemlerden ilki, "itme sistemi" ikincisi ise "çekme sistemi" olarak adlandırılmaktadır.[40] İtme ve çekme eylemlerinin temelini talep oluşturmaktadır. Geleneksel üretim, öngörülen satış ve üretim düzeylerine göre talebin itilmesine dayalı ve stoka yönelik üretim ağırlıklı bir yaklaşım iken; tam zamanında üretim felsefesinde fiili talep, üretimi çeker. Bu yaklaşımda, üretimin bir sonraki

[40] Erhan Kozan ve Azuma Ohuchi, **Operations Reaserch-Management Science at Work,** Kluwer Academic Publishers, USA, 2002, p. 189.

aşamasından, üretim için gereksinmeyi belirten bir işaret gelene kadar, önceki aşamalarda üretime geçilmez.[41]

Stokların asgari seviyede tutulduğu tam zamanında yaklaşımı, maliyetleri önemli derecede azaltmanın yanında, muhasebe sisteminin işleyişini de yalınlaştırır. Stokların azaltılmasıyla elde edilen tasarruf, yatırıma dönüşürken, stokların muhafaza edildiği alanlar da başka şekillerde değerlendirilebilir. Üretimde asgari stok seviyesiyle çalışmanın bir başka avantajının da, üretimde gizlenen hataların ortaya çıkarılması ve yönetimin bu hata öbeklerine olan müdahalelerinin çabuklaşmasıdır.[42] Tam zamanında yönteminin kalite arttırma programlarında kullanılması, işletmeler için "sıfır hatalı üretim" yolunu açmıştır.

Belirli bir dönemde üretim ve satış miktarının belirlenmesi, işletme yöneticilerinin temel sorunudur. İşletmeler, tüm talebin karşılanması ve stokta kalacak ürünlerin bir sonraki dönem için değersiz olacağı durumlarda üretim miktarıyla ilgili sağlıklı karar almak durumundadırlar. Talep belirsiz olduğunda üretim miktarının ne olması gerektiğini belirlemek yöneticiler için zorlaşır. Aşırı üretim, işletme için zarar demek iken; talep altında yapılacak üretimin maliyeti ise, işletmede fırsat kârın kaçırılmasına neden olacaktır.[43]Günümüz rekabet ortamında işletmeler için stok önemli bir varlık kalemi olarak değil, sorunları ve düşük performansı gizleyen, faaliyetlerin değer katma ilişkisine göre ortaya çıkarılmasını engelleyen bir sorun olarak kabul etmektedir. Bu nedenle de stokların en düşük düzeyde tutularak işletme faaliyetlerinin aksamadan yürütülmesini sağlayacak, performans düzeyini değerlendirebilecek maliyet sistemlerinin kullanımına duyulan ihtiyaç artmıştır.

Üretim miktarının ve ürün karmasının belirlenmesi, işletme faaliyetlerinin devamında ürün maliyet ve fiyatlama sorunlarıyla birlikte aynı ölçüde önem arz eder. Yönetim sorunlarının aşılmasında doğruya en yakın ürün maliyet bilgisini verecek maliyet alt yapısının kurulması şarttır. Bu yapının kurulmasında FTMS işletmeler için önemli bir araçtır.[44]

---

[41]Münir Şakrak, **Maliyet Yönetimi,**İstanbul: Yasa Yayınları, 1997, s.147.

[42]Roger H.Hermanson, James Don Adwards and Michael W.Maher, **Accounting Principles: A Business Perspective,** Eight Edition, Freeload Press, USA, 2005, p.793.

[43]Arijit Bhattacharya, Bijan Sarkar, Sanat K. Mukherjee, "Distance-Based Consensus Method for ABC Analysis", **International Journal of Production Research**, Vol: 45, No: 15, India, August 2007, p. 3417.

[44]Malcolm Smith, "Managing Your ABC System", **Management Accounting**, Vol: 75, No: 10, Apr 1994, p. 46.

Geleneksel maliyet sistemlerinden elde edilecek maliyet verileri yapısal olarak yetersiz kaldığından, yöneticilerin karar süreçlerinde ihtiyaç duyduğu bilgileri sunmaktan uzaktır. Bu eksikliğin ortadan kaldırılmasına ilişkin olarak yapılan çalışmalar faaliyet tabanlı maliyet sisteminin yaygınlaşmasını hızlandırmıştır. Bunun yanında günümüz şartlarında geleneksel maliyet sistemiyle, katlanılan işçilik maliyetleriyle üretim faaliyetleri ve ürünlerle doğrudan ilişki kurulamadığından[45] gerçek maliyet bilgisinin elde edilememesiyle birlikte çalışan performanslarının ve çalışanlarla üretilen ürünler arasındaki nedensellik ilişkisinin kurulması da zorlaşmaktadır.

Geleneksel maliyet sistemleri, işletme bünyesindeki departmanların performanslarını da göz ardı eder. Bu durum, etkin departmanların performans farkını yansıtamadığı için bu bölümleri bir bakıma cezalandırmış olur. Bölümlerin bu şekilde değerlendirilmesi sonucu, bir bölümün yanlış bir şekilde olduğundan daha maliyetli görünmesi, o bölümde üretilen hizmetin dış kaynak kullanılarak başka bir işletmeden daha pahalıya satın alınması riskini doğurabilir.[46] FTMS'de ise, maliyetler bölümlere dağıtılırken, bölümlerin faaliyetleri etkin kullanıp kullanmadıkları göz önüne alındığı için bölümlerin işletme içi performansları da ortaya çıkar.

2.2.2. Faaliyet Tabanlı Maliyet Sisteminin Tarihsel Gelişimi

20. Yüzyılda mamul maliyet ve işletme içi muhasebe işlemlerinde kullanılan prosedürlerin çoğu 1880-1925 yılları arasında geliştirilmiştir. Bu dönemdekigelişmelerin önemli bir bölümü, bir işletmenin her bir mamul bazında kârlılığını izleme ve bilgileri stratejik karar vermede kullanmaya yönelik yönetim amaçlı mamul maliyetlemeyle ilgiliydi.[47]Maliyet yönetimi uygulamaları, özellikle 1925'den itibaren yaşanan ekonomik, teknik ve sosyal nedenlerle dikkatlerin işletme içinden işletme dışına yönelmesi ve finansal raporlamanın yönlendirici güç haline gelmesi sonucu, maliyet bilgilerinin finansal muhasebe amaçlı kullanılmasıyla maliyet muhasebesi uygulamaları şekline dönüşmüş ve 1970-1980'li yıllarda batılı firmalar tarafından kullanılmaya devam edildiği için Japon ve diğer Uzakdoğu işletmeleri karşısında rekabet gücü avantajını kaybetmişlerdir.[48]

---

[45]Gary Cokins, **Activity-Based Cost Management: An Executive's Guide,** John Wiley & Sons, Inc., New York, 2001, s. 12.

[46]Michael A. Kaszubski and Steve Ebben, "Using Activity-Based Costing to Implement Behavioural Cost Initiatives Succesfully", **Journal of Facilities Management,,** Vol: 3, No: 2, Sep 2004, p. 189.

[47]Cudi Tuncer Gürsoy, **Yönetim ve Maliyet Muhasebesi**, İstanbul: Lebib Yalkın Yayımları ve Basım İşleri A.Ş., 1997, s.7-8.

[48]Zahirul Hoque,**Handbook of Cost and Management Accounting,** Spiramus Pres Ltd., London, 2005, p.84.

Artan rekabet ortamda genel üretim giderleri, ürünlerin çeşitliliği ve karmaşıklığı, müşterilere kaliteli hizmet sunma ve kaliteyi sürdürme ihtiyaçlarından gittikçe daha fazla etkilenmektedir. Miller ve Vollman, 1985'te, çağdaş endirekt maliyetleri oluşturan dört grup işlem (kalite, değişim, ihtiyaca göre kaynak sağlama ve lojistik) tanımlamışlardır.[49] Bu şartlar altında FTMSmetodolojisinin uyumlaştırılmasıyla geleneksel maliyet sistemlerinin anılankusurlarınıngiderilmesi amaçlanmıştır.

1970'lerde hissedilmeye başlanan bu yetersizlik, 1987 yılında Amerikalı iki muhasebe profesörü Dr. Robert Kaplan ve Dr. Tom Johnson'ın "yönetim muhasebesinin yükselişi ve düşüşü" adlı kitaplarında da belirtilmiş ve aynı dönemde Dr. Robin Cooper da "faaliyet tabanlı maliyet" (FTM) olarak adlandırılan yeni bir maliyet hesaplama sisteminin teorik temellerini atmışlardır.[50]

1950'li yıllardan itibaren bazı firmalarda uygulandığı bilinen sistem, faaliyet tabanlı maliyet adıyla ilk defa John Dere firması tarafından kullanılmıştır. Sistemin geliştirilmesinde önemli katkıları olan Kaplan ve Cooper da zaten FTMS'yi kendilerinin bulmadığını ve birkaç firma tarafından birbirlerinden habersiz olarak geliştirildiğini ve uygulandığını vurgulamaktadır. Bu iki araştırmacı, inceledikleri işletmelerdeki uygulamalardan hareketle sistemin teorik temellerini oluşturmuşlardır.[51] Cooper, faaliyet tabanlı maliyet sürücülerinin 1980'lerde, Schrader Bellows, John Deere, Union Pasific, Caterpillar ve Hewlett-Packard firmalarını içene alan yalnızca bir kaç firma tarafından uygulanarak geliştirildiğini vurgulamıştır.[52] FTMS'nin bu firmalarda uygulanma nedeni, firmaların, ürün fiyatlama ve karar alma çalışmalarına temel oluşturacak doğruya daha yakın ürün maliyet bilgilerine duydukları ihtiyaçtır.

FTMS anlayışının çıkış noktası geleneksel maliyet sistemlerinin temel teorik yanlışını düzelterek maliyetleri önce kaynakları tüketen faaliyetlere sonra ürünlere ya da maliyet nesnelerine yüklemektir. Sonuç olarak, yönetim tarafından önemli kararların alınması aşamasında ürünler, markalar, müşteriler, bölümler ve dağıtım kanalları gibi gelir yaratan ve kaynakları tüketen

---

[49]John Innes and Falconer Mitchell, "The Application of Activity-based Costing inthe United Kingdom's LargestFinancialInstitutions", **The Service Industries Joumal**, Published By Frank Cass, Vol. 17, No. l, London, January 1997, p. 191.

[50]Ahmet Büyükşalvarcı, "Faaliyet Tabanlı Maliyetleme ve Bankalarda Bir Uygulama", **Selçuk Üniversitesi Karaman İİBF Dergisi,** Yıl: 9, Sayı: 10, Haziran 2006, s. 161.

[51]Hasan Taşçı, "Aktiviteye Dayalı Maliyet Sistemi ve Türkiye Cumhuriyet Merkez Bankası Uygulama Örneği", (Uzmanlık Yeterlilik Tezi, TCMB Muhasebe Müdürlüğü), Aralık 2004, s. 22.

[52]H. Thomas Johnson, **Relevance Regained**, The Free Press, New York, 1992, p. 141.

süreçlerin sistematik olarak izlenebilir hale getirilmesi amaçlanmıştır.[53] Bu yönüyle FTMS, maliyetlerin doğruya en yakın belirlenmesi amacının yanında süreçlerin belirlenmesi ve geliştirilmesine de imkân sağlar.

1990'ların organizasyonlarında karar almak üzere yetkilendirilmiş ve bu amaçla bilgiye anında ihtiyaç duyan ve üretim sürecinde kullanan çalışma takımlarının varlığından söz edilmektedir. Bu geçişle birlikte işletmelerin dikkati, departmanlar yerine, ürünler, süreçler ve faaliyetler üzerinde yoğunlaşmaktadır. Ancak faaliyet tabanlı maliyet anlayışına geçiş için değişim sürecine işletme kültüründen başlamak gerektiği[54] bahsedilen dönemde faaliyet gösteren birçok işletme için ön kabul niteliğindedir.

Başlangıçta üretim işletmeleri için tasarlanan FTMS, sonraları hizmet sektörü için de oldukça yaygın bir kullanım alanı bulmuştur. Sistemin yaygınlaşması sadece özel sektörle sınırlı kalmamış, kamusektöründe de performans ölçümlemek ve beklentileri karşılamak için gerekli etkin ve verimli işletmeyi mümkün kılan doğru maliyet bilgisine ve dolayısıyla FTMS gibi çağdaş yaklaşımlara duyulan ihtiyaç gün geçtikçe artmıştır.

FTMS'nin kamu sektöründe kullanımıyla ilgili 2003 yılında İngiltere'de yapılan bir araştırma, yerel otoritelerin %54'ünün, devlet teşekküllerinin %17'sinin ve sağlık kurumlarının %55'inin FTMS'yi kullandıklarını ortaya çıkarmıştır. Amerika'da 2005 yılında yapılan başka bir araştırma ise, Amerikan kamu sektörünün, %23'ü pilot uygulama olmak üzere toplamda %52'sinin FTMS kullanırken, %29'unun FTMS'yi uygulamayı düşündüklerini göstermektedir.[55] FTMS kullanım oranlarının ülkeden ülkeye değişmesinin yanında1990'lı yıllarda sahip olduğu popülaritesini özellikle 2000'li yıllara girilirken sisteme getirilen eleştirilerin artmış olması sebebiyle yitirdiğini ve FTMS'nin yaygınlaşması sürecinin durgunluk dönemine girdiğini belirtmek gerekir.

Türkiye'de konuyla ilgili gelişme yaşandığı ve birçok büyük işlemede FTMS uygulamasının başladığı, lokal olarak kullanıldığı ya da kullanılmak üzere üzerinde çalışıldığını biliyorsak da, günümüzdeki durumu yansıtan güncel bir araştırma yoktur. 2000 yılında 88 büyük

[53]Michael D. Hutt and Thomas W. Speh, **Business Marketing Management: B2B**, Tenth Edition, South Western Cengage Learning, USA, 2010, p. 450.

[54]Rodney B.Adams, "Activity Based Cost Control", **Transactions of AACE International**, Florida, 1994, p. CSC9.1.

[55]Kevin Baird, "Adoption of Activity Management Practices in Public Sector Organizations", **Accounting and Finance**, Vol: 47, 2007, p.551-552.

sanayi şirketinde yapılan bir araştırmanın FTMS kullanım oranının Türkiye'de neredeyse sıfır olduğunu gösteren sonuçları Tablo 2 ve Tablo 3'de aktarılmaktadır.

Tablo 2: Türkiye'de Sanayi Şirketlerinde FTM Yönteminin Kullanımı

İşletmenizde FTM sistemi kullanılmakta mıdır?	**%**
FTM sistemi uygulanmaktadır	0
FTM sistemi uygulanması düşünülmektedir	29
FTM sistemi düşünülmemektedir	71

Kaynak: Figen Öker, **Faaliyet Tabanlı Maliyetleme**, İstanbul: Literatür Yayınları, 2003, s.96.

Tablo 3: FTM Yönteminin Uygulanmama Nedenleri

FTM yöntemi niçin uygulanmamaktadır?	**%**
Var olan sistem yeterlidir	58
İşletmenin yapısına uygun değil	26
Maliyeti getireceği faydadan daha fazla	8
Bu yöntem iyi bilinmiyor	8

Kaynak: Figen Öker, **Faaliyet Tabanlı Maliyetleme**, İstanbul: Literatür Yayınları, 2003, s.96.

Araştırmaya göre araştırmanın yapıldığı tarihte araştırma konusu işletmelerden FTM yöntemini bütünüyle uygulayan şirket olmamakla beraber bu şirketlerin %29'unun FTMS üzerinde çalıştıkları görülmektedir.

Tarihsel gelişim içerisinde yeni maliyet sistemi geliştirilmesine yönelik yazın, varolan yeni uygulamaların incelenmesi ve doğal süreçte ortaya çıkmış yeni ve daha iyi maliyet sistemlerinin sorgulanması sonucunda uygulama alanı bulmuştur. 1980'lerin sonunda Kaplan, Cooper ve Johnson faaliyet tabanlı maliyet sistemi ile ilgili modellerini netleştirirken, Brimson üretimde yenilik yaratmada FTMS ile birlikte tam zamanında üretim(TZÜ) ve toplam kalite yönetimini(TKY) kullanmanın potansiyel faydasının farkına varmıştır.[56] Güncel yönetim araçlarının birlikte kullanıldığı durumlarda daha etkin sonuçlar verdiğinin anlaşılmasıyla uygulamaların yaygınlaşması hızlanmıştır.Faaliyet tabanlı maliyet sistemi sürekli gelişim ve değişim içindedir. Bu değişim aşağıdaki şekilde de kısaca özetlenmiştir:

[56]David Dugdale, T Colwyn Jones and Stephen Green, **Contemporary Management Accounting Practices in UK Manufactoring**, Cima Publishing, UK, 2006, p. 38.

Şekil 3: Faaliyet Tabanlı Maliyet Sisteminin Tarihsel Gelişimi

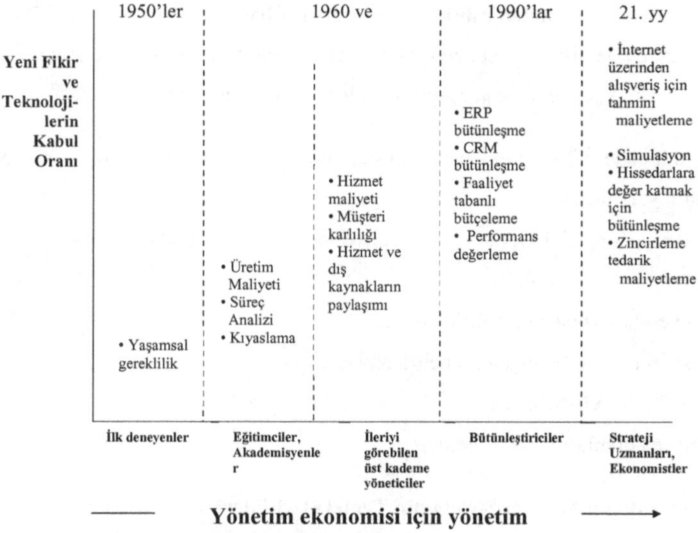

Kaynak: Gary Cokins, **Activity-Based Cost Management: An Executive's Guide,** John Wiley & Sons, Inc., New York, 2001, p.30.

FTMS alanındaki son gelişme, "zaman etkenli faaliyet tabanlı maliyet" ismiyle karşımıza çıkmıştır. Zaman etkenli faaliyet tabanlı maliyet sistemi (ZEFTMS) ilk olarak, 2004'teki Harward Business Review'ın Kasım Sayısı'nda Kaplan ve Anderson tarafından, geleneksel FTMS'ye göre pratikte daha az zaman ve maliyetle uygulanabilen, "FTMS'nin yalınlaştırılmış bir versiyonu" olarak tanımlanmıştır.[57] ZEFTMS'nin uygulamadaki farklarını göz ardı ettiğimizde fiili iş gücü zamanını temel alan bir FTMS modeli olduğu söylenebilir.

2.3. Faaliyet Tabanlı Maliyet Sistemi ve Sistemin Tasarlanması

Dar bir kapsamda FTMS, üretim maliyetlerinin, çıktı, mamul ya da hizmetler olarak ifade edebilen maliyet etkenlerine, doğru olarak yüklenmesi için kullanılan bir maliyet yaklaşımı olarak görülebilir. Bu anlamda FTMS'nin birincil amacının, kârlılık analizine[58] yönelik olduğu söylenebilir.

[57]Don R. Hansen and Maryanne M. Mowen, **Cornerstones of Cost Accounting**, Cengage Learning Inc., USA, 2010, p.154.
[58]Hacırüstemoğlu ve Şakrak, s.48.

FTMS'nin uygulanma, değerlendirme ve güncelleme yapılması aşamalarının başarısı, sistemin tasarlanması aşamasında yapılan çalışmaların başarısına bağlıdır. Birişletmede FTMS'nin uygun olduğu belirlendikten ve sistem işletmenin bütünü tarafından benimsendikten sonra tasarım aşamasına geçilir. FTMS'nin kabul edilmesi, aşağıdaki çalışmaların sonuçlarına bağlıdır:[59]

- İşletme bütününde FTMS'ye karşı olumsuz önyargıların ortadan kaldırılarak genel kabul ortamı yaratılması,
- Mevcut sistemin yetersizliklerinin ve yeni sistemden beklentilerin belirlenmesi,
- Süreç planının hazırlanması,
- Potansiyel veri kaynaklarının belirlenmesi,
- Mevcut sistemin ürettiği belgelerin belirlenmesi,
- Müşteri profilinin geliştirilmesi,
- Sabit, değişken oranlarının belirlenmesi.

2.3.1. Faaliyet Tabanlı Maliyet Sisteminin Temel Özellikleri

Daha önceki bölümlerde vurgulandığı gibi geleneksel maliyet sistemleri, genel üretim maliyetlerini ürünlere direkt işçilik ve makine saatleri veya üretim miktarı gibi hacim tabanlı maliyet etkenlerini kullanarak dağıtır. Bu durum, faaliyetlerin fiziksel üretim ortamıyla yüksek oranda ilişkili olduğu işletmeler için uygundur. Fakat rekabetin şiddetli ve mamul farklılıklarının yüksek olduğu günümüz iş dünyasındaki bir işletmenin geleneksel maliyet sistemi kullanması, maliyet etkenleri ve karlılığı hakkında yanlış bilgi üretir ve dolayısıyla da sonuçta yanlış kararlar alınmasına sebep olur.[60]Üretim süreciyle GÜM arasında kurulan ilişkinin doğurduğu yanlış maliyet bilgisi sorununun önlenmesi için faaliyet tabanlı maliyet sistemi geliştirilmiştir.GÜM'ün nedensellik ilişkisi düşük ürünlerle ilişkilendirilmeden önce faaliyetlerle ilişkilendirilmesi FTM yönteminin temelini oluşturur.

Herhangi bir ürün ya da hizmete ait maliyetin kesin olarak belirlenmesi pratikte imkânsızdır. Ancak isabetli yönetimsel kararların alınabilmesi için işletmeler yapabildikleri doğruya en yakın hesaplamalarıyla karar alıcılarını ikna etme yoluna giderler. Doğruya en yakın ürün

---

[59]Kim LaScola Needy, Heather Nachtmann, Narcyz Roztocki, Rona Colosimo Warner and Bopaya Biranda, "Implementing Activity-Based Costing Systems in Small Manufacturing Firms: A Field Study", **Engineering Management Journal**, Vol: 15, No: 1, Mar 2003, p.3-10.

[60]Prasanna Chandra, **Finance Sense: Finance for Non-Finance Executives**, Third Edition, Tata McGraw-Hill, New Delhi, 2003, p.101.

maliyetlerinin hesaplaması ise, maliyetlerin direkt olarak ürünün üretimi ya da hizmetin sağlanmasıyla ilişkilendirilebildiği durumlarda ortaya çıkabilir. Direkt madde ve direkt işçilik maliyetleri sırasıyla, üretime ait zaman maaş bordrosu ve malzeme istek formları üzerinden ürünün üretimi ya da hizmetin sağlanmasıyla doğrudan ilişkilendirilebilmeleri en kolay olan kalemlerdir. Buna karşın genel üretim maliyetleri ise, ürün ya da hizmetlerle doğrudan ilişkilendirilebilmeleri kolay olmayan veya direkt yüklenemeyen dolaysız veya müşterek maliyetler olarak karşımıza çıkar. Bu durumda işletmeler, GÜM'ü ürün ya da hizmetlere yüklemek için tahminler kullanmak zorundadırlar.[61]Bu noktadan hareketle GÜM'ün mamul ya da ürünlere doğruya en yakın şekilde yüklenmesi soruna bir çözüm bulmak arayışları ön FTMS uygulamalarının işletmeler tarafından geliştirilmesi ve kullanılmaya başlanması sonucunu doğurmuştur.

FTMS, son yıllarda geleneksel maliyet sistemlerine karşı çekici bir alternatif olarak ortaya çıkmıştır. FTMS'nin gelişimi, birçok hizmet sektörü işletmesinde temel yönetim muhasebesi alanları olan karar alma, kontrol ve performans ölçümlemelerinde kullanılmaktadır.[62]1980'li yıllarda akademisyenler tarafından teorileştirilen FTMS yazını, GÜM'lere, faaliyetleri direkt tüketiyor oldukları tespiti üzerinden, endirekt maliyetlere ürünlerle direkt ilişkilendirilebilirlik özelliği kazandırmak amacıyla geliştirilmiştir.

Faaliyet tabanlı maliyet sisteminde maliyetler, iki aşamalı olarak ürünlere yüklenmektedir.[63]Kaynaklar, önce faaliyetlere sonra buradan maliyet nesnelerineyüklenir. Faaliyet tabanlı maliyet sisteminde dağıtım aşamaları Şekil 4'deki gibi yapılmaktadır.

---

[61]Jerry J. Weygandt, Paul D. Kimmel and Donald E. Kieso, **Managerial Accounting: Tools for Business Decision Making**, Fifth Edition, John Wiley & Sons, Inc., New Jersey USA, 2009, p.152.
[62]John Innes, Falconer Mıtchell, p.190.
[63]Li-Jung Tseng, Chien-Wen Lai, "ABC Joint Products Decision with Multiple Resource Constraints", **Journal of American Academy of Business,** Vol: 11, No: 1, Cambridge,March 2007,p.238.

Şekil 4:Faaliyet Tabanlı Maliyet Sisteminde İki Aşamalı Dağıtım

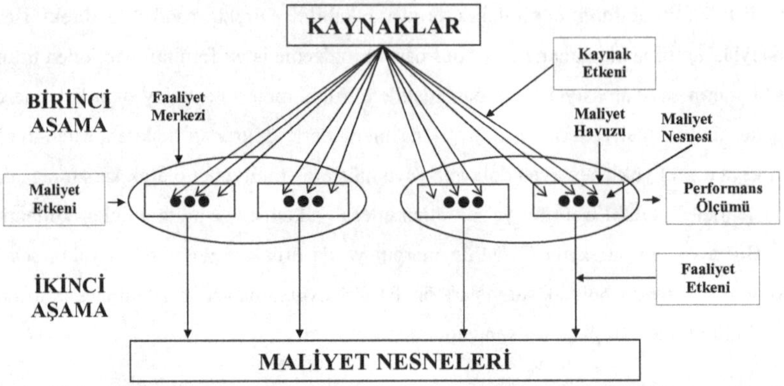

Kaynak: Li-Jung Tseng, Chien-Wen Lai, "ABC Joint Products Decision with Multiple Resource Constraints", **Journal of American Academy of Business,** Vol: 11, No: 1, Cambridge, March 2007, p.238'den geliştirilmiştir.

Şekil 4'te de görüldüğü gibi birinci aşamada, faaliyetlerin kaynak maliyetleri için faaliyetlere göre maliyet etkenleri belirlenmektedir.Birbirine benzer her bir kaynak faaliyet türü için faaliyetle ilgili maliyet havuzları oluşturulur.[64] Böylece, bir faaliyetle ilgili maliyet havuzu tüm faaliyetlerin maliyetlerinin toplandığı bir merkez haline gelir. Bir faaliyet merkezi birbiriyle ilişkili faaliyetlerin genellikle fonksiyon veya süreçlerine göre kümelenmiş halidir.İkinci aşamada, faaliyetle ilgili maliyet havuzundaki maliyetler, faaliyetlerden yararlanan gider yerlerine faydalanma derecelerine göre dağıtılırlar.[65]

FTMS, maliyet ve süreç belirleme olmak üzere iki boyutlu olarak değerlendirilebilir. İkinci boyut, bir süreç bakışıdır ve ekonomik olmayan performans ölçümleri için kullanılır. Maliyet belirleme görüşü, faaliyet tabanlı maliyet anlayışının orijinal bakış açısıdır ve fiyatlandırma, ürün karması, kaynaklar, ürün tasarımı ve iyileştirme çalışmaları için önceliklerin belirlenmesi konularıyla ilgilidir:[66] Şekil 6'da FTMS'nin maliyet ve süreç belirleme olmak üzere iki boyutlu olan işlevsel değerlendirilmesi betimlenmiştir.

[64]Tseng, p.238.

[65]Salih Durer, Arzu Ö. Çalışkan ve Halil E. Akbaş, "Küçük ve Orta Büyüklükteki İşletmelerde Faaliyet Tabanlı Maliyetleme", **Maliye ve Finans,** Yıl: 23, Sayı: 84, Temmuz 2009, s.113; Şakrak, s.186–87.

[66]Jan Emblemsvag, **Life-Cycle Costing: Using Activity-Based Costing and Monte Carlo Methods to Manage Future Costs and Risk,**John Wiley & Sons, Inc.,New Jersey, 2003, p.101–103.

Şekil 5: İki Boyutlu Faaliyet Tabanlı Maliyet Sistemi

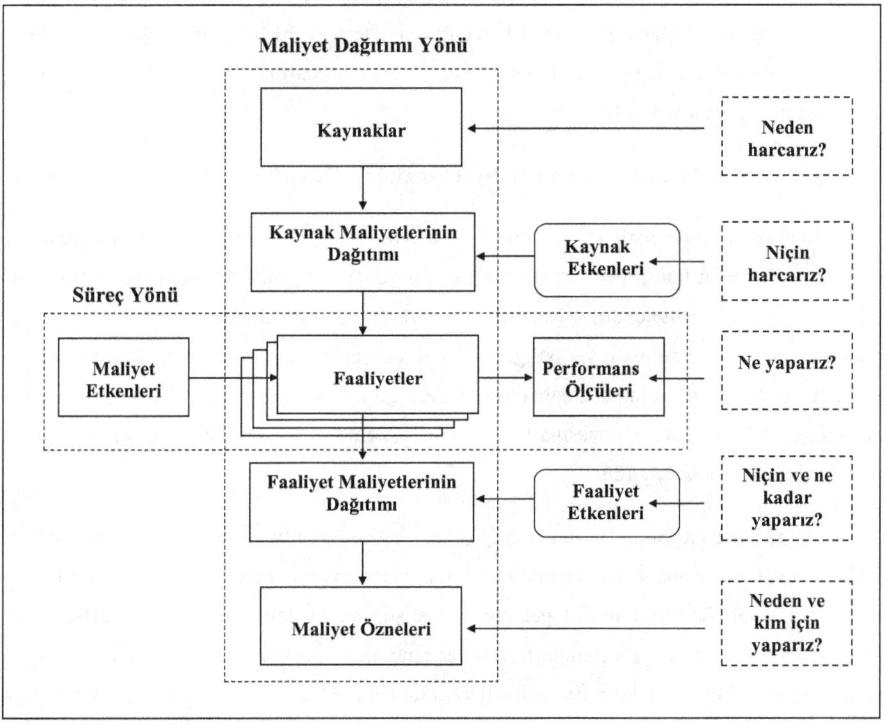

Kaynak: Gary Cokins, **Activity-Based Cost Management: An Executive's Guide,** p.16 ve Emblemsvåg, **Life-Cycle Costing**, p.102 kaynaklarından düzenlenmiştir.

Şekil 6'da görüldüğü gibi, FTMS'nin iki boyutu bulunmaktadır. Bunlardan ilki maliyet dağıtım yönüdür ve kaynaklar, kaynak dağıtım ölçülerine göre faaliyetlere, faaliyetlere ilişkin maliyetler de faaliyet dağıtım ölçülerine göre üretilen ürün ve hizmetlere dağıtılmaktadır. Bu boyut, kaynaklar, faaliyetler ve maliyet öznelerine ilişkin bilgiler sunar. İkinci boyut ise, genellikle finansal olmayan performansa ilişkin bilgilere ulaşılmasını sağlar. Bu boyut, işlerin nasıl yapıldığının analizine imkân verdiği için, sürecin iyileştirilmesinde yönetime önemli bilgiler sunacaktır.

FTMS'nin benimsenmesi bir ihtiyaçtır ve sıklıkla geleneksel maliyet sisteminden elde edilen çıktı maliyetlerinde sistematik yanılgıların algılandığı yüksek hacimli standart çıktıların, düşük hacimli, özel üretim çıktılarıyla ikame edilmiş olduğu durumlarda ortaya çıkar. Ayrıca birçok durumda bu şekilde maliyetlerin yeniden gözden geçirilmesi, ürün yelpazeleri, fiyatlandırma ve pazarlama politikalarının yeniden değerlendirilmesine de neden olmaktadır.[67] FTMS'nin önemli faydalarının yanında kullanılması için katlanılması gereken maliyetinin değerlendirilmesi ve ardından uygulanmasına karar verildikten sonra, sistemin başarılı olmasında hayati önemi olan sistem tasarımı aşamasına geçilir.

2.3.2. Faaliyet Tabanlı Maliyet Sisteminin Tasarlanması

Faaliyet tabanlı maliyet yönteminin başarılı olabilmesi için, sistem oluşturulmasına başlanmadan önce atılması gereken ilk adım, çalışanların eğitimi ve yönteme ilişkin olarak bilgilendirilmeleridir. Bilgilendirme yapılırken bu yöntemin kullanılmasının neden gerekli olduğu çalışanlara çok iyi anlatılmalı ve bu gerekliliğin çalışanlar tarafından çok iyi anlaşılmasının sağlanması gerekir.[68] Sürecin başarısıher yeni sistem gibi, başlangıçta istemsizde olsa bir dirençle karşılaşacağının göz önüne alınmasına ve durumun sisteme karşı kalıcı bir tepkiye dönüşmemesi için önlemler alınmasına bağlıdır.

Doğru maliyet bilgisine olan ihtiyaç ve değişen üretim koşullarının ortaya çıkardığı FTMS'nin uygulanmasına karar verildikten sonra yapılacak ön inceleme sonrası, yeni maliyet sistemine ilişkinbir ön(pilot) model geliştirilir. Geliştirilen modelin ön denemesi netice verirse, kesin uygulamaya geçilir.Bu sistemde faaliyetler tanımlanır, maliyet havuzları belirlenir, faaliyet tabanlı maliyet etkenleri seçilir ve maliyetler hesaplanır. FTMS'nin ön uygulamasının başarılı olması, tüm çalışanları motive edici olacağından, sistemin benimsenmesi, işletme geneline yayılması ve geliştirilmesi açısından hayati önem taşır.

Sistemin tasarımı süreci aşağıdaki aşamaları içerir:[69]

- İşletme için ideal bir maliyet sisteminin fonksiyonel gerekliliklerinin ve hedeflerinin belirlenmesi,
- Önerilen sistemin işlevsel özelliklerinin geliştirilmesi,
- Faaliyet ve kaynakların belirlenmesi,
- Maliyet havuzları ve maliyet etkenlerinin belirlenmesi,

---

[67]John Innes and Falconer Mitchell, p.192.
[68]Haftacı,s.273.
[69]Kim LaScola Needy, Heather Nachtmann,,Narcyz Roztocki, Rona Colosimo Warner and Bopaya Biranda, p.3-10.

- Veri toplanması,
- Maliyet akış şemasının geliştirilmesi,
- Mevcut sistemin yazılımlarını ve verilerini kullanarak çalışan bir ön model kurulması,
- Mevcut ve yeni sistemi kullanarak elde edilen ürün maliyetlerinin karşılaştırılması,

Faaliyet tabanlı maliyet sisteminin tasarımıyla birlikte bu sistemi uygulamak isteyen bir firma sırasıyla aşağıdaki adımları izlemelidir:[70]

- **Mevcut Maliyet Sisteminin Analiz Edilmesi:** Kullanılan mevcut maliyet sistemi üzerinde çalışılmalı ve sistem bütün yönleriyle gözden geçirilmelidir. Faaliyet tabanlı maliyet sisteminin yerleştirilmesi için gerekli görülecek değişiklikler yapılmalıdır.
- **Faaliyetlerin Tanımlanması:** Kullanılan maliyet sisteminin gözden geçirilmesinden sonra, faaliyetlerin tanımlanması gerekir. Tercihen planlama, üretim, dağıtım, genel yönetim ve muhasebe bölümlerinin yöneticilerinden teşekkül edecek bir komitenin faaliyet tanımlamasını yapması uygun olacaktır. Komite, belirleyeceği sayıda faaliyeti değerlendirir. Bunun için bir fayda-maliyet analizinin yapılması gereklidir. Önemli kabul edilecek görece az sayıdaki faaliyetler seçilir. Bu seçilen faaliyetler kurulacak faaliyet tabanlı maliyet sisteminin temelini teşkil edecektir. Her bir faaliyet için maliyet hiyerarşisi oluşturulur.
- **Ürünlerin Belirlenmesi:** Bir sonraki adım, maliyet nesnesi olan ürünlerin belirlenmesidir.
- **Ürünlere Ait Direkt Maliyetlerin Belirlenmesi:** Direkt malzeme, direkt işçilik ve diğer direkt maliyetler belirlenir. Yakın geçmişteki fiili maliyetler birer ölçü olarak değerlendirilir.
- **Maliyet Dağıtım Esaslarının Tanımlanması:** Maliyet belirleme esaslarının tanımlanmasından kasıt, maliyetlerin faaliyet tabanlı maliyet sistemine veri sağlayacak ölçü ve sayıda belirlenecek maliyet havuzlarında toplanmasıdır. Maliyet havuzlarının oluşturulmasındaki amaç, dolaylı maliyetlerin ürünlere yüklenmesine zemin oluşturmaktır. İkinci adımda belirlenmiş olan farklı faaliyetler, maliyetlerin ürünlere yüklenmesinde araç olarak kullanılır.

---

[70] V. Rajasekaran and R. Lalitha, **Cost Accouting,** Dorling Kindersley Pvt.Ltd., India, 2011, p.274-275.

- **Maliyet Dağıtım Esaslarıyla İlgili Endirekt Maliyetlerin Belirlenmesi:** Genel üretim giderler faaliyetlere, faaliyet dağıtım esası ve maliyetler arasındaki sebep-sonuç ilişkilerine göre faaliyetlere yüklenir.
- **Faaliyet/Maliyet Etkenlerinin Belirlenmesi:** Maliyet dağıtım esaslarından faydalanılarak faaliyet maliyet etkenleri belirlenir ve her bir faaliyetin endirekt maliyeti hesaplanır. Bu, toplam maliyetlerin dağıtım oranlarına bölünmesiyle bulunur. Dağıtım esası belirlenirken yapılacak seçim önemlidir.
- **Ürünlere Dağıtılacak Endirekt Maliyetlerin Hesaplanması:** Her bir faaliyet için belirlenmiş olan endirekt maliyet miktarı, bir önceki adımda belirlenmiş maliyet etkenleriyle çarpılır. Böylece tüm faaliyetlerle ilişkili endirekt maliyet tutarları ve birim başına maliyetler hesaplanır.
- **Ürün Toplam Maliyetlerinin Hesaplanması:** Her bir ürün için belirlenen dördüncü adımdaki direkt giderler ile sekizinci adımdaki endirekt giderler toplanarak ürün maliyetleri hesaplanır.

2.4.Faaliyet Tabanlı Maliyet Yönetimi ve Faaliyet Tabanlı Yönetim

Faaliyet tabanlı maliyet sistemleri, işletme tarafından üretilen ürün ya da hizmetlere ait işlemlerin maliyetlerinin belirlenmesi, dizaynedilmesi ve geliştirilmesi sürecini ifade eder. FTMS, süreç analiziyle, hangi faaliyetlerin ne kadar maliyete sebep olduğu ve etkenlerle ilişkili maliyetler üzerinde yoğunlaşır. FTMS'den elde edilen veriler, Faaliyet Tabanlı Yönetim(FTY)'in bir parçası olarak, genellikle ürün ve müşteri kârlılıklarının raporlanması için kullanılır. FTY, FTMS'den gelen verileri kullanarak, işletme kaynaklarından azami fayda sağlanabilmesi amacıyla yönetime rehberlik edecek kaliteli bilgi alt yapısını sağlar. FTMS, bir hizmetin üretimmaliyetinin ne olması gerektiğini ortaya koyarken, FTY, bunun bir adım ötesine geçerek, hesaplanmış FTMS maliyetleriyle bir döneme ait fiili maliyetleri karşılaştırma imkânı verir. Bu karşılaştırma, işletme kaynaklarının ne ölçüde iyi yönetildiğini gösterir. FTMS ve FTY sırasıyla maliyetleri belirler ve nasıl geliştirileceğine ilişkin bilgiler sunar.[71] FTY, FTMS ve diğer performans ölçütlerini de birlikte değerlendirerek stratejik kararların alınmasını sağlar.

---

[71]William Frost, **ABCs of Activity Based Management: Crushing Competition Trough Performance Improvement**, USA, 2005, p.5.

FTY, bulunduğumuz zamanın şartlarına göre geliştirilmiş çağdaş bir yaklaşımdır. FTY, bir teknik değildir; yönetimle ilgili bir kavramdır.[72] FTY, içerisinde birçok yönetim tekniğini barındıran ve bu tekniklerin birlikte uyum içerisinde çalışmaları ve ötesinde birbirlerini destekleyerek karşılıklı bir sinerji yarattıkları yönetim birliğinin sağlandığı idealize edilmiş yönetim seviyesidir.

İç ve dışsal raporlamalarda tek bir amacı olduğu için "defter-i kebir sistemi" olarak isimlendirebileceğimiz geleneksel maliyet muhasebesi, işletmenin iş ortamındaki varlığını ve varsıllığını ölçen bir termometre gibi çalışır. Geleneksel metodoloji, bir döneme ait maliyetleri özetler niteliktedir. Genel giderler, prensip olarak hiçbir faaliyet ya da süreç ile de ilişkilendirilmez. Sonuçta, işletme iç dinamiklerinin kalite, etkinlik ve kârlılıkları üzerine olan ve olası etkilerini değerlendirme olanağı bu ortamda bulunmaz. FTMS ve Faaliyet Tabanlı Maliyet Yönetimi(FTMY) toplam kalite anlayışı ile koordine edilerek anılan bu dezavantajları ortadan kaldırır. FTMY yaklaşımı, sonuçta her bir ürün, hizmet ya da müşteriyle ilişkilendirilen faaliyet ve süreç maliyetleriyle ilgili harcamaları kaydeder, özetler ve raporlar. Geçmiş döneme ait verileri dar bir perspektiften sunarak, "yönetimin mutlu ya da mutsuz olmasına sebep olan" geleneksel maliyet sistemlerinin aksine FTMY, gidişat hakkında çok yönlü, geniş ve de anlamlı bilgiler vererek, "yöneticileri bilinçli" kılar."[73]

Faaliyet tabanlı maliyet sistemi ve faaliyet tabanlı maliyet yönetimi, yönetime kararlarında yardımcı olmak üzere geliştirilmiş araçlar ve yöntemlerdir. Maliyetler, operasyonel kararların direkt çıktısıdır ve aynı zamanda da performans ölçütüdür. Maliyetlerin düşmesi ya da çıkması, kaynak kullanımda alınan kararlar ve kaynakların rasyonel kullanıyor olması ile ilgili belirtiler olarak ele alınmalıdır. Faaliyet tabanlı maliyet yönetimi, yönetime stratejik karar almak üzere maliyet bilgisi sağlayacak bir "tanı aracıdır". Maliyet bilgilerini diğer stratejik performans ölçütleriyle uyumlu bir şekilde birlikte çalıştırmak, sonunda işletme sonuçlarını çok yönlü ve sağlıklı bir biçimde ortaya çıkarır. Bu durum, yönetimin karar almada ihtiyacı olan alt yapıyı sağlar.[74]

---

[72]Brain Plownman, **Activity Based Management: Improving Processes and Profitability**, Gower Publishing Limeted, Burlington USA, 2001, p.15.

[73]David K Narong, p.11-22.

[74]Gary Cokins, Bill Flemming, Anthony Hill, Michael Hugos, Paul Niven, Karl Schubert and Alan Stratton, **Cio Best Practices: Enabling Strategic Value with Information Technolgy**, John Wiley &Sons Inc., New Jersey, 2007, p.113.

FTMY, geleneksel maliyet muhasebesi anlayışının tersine, performans ve kalite artışına yönelik bilgi ve hedefleri, yönetimin yanı sıra çalışanlarla da paylaşır.[75]

FTMS'nin, yönetim muhasebesinin daha işlevsel kılınması çabalarına önemli bir katkısı olduğu yadsınamaz. Bir defa, GÜM'nin çok sayıda maliyet havuzunda toplanması, yöneticileri işletme faaliyetlerini daha iyi analiz etmeye ve anlamaya zorlayacaktır. Belki bu nedenledir ki, " faaliyet tabanlı yönetim"den söz edilmektedir.[76]

Günümüz rekabet ortamında işletmelerin geleneksel olarak sadece belirli bazı kriterleri dikkate alarak çalışması yeterli değildir. İşletmeler, yalnızca üretimde etkin olmakla yetinmezler, rekabetçi olmalı ve hem ulusal hem de uluslararası pazardaki paylarını arttırmanın yollarını da dikkate almalıdırlar. Başarı için maliyet ve maliyet yapılarının net bir şekilde anlaşılması şarttır. Geleneksel maliyet ve yönetimi işletmelere gerçek maliyet dinamiklerinin yalnızca bir kısmını aydınlatarak raporlama yapar. Sonuç olarak, dar bir bakış açısıyla maliyetlerin değerlendirilmesi zamanı geride kalmıştır. Bu noktada bir ihtiyaç olarak geliştirilen FTY, üretim, hizmet, kamu sektörü, lojistik, telekomünikasyon ve diğer sektörlerde kullanılmaktadır. FTY, işletmenin tüm üyeleri tarafından kavranarak ve benimsenerek uygulanabildiği ölçüde gücünü açığa çıkarır ve fayda sağlar.[77]

Rekabet avantajı sağlamak üzere başvurulan maliyet liderliği kavramı, makro ekonomik dinamiklerin birbirinden bağımsız hareket ettiği günümüz dünyasında ortaya çıkmış, müşteri odaklı, düşük maliyette ve yüksek kaliteli ürün üretmek üzerine geliştirilmiş bir yaklaşımdır. Maliyet liderliğinin elde edilmesinde, işletme yönetiminde birçok çağdaş yönetim metodunun (benchmarking, kritik düşünme, performans ölçümleri ve yönetimi ve FTY gibi) birlikte ve uyumlu bir şekilde çalıştırılması hayati önem taşımaktadır.[78]

FTY, faaliyetlerin performans yönlerine, maliyet etkenlerine, performans ölçütlerine ve süreçler üzerine yoğunlaşır. FTY, FTMS ve FTMY ile birlikte etkin halde çalışır.[79]

---

[75]Narong, p.19.

[76]Cudi Tuncer Gürsoy, **Yönetim ve Maliyet Muhasebesi**, İstanbul: Beta Yayınları, 1999, s.240.

[77]Brain Plownman, p.15.

[78]Jonathan B. Schiff and Allen I. Schiff, "Cost Leadership for The Current Challenge", **Strategic Finance**, November 2009, p.39.

[79]Cokins, Flemming, Hill, Hugos, Niven, Schubert, Stratton, p.115.

FTY, tüm ana faaliyetlerini tamamlamış, faaliyetler tarafından tüketilen kaynakları ve kaynak kullanım etkenlerini belirlemiş ve faaliyetlerini, ürün veya hizmetlerde değer yaratan veya yaratmayan şeklinde sınıflandırılmış işletmelerin yönetimi ile ilgili bir yaklaşımdır. FTY, değer katmayan faaliyetlerin yok edilmesi veya azaltılması üzerine yoğunlaşır.[80] İşletmelerde değer katan faaliyetler ürünlere ve süreçlere değer katan faaliyetler olarak sınıflandırılır. FTY, işletmelerde süreç analizleri aracılığıyla değer katan faaliyetleri öne çıkarır ve destekler. Ayrıca değer katmayan ancak vazgeçilemeyen süreçlerin iyileştirilmesine yardımcı olur.

FTY'de performans, üst yönetimin daimi desteğinin alınarak çeşitli çalışma takımlarının, orta yönetimin ve diğer destek birimlerinin desteğinin alınmasına bağlıdır. Bu noktada görevlendirilecek koordinasyon grubu, aynı zamanda gerekli strateji ve taktik değişiklikler için organizasyon içi iletişimin sağlanması ve çalışanlardan işleyiş hakkında geri beslenme alınması konusunda da önemli rol üstlenecektir.[81]FTY maliyet açısından değerlendirildiğinde, maliyet etkenlerinin, faaliyetlerle ilişkilendirildiği görülür. Süreç açısından değerlendirme yapılırsa, süreç etkenlerinin faaliyetleri tetiklerken performans ölçütlerini etkilediği sonucuna varılır. Maliyet etkeni, maliyet olabilirken, zaman, kalite vb. dinamiklerle ilişkilendirilebilecek diğer etkenler de olabilir. Maliyet ve süreç açısından değerlendirmesi yapılan FTY aşağıdaki şekilde özetlenmiştir:

---

[80]Belverd E. Needles,Marian Powers and Susan V. Crosson, **Financial and Managerial Accounting**, Ninth Edition, South Western Cengage Learning, USA, 2010, p.887.

[81]B. Mahadevan, **Operations Management: Theory and Practice**, Dorling Kindersly Pvt. Ltd., India, 2007, p.571.

Şekil 6: FTY, Süreçler, Faaliyetler ve Maliyet İlişkisi

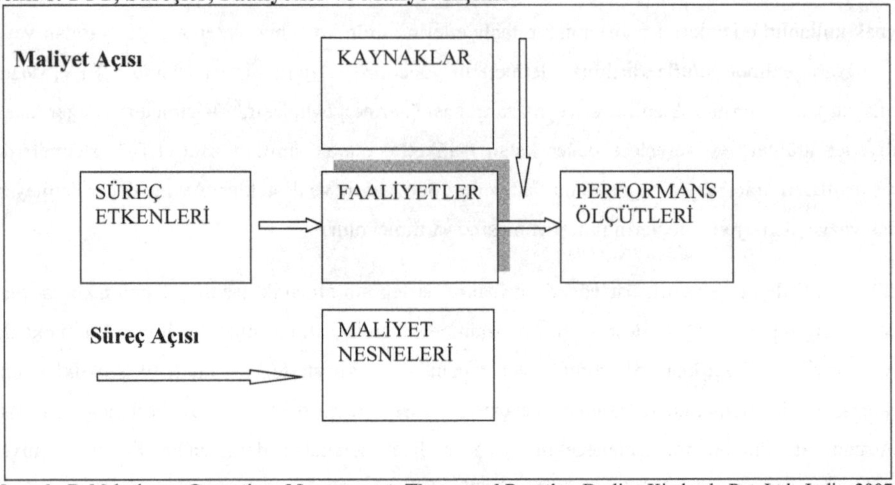

Kaynak: B. Mahadevan, **Operations Management: Theory and Practice**, Dorling Kindersly Pvt. Ltd., India, 2007, p.569.

FTMS'nin amacı, işletme yapısını şeffaflaştırarak işletme hedeflerinin yönetim tarafından gerçekleştirilmesine zemin hazırlamaktır. FTY ise, FTMS'nin sağladığı bilgi alt yapısını kullanarak işletme stratejilerinin mükemmel şekilde uygulanmasını sağlar. FTY, FTMS'nin sağladığı sürekli gelişim modeli, toplam kalite yönetimi, verimlilik ve değer yaratmayan faaliyetlerin belirlenerek ortadan kaldırılması stratejilerini uyumlaştırır.[82]Değer yaratmayan faaliyetler vazgeçilebilen ve vazgeçilemeyenler olmak üzere sınıflandırıldıktan sonra özellikle vazgeçilebilen değer yaratmayan faaliyetlerin tükettiği kaynaklar değer yaratan faaliyetlere kaydırılır.

Süreç zamanı, kalite, çeviklik, esneklik ve müşteri hizmetleri gibi finansal olmayan ölçümlemelerle FTMS ve FTMY'ni bütünleyen FTY, maliyet bilgi tabanının ötesine geçer. Bu nedenle FTY, temelde maliyet bilgi tabanına dayalı FTMY, FTY kavramlarına göre daha kapsamlıdır.[83]Üç kavramın karşılaştırması Şekil 7'de, kapsamları itibariyle sunulmuştur.

---

[82]Giuseppe Tardivo, Giulia Cordero Di Montezemolo, "Using Activity- Based Management To Achieve Excellence", **Journal of Financial Management and Analysis,** Vol: 22, No: 1, 2009, p.76.
[83]Hacırüstemoğlu ve Şakrak, s.50.

Şekil 7: FTM, FTMYve FTY'nin Karşılaştırması

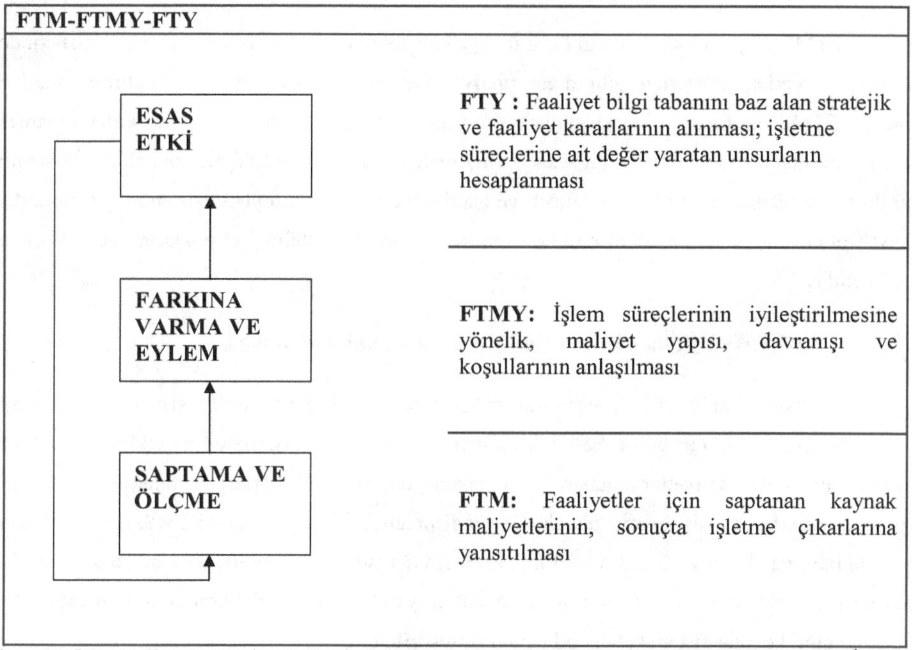

Kaynak: Rüstem Hacırüstemoğlu ve Münir Şakrak, **Maliyet Muhasebesinde Güncel Yaklaşımlar**, İstanbul: Türkmen Kitapevi, 2002, s.50.

Bu karşılaştırmaya göre, faaliyet tabanlı bilgilerin kullanımı üç aşamalı bir süreç olarak görülebilmektedir. Bu süreç:[84]

- İlk aşama olan FTM'de, öncelikle kârlılık analizine yönelik maliyet hesaplamaları;
- İkinci aşama olan FTMY'de, faaliyet ve işlem süreçlerinin iyileştirilmesine yönelik analiz ve uygulamalar;
- Son aşama olan FTY'de ise, ilk iki aşamadan sağlanan maliyet bilgileri ile birlikte finansal olmayan ölçümlemelerin, gerek işletme faaliyetleri düzeyinde, gerekse de stratejik düzeyde kararlar için kullanılması,

Bu çerçevede FTM-FTY süreci, işletme yönetiminde nihai bir çözüm değil, etkin bir yönetim aracı olarak görülmektedir.

[84]Hacırüstemoğlu ve Şakrak, s.50.

2.5.Kullanıcısı Açısından FTMS'nin Uygunluğu ve Başarı Unsurları

FTMS, kaynak maliyetlerini önce faaliyetlere sonra da faaliyetleri kullanmaları nispetinde, ürünler, hizmetler, müşteriler gibi diğer maliyet nesnelerine yükleyen bir yönetimsel maliyet aracıdır. FTMS dış finansal raporlama açısından mecburi olmadığı için kullanılıp kullanılmaması kararı alınırken sistem için yapılacak fayda-maliyet analizi belirleyici olmalıdır.[85]Sistemin kurulumu ve idamesi için gereken yatırım ve işletim maliyetlerinin toplamı sistemin getirilerinden yüksek olmamalı, sistemin kabul edilmesi kararı alınmadan fizibilite çalışmalarına gerekli önem verilmelidir.

2.5.1. FTMS Uygulaması'nın Kullanıcısı Açısından Uygunluğu

Faaliyet tabanlı maliyet sisteminin geliştirilmesiyle ilgili maliyetler, sistemin sağlayacağı öngörülen faydalarına ağır basmamalıdır ve sistem, gelecekteki değişiklikleri destekleyecek şekilde dizaynedilmelidir. Faaliyetler, muhasebe ve operasyon çalışanları arasında anlamlı bir iletişim ağının kurulmasında eşsiz bir araç olarak ödevlendirilmelidir.[86] Her ne kadar FTMS, genellikle ürün çeşitliliğinin, rekabetin ve GÜM oranının yüksek olduğu işletmeler için uygun görülse de; sistemin işletmenin iç dinamiklerine uygun olup olmadığı ya da uygunsuzluklarının giderilebilir olup olmadığı gibi, konular sistem kabul edilmeden netleştirilmelidir.

Uygun maliyet sistemi, ölçümleme maliyetlerinin ve yetersiz maliyet bilgilerinden kaynaklanan yanlış karar kayıplarının en düşük düzeye indirildiği sistem olarak tanımlanır. Bu kapsamda, bir maliyet sistemi için dört farklı fonksiyon yüklenebilmektedir:[87]

- Periyodik finansal tablolar için maliyet bilgilerini sağlamak,
- Süreç kontrolünü kolaylaştırmak,
- Mamul maliyetlerini hesaplamak,
- Karara yönelik özel çalışmaları desteklemek.

Hem üretim hem de hizmet sektörü olmak üzere işletmeler ekseriyetle çok çeşitli ürün veya hizmetler üretmektedir. Çok çeşitli ürün üretiminin hakimolduğu günümüz dünyasında toplam

---

[85]Danny L Kennett, M George Durler and Alexis Downs, "Activity-Based Costing in Large U.S. Cities: Costs & Benefits", **The Journal of Government Financial Management**; Vol: 56, No: 1, Spring 2007, p.20-29.

[86]Edward Forrest, **Activity Based Management:A Comprehensive Implementation Guide**, McGraw-Hill Companies Inc., USA, 1996, p.304.

[87]Hacırüstemoğlu ve Şakrak, s.31.

içerisindeki payı çok önemli noktalara gelmiş olan endirekt maliyetlerin farklı ürün veya hizmetlere doğru şekilde yüklenmesi büyük bir öneme sahiptir. Başta fiyatlama gibi yönetimsel kararların sağlıklı bir biçimde alınması için GÜM'lerin sebep-sonuç ilişkisi göz önüne alınarak dağıtılması da hayati önem arz eder. FTMS yöntemi de bu amaçla geliştirilmiştir.[88]Böyle bir ortamda da FTMS yöntemine dayalı maliyet sistemlerinden üç önemli katkı sağlanmaktadır.[89]

- Daha sağlıklı mamul maliyetleri,
- Üretim koşullarının anlaşılmasında gelişme,
- İşletme tarafından gerçekleştirilen faaliyetlerin açık bir şekilde anlaşılması.

FTMS'nin işletmeler için uygunluğu üzerine yapılan bir araştırma, aşağıdaki faktörlerin varlığı durumunda işletmelerin, potansiyel olarak FTMS kullanımından fayda sağlayacağını belirtmektedir.[90]

- Çağdaş piyasa koşullarında işletmelerin, mamul ve hizmetleri dünya kalitesinde ve rekabet koşullarına uygun maliyetlerle üretmek zorunluluğunun olması,
- GÜM'ün toplam maliyetleri içerisinde payının, yönetimin üzerinde odaklanması gerektiği düzeyde olması,
- Rekabet ve müşteri taleplerinin değişmesi ve çok çeşitli ve özellikli ürün ve hizmet üretilmesinin gerekmesi,
- Yüksek otomasyon seviyesi nedeniyle, direkt işçilik maliyetlerinin miktar ve oran olarak azalmış olması,
- Bilgi teknolojilerine duyulan ihtiyacın artmasının yanında bilgi işleme maliyetlerinin gittikçe düşmesi.

Geleneksel maliyet sistemleri, FTMS'ye nispetle yalındır, fakat sonuçları yönünden gerçeğe uygun olmayan maliyet dağıtımına sebep olurlar. Faaliyet tabanlı analiz ise, daha doğru sonuçlar verirken, daha yüksek maliyet yaratır. Karar alma sürecinde işletme yönetiminin yüzleşeceği sorun, daha az maliyetli fakat gerçeğe uygun olmayan geleneksel maliyet sistemi ile

---

[88]Ivan Png, **Managerial Economics**, Second Edition, Blackwell Publishing, USA, 2002, p.247.
[89]Hacırüstemoğlu ve Şakrak, s.31.
[90]N. M. Panda, **Activity Based Costing for Indian Industries**, Naurang Rai for Mittal Publications, First Edition, New Delhi India, 1999, p.117-118.

daha pahalı fakat doğruya daha yakın sonuçlar verecek FTMS arasında tercih yapmak olacaktır.[91] Dolayısıyla faaliyet tabanlı analiz kararı alırken işletmelerin, faaliyet tabanlı bilgiden elde edecekleri yarar karşısında bilgiyi sağlamak için katlanacakları ek maliyet arasında fayda-maliyet analizi yapmaları gerekir.

Geleneksel yalın maliyet sistemleri, düşük kurulum ve işletme maliyetlerine sahip olsalar dahi, doğrudan uzak bilgi sağladıkları için ve bu bilgilerden hareketle alınacak hatalı fiyatlama ve üretim kararları neticesindebaşka maliyetler ortaya çıkaracaklardır. Diğer taraftan, daha karmaşık maliyet sistemleri ise, daha fazla analize ihtiyaç duyduğu için daha pahalıyken, daha doğru karar almaya sebep oldukları için işletme maliyetlerine olumlu katkıları vardır. Bu sebeplerden ötürü, bir maliyet sistemi, üretim hata maliyetlerinin yüksek olmaması için fazla yalın veya ölçüm maliyetlerinin sistemin getirilerini aşacağı derecede karmaşık olmamalıdır.

Bilgi sisteminin doğruluğunun optimum olacağı nokta, sistemin ölçüm maliyetlerinin ve hata maliyetlerinin minimum olduğu yerde belirlenmelidir. Bu noktadaki maliyet sisteminin geliştirilmesi için katlanılacak ek maliyet, sistem iyileştirmesinden sağlanacak faydaya eşit kabul edilir.[92]Şekil 8'de bir maliyet sisteminin optimum doğruluk derecesini ve maliyet davranışını birlikte göstermektedir.

---

[91]Michael W. Maher, Clyde P.Stickney and Roman L.Weil, **Managerail Accounting: An Introduction to Concepts, Methods and Uses**, Tenth Edition, Thomson South Western, USA, 2007, p.80.

[92]Panda, p.90.

Şekil 8: Maliyet Davranışı ve Bilgi Sistemi Doğruluğu İlişkisi

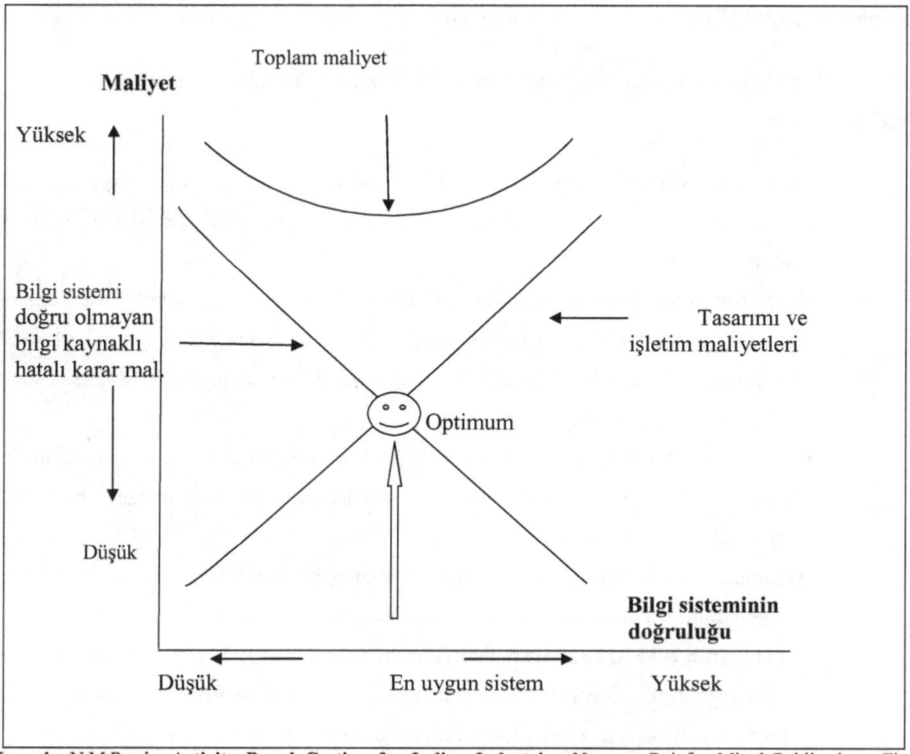

Kaynak: N.M.Panda, **Activity Based Costing for Indian Industries**, Naurang Rai for Mittal Publications, First Edition, New Delhi India, 1999, p.90.

2.5.2. FTMS Uygulamasının Başarılı Olma Unsurları

Faaliyet tabanlı maliyet sisteminin başarılı olması için, sistemin getirilerinin ne olması gerektiği konusunda yönetimde fikir birliğinin sağlanmış, arzu edilen getirilerin elde edilmesi için gerekli olan bilgi, ölçüm ve değerlendirmelerin alt yapısının oluşturulmuş ve organizasyon bünyesindeki herkesin FTMS'nin çalıştırılmasında üzerine düşen yetki ve sorumluluklarını benimsemiş olması gerekir. FTMS'nin başarısı, en alt kademedeki çalışanlardan en üst yöneticilere kadar eşgüdümlü çalışmayı gerektirir.[93] FTMS, ortak bilinç ve katılım ile çalıştırılarak aksaklıklarını giderebilecek ve değişimlere cevap verecek esnekliğe sahip olacak bir sistemdir.

[93]Tad Mckeon, **Home Health Financial Management**, Aspen Publishers, Inc., USA, 1996, p.217.

Dolayısıyla yukarıdan aşağıya benimsenmemiş ve kabul görmemiş bir FTMS'nin uzun dönemde başarılı olmasından söz etmek mümkün olmayacaktır.

FTMS'nin uygulanmasında, "başarı zinciri" olarak da isimlendirilen kritik başarı unsurları şu şekilde sıralanabilir:[94]

1. **Yönetimin sürekli katılımı**: FTMS'nin planlama aşamasından uygulanmasına yönetimden başlayacak değişimin üsten alta doğru kültür değişimi şeklinde benimsenmesidir.
2. **Organizasyonel direncin yönetilmesi**: İşletmelerin var olan kültürü üst yönetim tarafından iyi analiz edilerek FTMS uygulamasının planlama aşamasından başlayarak işletiminde de sisteme karşı devam edecek olan işletme içi direncin yönetilmesi sistemin başarısı için büyük önem arz eder.
3. **Çok yönlü FTMS takımı kurulması**: Sistemin işletilmesinde ve organizasyon içi iletişimin sağlanmasında birçok farklı birimden katılımcılarla oluşturulacak bir FTMS çalışma takımı kurulmalıdır.
4. **İşletmenin bütünlüğünün sağlanması**: Herhangi bir birimde yapılacak değişikliğin işletme bütünlüğü korunarak koordineli şekilde yapılması gerekir.
5. **Değer yaratan ve yaratmayan faaliyetlerin belirlenmesi**: FTMS uygulamasının bir sonucu olan faaliyetlerin değer yaratan ve değer yaratmayanlar olarak tanımlanması sistemin başarılı olması için uygulamanın her aşamasında dikkate alınmalıdır.
6. **İşletme süreçlerinin durağan bir dönemde bulunması**: FTMS planlama ve işletme aşamalarında başarılı olması için işletmenin süreç olarak durağan bir dönemde olmasında fayda vardır. Durağan süreçten kasıt, işletmenin yeni ve köklü bir uygulama olarak FTMS'yi benimseyeceği dönemde faaliyetleri ve süreçlerinin durağan olmasıdır. FTMS'nin başarılı olması için faaliyet ve süreçleri durağan olan işletmeler, FTMS dışında bir değişim içerisinde bulanan bir işletmelere göre daha uygun bir çalışma alanı sağlar.
7. **Bilgi Toplama**: FTMS'nin başarısının devamlılığı için uygulamasının her aşamasında sistemin sağlıklı yürüyor olduğunun ve gelecekte oluşması muhtemel aksaklıkların analiz edilmesini sağlayacak bir bilgi toplama alt yapısının kurulmuş olması gerekir.

[94]Forrest, p.3-4.

2.6. Hacim Tabanlı Maliyet Sistemi ile Faaliyet Tabanlı Maliyet Sistemlerinin Karşılaştırılması

Üretimde otomasyonun yaygınlaşması ve talepteki değişime cevap vermek için bir ihtiyaç olarak, kitlesel üretimden küçük ölçekli özel üretime geçilmesi ve sonuçta bilgisayar destekli esnek üretim sistemlerinin geliştirilmesi öncelikle üretim sektörü olmak üzere eş zamanlı diğer sektörlerde de direkt işçilik maliyetlerindeki azalışa ve genel üretim maliyetlerinde artışa sebep olmuştur.

Tablo 4'de üretim maliyetlerindeki değişim özetlenmektedir. Tablodan da açıkça görülebileceği gibi direkt işçilik maliyetlerin toplam içindeki payı %25-50 düzeyinden %5-20 düzeylerine gerilemiştir. Buna karşın, GÜM'leri, %25-50 seviyelerinden, %30-65 seviyelerine yükselmiştir.

Tablo4 : Zaman ve Maliyet Yapısı İlişkisi

Maliyet/Zaman	**Geçmiş**	**Bugün**
Malzeme Maliyetleri	%25-50	%30-60
İşçilik Maliyetleri	%25-50	%5-20
GÜM	%25-50	%30-65

Kaynak: Rob Reider, Peter B. Heyler, **Managing Cash Flow: An Operational Focus**, John Wiley&Sons Inc., New Jersey USA, 2003, p.160.

Geleneksel maliyet sistemleri ya da diğer bir ifadeyle hacim tabanlı maliyet sistemleri, ürün ve hizmetleri sistematik olarak olduğundan fazla ya da az maliyetli gösterirler. Bu durumun ortaya çıkmasının temel nedeni, bu sistemlerde genel giderlerin hacim tabanlı maliyet etkenleriyle(makine saati, işçilik saati vb.) ifade edilmeye çalışılmasıdır. Bu yöntemde dağıtım, kaynaklara ve faaliyetlere olan taleplerinden ilgisiz, maliyetlerin gelişigüzel oranlanması veya ürün ve hizmetlere eşit yüklenmesi şeklinde gerçekleşir.[95] Geleneksel maliyet dağıtımdaki temel varsayım, "üretim hacmi ne derece yüksekse, o ürüne veya hizmet hattına verilmesi gereken endirekt maliyetler de o nispette yüksek ve tersi durumda ise düşük olması" gerektiğidir.

[95]Blabatosh Banarjee, **Cost Accounting Theory and Practice**, Twelfth Edition, Easrtern Economy, India, 2002, p.295-296.

Birçok işletmede hâlâ kullanılmakta olan geleneksel maliyet sisteminde hacim tabanlı olarak dağıtılmaya devam eden direkt işçilik, direkt madde ve malzeme ve genel üretim maliyetleri ile ilişkili sorunları aşağıdaki gibi sıralayabiliriz:[96]

- Ürün maliyetleri fiili maliyetleri yansıtmaktan uzaktır,
- Maliyetler(fazla maliyetler ve verimsizlikler) fiyat ayarlamalarıyla müşteriye yüklenmeye çalışılır,
- İçsel maliyetler, işletme ve maliyet düşürme yolları yerine dış mali verilere önem verilir,
- Maliyet sistemi, iç işleyişin kontrolü ve iyileştirmesi için veri sağlamak yerine sadece, üçüncü kişiler için finansal tablolar üretir,
- Maliyet yapısındaki değişim karşısında, hacim tabanlı zihniyetiyle sistematik hata üretir,
- Maliyet ve bünyedeki işletme sistemleri (satış, araştırma-geliştirme, muhasebe, üretim gibi) arasında entegrasyonu ve eşgüdümü sağlamaz.

FTMS anlayışında maliyet nesnelerinin(ürün, hizmet vb.) faaliyetleri tükettiği kabul edilirken, geleneksel maliyet sistemlerinde maliyet nesnelerinin kaynakları tükettiği kabul edilmektedir. Faaliyet tabanlı bakış açısına dair birçok açıklama getirilmişse de, bunlar içerisinde en önemlisi, "FTM anlayışında maliyetleri yönetmenin zor olmasına karşın, faaliyetleri yönetmenin mümkün ve gerekli" olduğudur.[97]FTMS yaklaşımı faaliyetlerin belirlenmesi ve fayda maliyet analizlerinin yapılmasıyla yönetime kaynakların faaliyetler arasında kaydırılması esnekliği kazandırırken, hacim tabanlı maliyet sisteminde maliyetlerin genellikle veri olarak kabul edildiği görülmektedir.

Geleneksel maliyet muhasebesi anlayışında toptancı anlayışıyla ürünlere yüklenen GÜM'ler, FTM modelinde faaliyetler bazında toplanır ve bu faaliyetler için saptanan maliyet etkenleri yardımıyla sadece birim seviyesinde değil, çeşitli faaliyet seviyelerinde ürünlere yüklenir. Böylece GÜM'lere, bu ürünlerin tüketilme nedenlerine göre seçilen maliyet etkenleri yardımıyla elde edilen katsayılarla değişken maliyet özelliği kazandırılmış olur.[98] GÜM'lere değişken maliyet

[96]Rob Reider and Peter B. Heyler, **Managing Cash Flow: An Operational Focus**, John Wiley&Sons Inc., New Jersey USA, 2003, p.159.
[97]Jan Emblemsvag, "Activity-Based Life-Cycle Costing", **Managerial Auditing Journal,** Vol: 16, No: 1/2, Billingstad, Norway, 2001, p.18.
[98]Öker, s.32.

özelliği kazandırmak FTMS'nin bir özelliği olmasının ötesinde temel amacıdır. GÜM'lerin değişken maliyet özelliği kazanması demek, maliyetlere ait maliyet etkenlerinin neden-sonuç ilişkisinin kurulabilmiş olması demektir.

FTMS ve geleneksel maliyet sistemleri arasında temel olarak iki temel fark olduğu söylenebilir:[99]

- FTMS yaklaşımında maliyet nesneleri(ürünler) faaliyetleri, faaliyetler ise kaynakları tüketmektedir. Buna karşın, geleneksel maliyet sistemlerinde maliyet etkenlerinin(ürünler) kaynakları direkt olarak tükettiği değerlendirilerek yöntem geliştirilir.
- FTMS yaklaşımı maliyetlerin izini kaynaktan faaliyete, faaliyetten ürüne direkt olarak oransal bir mantıkla ve birçok seviyede sebep-sonuç ilişkisi gözeterek sürmeye çalışırken, geleneksel maliyet sistemleri ya da diğer adıyla hacim tabanlı maliyet sistemleri, maliyetleri, çıktı seviyesi tabanında direkt işçilik gibi maliyet sürücüleri kullanarak takip etmeye çalışır.

FTM sistemi, geleneksel sistemin aksine nedenseldir, sebepler ve etkileri üzerine bina edilir. Etken, faaliyetin sebebidir ve faaliyet etkenin sonucunu ortaya çıkarır.[100]Maliyet etkeni ve faaliyet arasındaki ilişki Şekil 9'da gösterilmiştir.

[99]Jan Emblemsvag and Bert Bras, **Activity Based Cost And Environmental Management**, Kluwer Academic Publishers, Massachusetts, USA, 2001, p.64.

[100]Judith J. Baker, **Activity Based Costing and Activity Based Management for Health Care**, Aspen Publishers, USA, 1998, p.3.

Şekil 9:FTMS Sebep Sonuç

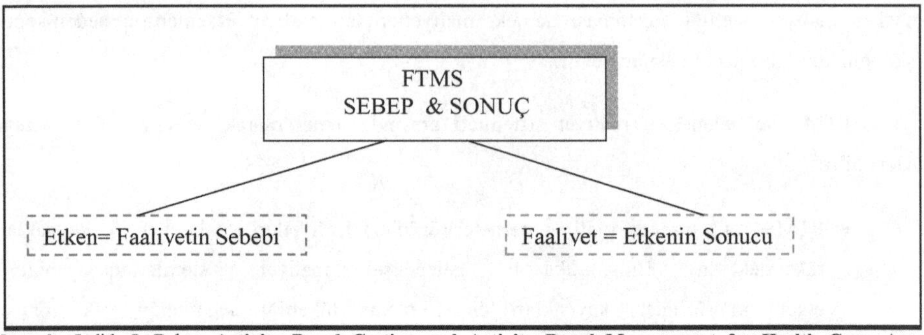

Kaynak: Judith J. Baker, **Activity Based Costing and Activity Based Management for Health Care,** Aspen Publishers, USA, 1998, p.4.

Genel üretim maliyetleri, geleneksel maliyet sistemlerinde ürünlere hacim ilişkili ölçütler(maliyet etkenleri) kullanılarak yüklenir. FTM yaklaşımında ise, genel üretim maliyetleri, hacim ilişkisinden ziyade, çıkış noktalarındaki açıklamaları irdelenerek dağıtılır. Bu bağlamda genel giderlerin, yüksek sayıdaki farklı işlemler neticesinde tahakkuk ettiği görülür. Anılan işlemler genel olarak aşağıdaki gibi sınıflandırılabilir:[101]

- **Lojistik işlemler**, üretim sürecindeki malzeme ve diğer kaynakların akış organizasyonu ile ilişkili olan faaliyetler,
- **Dengeleme işlemleri,** kaynak arzının talebiyle eşleşmesini sağlayan faaliyetler,
- **Kalite işlemleri,** ürünlerin gereklilikleri karşılaması ile ilgili faaliyetler,
- **Değişim işlemleri,** müşterinin ürünlerle ilgili farklılaştırmalar, ürün dizaynları, teslim tarihleri vb. beklentilerinin karşılanması ile ilgili işlemler.

FTMS, kaynakların faaliyetler ve işlemler tarafından tüketildiğini ortaya çıkardıktan sonra yöneticilerin dikkatinin kaynaklar üzerinde yoğunlaşmasını sağlar ki, bu yolla kontrol edilmeleri ön görülür. Kaynaklardan ürüne maliyetlerin izini süren yöneticiler, maliyetleri ürünlere daha doğru bir biçimde atayabilir, fiyatlama ve ürün karmaları gibi diğer etkenleri de dikkate alarak daha doğru kararlar verebilir.[102] Bir kez faaliyetler ve ürünler arasındaki ilişkiler belirlendikten ve faaliyetler değer katan ve katmayan olarak sınıflandırıldıktan sonra kaynakların yönetimi daha bilinçli ve etkin biçimde yapılabilir.

---

[101]Bob Scarlet, **Performance Operations**, Cima Publishing Elsevier Ltd., UK, 2009, p.57.

[102]Maurice L. Hirsch, Jr.,**Advanced Management Accounting**, Second Edition, Thomson Learning, London, 2006, p.83.

FTMS maliyet atama sürecindeki evrim, geleneksel maliyet muhasebesinin yalın maliyet dağıtımından başlayarak çok aşamalı maliyet akış süreçleriyle günümüz maliyet dağıtım modeline ulaşmıştır. Bu çok aşamalı maliyet akış süreciyle FTMS, ürün maliyetlerindeki çeşitlilik ve sapmaların tespitiyle sınırlı kalmayıp, aynı zamanda farklı müşterileri de içeren nihai maliyet nesnelerinde meydana gelen çeşitlilik ve sapmaların tespitinde de başarılı olmuştur.[103] Geleneksel maliyet muhasebesinin geçirdiği gelişim süreci aşağıdaki şekilde gösterilmektedir.

[103] Cokins, *Activity-Based Cost Management: An Executive's Guide*,p.60.

Şekil 10:Maliyet Muhasebesinde Darwin Evrimi

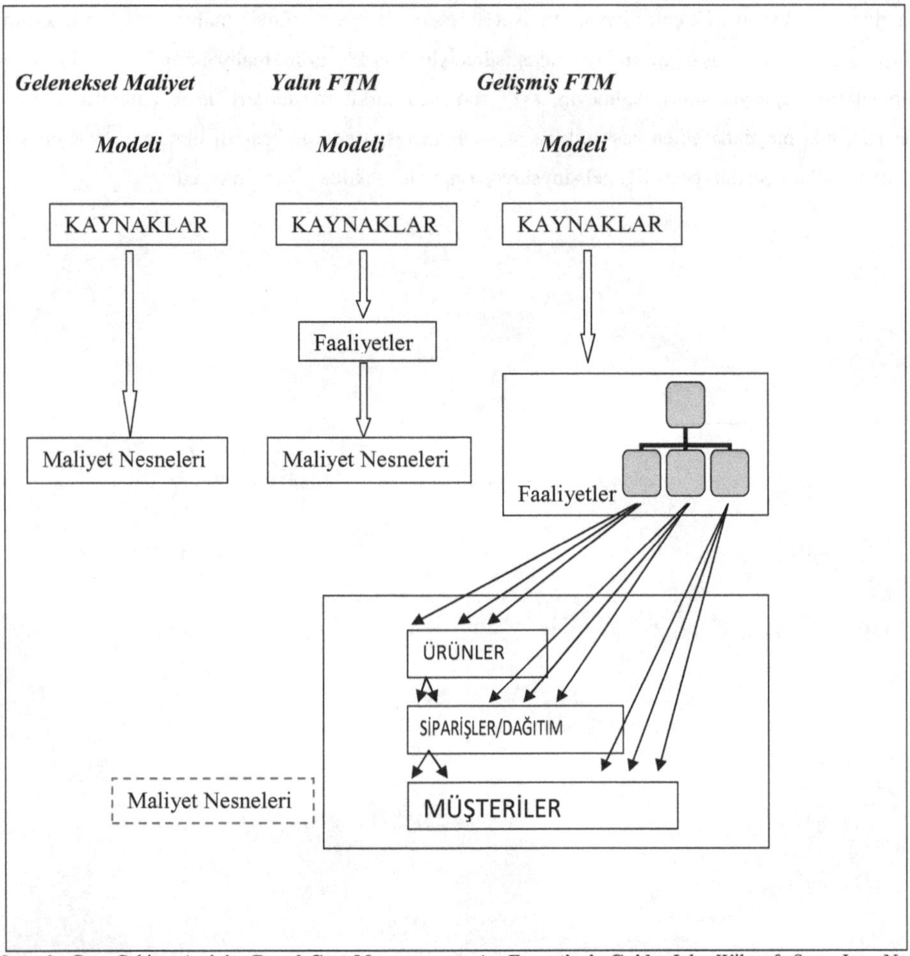

Kaynak: Gary Cokins, **Activity-Based Cost Management: An Executive's Guide**, John Wiley & Sons, Inc., New York, 2001, p 60.

Şekil 10'da sol tarafta kalan kısım, basittir ve kaynak maliyetlerini mantıklı bir nedensellik gözetmeksizin ürünlere yükleyen geleneksel maliyet dağıtımı yöntemini temsil eder. Birçok işletmede hâlâ bu yöntem kullanılarak maliyet dağıtımı yapılmaya devam etmektedir. Bu maliyet dağıtım metodu, sebep-sonuç ilişkisi olup olmadığını sorgulamadan işler. Şekil 10'da ortada kalan kısım, FTMS modelini temsil eder: Burada, kaynaklara ait giderler, iş-faaliyet seviyelerine göre yüklenir. Sağ tarafta kalan kısım ise, çok aşamalı maliyet akış sürecini sembolize eder:

Genişletilmiş yapısıyla burada temel faaliyetler, faaliyet etkenleri ve maliyet nesneleri tekrar maliyet nesnelerine aktarılır.[104] Şekilde geleneksel maliyet sistemi anlayışından gelişmiş faaliyet tabanlı maliyet sistemlerine soldan sağa doğru gidildikçe maliyet etkenlerinin sayı ve ilişkilik oranının arttığı görülmektedir. Evrim sürecinde maliyet sistemlerinin amacı daha önce de belirtildiği gibi doğruya en yakın sonuçları vermektir.

2.7. Faaliyet Tabanlı Maliyet Sisteminin Uygulamada Karşılaştığı Zorluklar ve Sisteme Getirilen Eleştiriler

1990'lı yılların başından itibaren üzerinde birçok akademik çalışma yapılan ve birçok işletme tarafından uygulanan FTMS ile ilgili özellikle son yıllarda uygulamada karşılaşılan güçlükler nedeniyle çeşitli eleştiriler getirilmiştir.

FTMS uygulamasına karar verme aşamasında bu yöntemi uygulamak için katlanılacak eğitim maliyetleri, çeşitli bilgileri ve belgeleri elde etme maliyetleri, FTMS için gerekli bilgisayar ve yazılım yatırımı maliyetleri gibi maliyetler nedeniyle FTMS yönteminin uygulanması üst yönetimler tarafından engellenebilmektedir. Ayrıca FTMS uygulaması kararı ile birlikte ilerisi için açık bir plan yapılmalıdır. Bu durum ölçüm ve hata maliyetleri ile birlikte dikkate alındığında kaliteli ve etkili bir maliyet sistemi hedeflenmelidir.[105] FTMS'nin tasarım aşamasında ileride karşılaşacağı durum değişikliklerine karşı esnek ve uyumlu olması için gerekli önlemler alınmaya çalışılmalıdır. Ancak geleneksel FTMS'ye kendini güncelleme kabiliyeti kazandırılması çabalarının dahi yine sistemin ağır yapısı ile sınırlı olduğunu da kabul etmek gerekir.

Faaliyet tabanlı maliyet sisteminin uygulanmasında karşılaşılan sorunlardan biri, üretim faaliyetlerinden elde edilmesi gereken maliyet bilgilerinin, geleneksel anlayıştaki gibi fonksiyonel olarak defter-i kebirden toplanması aşamasında ortaya çıkar.[106] Zira muhasebe verilerine bakarak faaliyetler hakkında bilgi sahibi olmaya çalışmak bazen yanıltıcı olabileceği gibi süreci geriden takip etmek anlamına da gelecektir.

---

[104] Cokins, *Activity-Based Cost Management: An Executive's Guide*,p.61.

[105] Reşat Karcıoğlu, **Stratejik Maliyet Yönetimi: Maliyet ve Maliyet Yönetim Muhasebesinde Yeni Yaklaşımlar**, Aktif Yayınevi, 2000, s.154.

[106] J. Gregory Bushon, John C. Talbott and David W. Cornell, "Instructional Case Activity BasedCosting Incorporating both Activity andProduct Costing", **Accounting Education: An International Journal** Vol: 17, No: 4, December 2008, p.385.

FTMS'nin uygulanması durumunda karşılaşılabilecek diğer bir sorun ise, maliyet sisteminin mümkün olduğunca basit olması gerektiği inanışının karşısında, FTMS'nin uygulamasının zor olduğu düşüncesidir. Sorun, sistemin o derece karmaşık olmamasına rağmen, tasarımı aşamasındaki modellemelerin yarattığı kafa karışıklıkları sebebiyle zor olarak addedilmesidir. Bu sorunun ortadan kaldırılması için konuların baştan itibaren mikro ve makro düzeyde tasnif edilmesi gerekir. Sorunlar, uygun yönetim seviyelerinde uygulanacak beyin fırtınaları ve sorun çözme yöntemleriyle ele alınmalıdır.[107]FTMS'nin karşılaştığı sorun, "pazardan denenmeden alınan bir gömlek" gibi işletmeye giydirilmeye çalışılmasında yatmaktadır ki, bu durum sistemin kullanışsız hale getirilerek sisteme karşı işletme genelinde onulmaz motivasyon kayıplarına yol açabilir. Dolayısıyla FTMS standart bir uygulama olmadığını işletme içi ve dışı dinamiklere göre tasarlanması gerektiği aşikârdır.

FTMS uygulamasında karşılaşılabilecek büyük sorunlardan bir diğeri de, çalışanların, sistemin uygulanması ile işlerini kaybetme riskinin ortaya çıkacağı görüşüyle, uygulamaya direnç göstermeleridir. Bu sorunun ortadan kaldırılması için yönetimin, çalışanları FTMS'nin avantajları hakkında ikna etmesi gerekir. Çalışanların, "FTMS uygulamasıyla sorumlulukları değişeceği ve fakat iş kaybına uğramayacakları" konusunda da bilinçlendirilmesi, sistemin işletilmesi ve geliştirilmesi için hayati öneme sahiptir.[108] Ayrıca, FTMS uygulamasının işletmeye sektördeki rakipleri karşısında rekabet üstünlüğü kazandıracağı gerçeği tüm çalışanlarca benimsenmiş olmalıdır. Sistemin başarısı tasarım aşamasındaki çalışmalar kadar çalışanlarca sahiplenilmesine de bağlıdır.

Robert Kaplan ve Steve Anderson geleneksel FTMS uygulamasında karşılaşılan sorunları aşağıdaki gibi sıralamışlardır:[109]

- Araştırma, mülakat ve anket çalışmaları oldukça yüksek maliyetlidir ve zaman gerektirir.
- Geleneksel FTMS'nin kullandığı veri özneldir ve güncellenmesi zordur.

---

[107]Baker, p.362.

[108]Elda Du Toit, **Fresh Perspectives: Cost and Management Accounting**, Maskew Miller Longman (Pty) Ltd., Cape Town, 2007, p.165.

[109]Robert S. Kaplan and Steven R. Anderson, **Time-Driven Activity Based Costing**, Harvard Business School Press, Boston, 2007, p.6.

- Veri işlenmesi, depolanması ve raporlanması işlemleri çok maliyetlidir.
- Geleneksel FTMS modellerinin birçoğu işletme geneline yayılamadan pilot uygulama aşamasından ileri geçemediği için fırsatların ortaya çıkarılmasında işletme içi entegrasyonunu tamamlayamamıştır.
- Geleneksel FTMS modelleri hantal yapıları sebebiyle kolayca güncellenememiş ve değişimlere yeterince hızlı cevap verememişlerdir.
- Model, atıl kapasiteyi göz ardı ettiği için teorik olarak yanlışlar barındırmaktadır.

Çalışmamızın bu bölümünde son olarak FTMS'nin kullanım durumuna bakmak gerekirse, Tablo 5'de ülkeler arası FTMS kullanım durumları verilmiştir.

Tablo 5: Ülkelere Göre FTMS Kullanım Durumları

	Kanada	Fransa	Almanya	İtalya	İngiltere	Amerika	Japonya	Toplam
Sistemi Terk eden	1 (%4.3)	1 (%2.7)	0 (%0)	3 (%15.8)	2 (%4.3)	2 (%4.4)	57 (%69.5)	66 (%22.7)
Değerlendiren	8 (%34.8)	4 (%10.8)	10 (%31.2)	7 (%38.8)	8 (%15.4)	10 (%21.8)	9 (%11)	56 (%19.3)
Kısmen kullanan	9 (%39.1)	8 (%21.6)	16 (%50)	5 (%26.3)	29 (%55.8)	25 (%54.4)	5 (%6.1)	97 (%33.3)
Tam olarak kullanan	5 (%21.7)	24 (%64.9)	6 (%18.8)	4 (%21.1)	13 (%25)	9 (%19.6)	11 (%13.4)	72 (%24.7)
Araştırılan işletme sayısı	23	37	32	19	52	46	82	291
Parantez içerisindeki oranlar, araştırma yapılan ülkelerdeki katılımcı işletmelerin durumlarını (sistemi terkeden, değerlendiren, kısmen kullanan, tam olarak kullanan) yüzdesel olarak ifade etmektedir.								

Kaynak: Alnoor Bhimani, Maurice Gosselin, Mthuli Ncube and Hiroshi Okano, "Activity-Based Costing: How Far Have We Come Internationally", **Cost Management**, Vol: 21, No: 3, May/Jun 2007, p.14.

Ülkeler arası FTMS'lerin, kullanım durumları ve göstermiş oldukları farklılıklar hakkında az sayıda araştırma yapılabilmiştir. Bu çalışmalar, FTMS ve FTMY'nin kavramsal olarak bağlılıkları hakkında ancak kesin olmayan sonuçlar verebilir.[110] Fakat FTMY uyumluluk durumu ve uygulamalarında ülkeler arasında açık farklar olduğu açıktır.

Çalışmamızın ikinci bölümünde FTMS evrim sürecinin ortaya çıkardığı yalın bir versiyon olan ZEFTMS incelenecektir.

3. ZAMAN ETKENLİ FAALİYET TABANLI MALİYET SİSTEMİ

3.1. Zaman Etkenli Faaliyet Tabanlı Maliyet Sistemine Duyulan İhtiyaç

Doğru maliyet sistemini tanımlamak konusunda anlaşmazlıkların çıkması, sürecin doğası gereği normaldir. Zira çok farklı ürün ve hizmetlerin üretiminin yapıldığı günümüz iş dünyasında bir ürün ya da hizmetin gerçek maliyetini bilmek fiilen imkânsızdır. Doğru maliyetin tanımı, doğruya en yakın olan sonuçları vermek üzere tanımlanmış ve geliştirilmeye devam eden maliyet sistemlerinden elde edilen göreceli doğru maliyet bilgisi olacaktır. Maliyet bilgisinin görece doğruluğu, maliyet sisteminde sebep-sonuç ilişkisiyle tanımlanan maliyet etkenlerinin nitelik ve nicelik olarak iyileştirilmesine bağlıdır.[111] Bu amaçla geliştirilmiş olmalarına karşın FTMS'lerin, aşırı maliyetli, hantal ve güncellenmeleri zor oldukları için yalınlaştırılarak geliştirilmeleri gerekmiştir. Görece doğruluk seviyesi yüksek kabul edilen bir FTMS'den beklenen hayati özellikler, maliyet etkin, yalın ve esnek olmasıdır. Günümüz işletmelerinin bu ihtiyacını karşılamak üzere geliştirilen ZEFTMS, geleneksel FTMS'lerin çizgisinde devam ederken, bahsedilen bu ek özellikleri de barındırmak ihtiyacını karşılamak üzere yola çıkmıştır.

Geleneksel FTMS'yiuygulamak isteyen birçok işletme uygulamada zorluklarla karşılaştı. Akademisyenler tarafından geleneksel FTMS uygulamalarında karşılaşılan zorluklar aşağıdaki gibi özetlenmektedir:[112]

---

[110]Alnoor Bhimani, Maurice Gosselin, Mthuli Ncube and Hiroshi Okano, "Activity-Based Costing: How Far Have We Come Internationally", **Cost Management**, Vol: 21, No: 3, May/Jun 2007, p.12-13.

[111]Shanno .L. Charles, Don.R. Hansen, "An Evaluation of Activity-Based Costing and Functional-Based Costing: A Game-Theoretic Approach", **Int. J. Production Economics**, 2008, Vol: 113, p.283.

[112]Jeroen P. Van Den Berg, **Integral Warehouse Management: The Next Generation in Transparency, Collaboration and Warehouse Management Systems**, Manegement Outlook Publications, The Netherlands, 2007, p.117.

- Geleneksel FTMS uygulamalarında için yapılan araştırma, mülakat ve anket çalışmaları oldukça fazla zaman ve maliyet gerektirir,
- Sistem hantaldır ve faaliyetlerdeki değişikliklere karşı yazılımda yapılacak güncellemeler de oldukça masraflı ve zordur,
- Geleneksel FTMS'de her bir faaliyet için bir maliyet etkeni kullanılır,[113]
- Sistemde atıl kapasite hesaba katılmaz.

Geleneksel FTMS kullanırken yukarıda sıralanan dezavantajları sebebiyle sistemini revize etmek isteyen bir işletmenin ZEFTMS'yi tercih etmesinin sebeplerini aşağıdaki gibi sıralayabiliriz:[114]

- İşletmenin kaynaklarının çok sayıda ve çeşitli müşterileri olan firmalar tarafından tüketiliyor olması durumu(örneğin, hastaneler),
- Yüksek doğruluk derecesinde maliyet bilgisine anında ihtiyaç duyulan dinamik ve karmaşık bir iş çevresinde faaliyet gösteriyor olunması,

Faaliyet tabanlı maliyet sistemleribaşlangıcından beri genel olarak ürün maliyetlendirmede kullanılmıştır. Ancak pek çok şirket, her ne kadar FTMS tarafından sağlanan geliştirilmiş ürün maliyet bilgisinin kullanışlı olduğunu söylemiş olsa da, gerçek gücünün maliyet azaltma fırsatlarını teşhis etmedeki yeteneğinde yatmakta olduğunu kabul etmiştir.[115]FTMS'leri faaliyetlerden maliyetleri yüksek olanlara dikkati çeker ve bu faaliyetlerden değer yaratmayanları belirleyerek bunlara sarf edilen kaynakları birer maliyet tasarruf kalemi olarak işletme yönetimine sunar.

Geleneksel FTMS kavramları, etkin karar almak için oldukça büyük önem arz eder, ancak geçmişe dönük maliyet yaklaşımı sebebiyle meydana gelen teknolojik gelişmelere karşı etkin değildir. FTMS kavramları bu sebepten ötürü, üretimde gerçekleşecek yenilikleri tahmin ve özümsemeye yönelik olarak daha esnek olmaya yönelik geliştirilmelidirler.[116] Bu yönde

[113]Kristof Stouthuysen, Michael Swiggers, Anne-Mie Reheul and Filip Roodhooft, "Time-Driven Activity-Based Costing for A Library Acquisition Process: A Case Study in A Belgian University", **Library Collections, Acquisitions, & Technical Services,** 2010, Vol: 34, p.85.

[114]Patricia Everaert, Werner Bruggeman and Gertjan De Creus, "Sanac Inc.: From ABC to Time-Driven ABC (TDABC) – An Instructional Case", **Journal of Accounting Education**, 2008, Vol: 26, p.128.

[115]Matti Sievanen and Katja Tomberg, "Process Based Costing: The Best Way of Activity Based Costing",**AACE İnternational Transactions**,Tampere, Finland, 2002, p.CSC.15.1.

[116]Michael Johnson and Randolph Kirchain, "Quantifying The Effects of Parts Consolidation and Development Costs on Material Selection Decisions: A Process-Based Costing Approach", **Int. J. Production Economics**, Vol: 119,2009, p.175.

geliştirilmiş FTMS ile işletme yönetimi değer yaratmayan faaliyetlerin yanında değer yaratan faaliyetler ve bunlara aktarılan kaynakları hakkında da bilgi sahibi olur ve bu noktalardaki tercihlerini sağlıklı bir şekilde değerlendirme fırsatını da yakalamış olur.

Global 1000'in % 20-50'sinin, şirketlerinin bir yerine FTMS'nin farklı bir tür formunu uyguladığı tahmin edilmektedir ve bu oranın önümüzdeki yıllarda artacağı beklenmektedir.[117]FTMS'lerinin çeşitlilik göstermeleri sistemin zaman içerisinde geçirdiği evrim kadar işletmeye özel tasarlanması gerektiği için uygulamada farklılıklar göstermesine de bağlamak gerekir.

Zamana dayalı maliyetlendirme süreci bir bölüm tarafından gerçekleştirilen bütün faaliyetleri analiz eder ve faaliyetler için gerekli olan toplam zaman ile bölümün çalışanları için mevcut bulunan toplam zamanın arasındaki farkı otomatik olarak ortaya çıkartır. Bu da daha iyi bir kapasite yönetiminin bir amaç olarak edinildiği FTMS programları için ZEFTMS'yi daha uygun bir metot haline getirir.[118] ZEFTMS atıl kapasite ile fiili kapasiteyi ayırdığı için firmalara işgücü zaman etkinliği hakkında düzenli bilgi sunar.

"Yatırımlarımda yenilik olarak sattığım, maliyet azaltıcı olmak değil, zaman tasarruf ediyor olmaktır''. Bu beyan 2005 yılında yapılan Uluslararası Radikal Yenilikler Çalıştayı'nda GE Uçak Motorları Genel Müdürü'ne ait olup, hem zamanın artan değerine hem de geleneksel maliyet sistemlerinin doğruluktan uzaklaştığına dikkatleri çekmektedir. Gerçekte de, zaman bazlı endüstrilerde faaliyet gösteren yöneticiler, üretim stratejilerinin başka bir çağa ait olan miras maliyet sistemleri tarafından zayıf bırakıldığını fark etmektedirler.[119]Zaman değerlidir ve nitelik olarak değeri her geçen gün daha fazla anlaşılan insan faktörünün zamanını ve dolayısıyla enerjisini nereye(hangi faaliyete) ne kadar sarfettiği, günümüz işletmeleri en iyi yol göstericidir.

FTMS modellerinin hem stratejik maliyet hem de süreç gelişimi için aynı anda kullanılması, çeşitli sebeplerden ötürü problemlere neden olur:[120]

---

[117]Richard Barrret, **Planning And Budgeting For The Agile Enterprise, A Driver Based Budgeting Toolkit,** Burlington, Elsevier Ltd., USA, 2007, p.201.

[118]Barrret, p.203.

[119]Robert Hutchinson, **"**Linking Manufacturing Strategy to Product Cost: Toward Time Based Accounting", **Management Accounting Quarterly,** Vol: 9, No: 1, Fall 2007, p.31.

[120]Sievanen, p.CSC.15.2.

- İlk olarak, faaliyetler sıklıkla yalnızca genel terimler kullanılarak tanımlanır. Aslında bir faaliyet, faaliyet sınıfını yansıtan büyük bir maliyet havuzudur. Havuzda toplanan faaliyetlerinmaliyetleri hakkında detaylı bir bilgi hazır değildir.
- İkincisi,FTMS'lerfaaliyetleri bir araya getirmenin aksine; örneğin, görev seviyesinde çok fazla detayla tanımlanmış olan faaliyetlerle birlikte aşırı karmaşık olarak tasarlanmış olabilir. Bu sistemler aşırı detay yüzünden her ne kadar desteklenmesi çok pahalı ve karmaşık olsa da, gerekli olan bilgiyi sunarlar. Fakat karmaşıklıkları sebebiyle güncellenmeleri zordur.
- Üçüncüsü, FTMS'ler genellikle ait oldukları işlemler açısından faaliyetleri teşhis etmezler. Genel olarak, eğer bir ürün, verilen faaliyetin tüketimini gerektiriyorsa, bu ürün aynı zamanda işlem süreci sırasında onu destekleyen ve ondan önce gelen bütün faaliyetleri tüketir. Örneğin; işlevsel değişikliğinmaliyetler üzerindeki etkisini analiz etmek için değişiklikten etkilenecek olan bütün faaliyetlerin teşhis edilmesi gereklidir.

Dahası, muhasebe sistemlerinin yalnızca maliyet bilgisi sağlamaktan ve maliyet azaltma fırsatlarını teşhis etmekten çok daha fazlasını yapması gerekmektedir. Zaman, kalite ve maliyetler genellikle bir şirketin ana performans göstergeleri olarak tanımlanırken zaman tabanlı teknikler, tam zamanında ve toplam kalite yönetimi gibi, sırasıyla zaman ve kalite ile alakalı tekniklerle koordineli işletilerek bir şirketin performansını temin etmeyi amaç edinmiştir.[121]Bir önceki bölümde bahsi geçen FTY'nin merkezine zamanı alarak kalite ve maliyetler arasında denge kurduğu noktasında ZEFTMS'nin varlığından söz edilebilir.

Geleneksel FTMS'lerden kaynaklanan sorunlar sebebiyle istedikleri verimi elde edemeyen sistem kullanıcısı firmaların şikayetlerinden yola çıkan Kaptan ve Anderson "Zaman Etkenli Faaliyet Tabanlı Maliyet Sistemi" adını taşıyan yeni bir formül geliştirdiler. ZEFTMS büyük işletmelerde FTMS'nin yarattığı problemleri çözmek için tasarlanmıştır.

3.2. Zaman Etkenli Faaliyet Tabanlı Sistemi ve Sistemin Tarihsel Gelişimi

Geleneksel FTMS'nin gelişimini etkileyen faktörleri iki kategoriye ayırmak mümkündür: Bunlar, FTMS'nin teorik olarak geliştirilmesi ve FTMS uygulamalarının pratikte göstermiş olduğu

[121]Sievanen, p.CSC.15.1.

doğal gelişim sürecidir.[122]Bu iki faktörün tetiklediği gelişim neticesinde FTMS zaman içerisinde pratikte karşılaştığı sorunları teori ve uygulama alanındaki çözümleri sentezleyerek aşmaya çalıştı. FTMS'nin gelişim sürecinde etkili olan teorik ve pratik alanlardan gelen geri beslenmeler neticesinde sistem kendini sürekli olarak yenileyerek çeşitlilik gösterdi. Bu gelişim süreci sürekli iyileşme kavramına uygun olarak devam etmektedir. ZEFTMS, FTMS'nin bu süreçte son olarak geldiği noktadır.

İş süreçleri modellendirme çalışmalarında günümüzde gelinen noktadaki süreç mantıklı sistemler, süreçlerin faaliyetlerle ilişkilendirildiği zaman hesaplamaları ve faaliyet tabanlı maliyet anlayışıyla hareket ettirirler.[123] Geleneksel FTMS'nin karşılaştığı engelleri ve eleştirileri aşmak üzere 2004-2007 yılları arasında Kaplan ve Anderson tarafından geliştirilen ZEFTMS yöntemin, grafiksel süreç sunumları, zaman hesaplanması ve süreç maliyet yapılandırılması çalışmalarını geliştirdiği gözlemlenmektedir.

3.2.1. Zaman Etkenli Faaliyet Tabanlı Maliyet Sistemi

ZEFTM yöntemi, FTMS yöntemine alternatif bir yaklaşım olarak Kaplan ve Anderson tarafından ortaya konmuştur. Bu yöntem, daha basit, daha az maliyetli ve daha hızlı uygulanmakta ve maliyet etkenlerinin pratik kapasiteye dayanmasına izin vermektedir.[124]ZETFMS'de amaç, geleneksel FTMS'lerin yüksek kurulum ve işletim maliyetleri ve güncellenmelerinin zor olması sebebiyle oluşan engellerinin aşılmasının yanında, sağladığı faydaların geliştirilerek devam ettirilmesidir.

ZEFTMS'de tahmin edilmesi gereken iki değişken vardır. Bunlar, i. maliyet nesneleriyle ilişkili faaliyetler tarafından tüketilen birim zamanlar ve ii. birim zamana ait maliyetlerdir.[125]Faaliyetlerin birim zamanlarından kasıt faaliyetin tekrarlanması için gereken zaman dilimidir ve yazında "faaliyet döngü zamanı" olarak da anılmaktadır. Bir departmana ait belirlenen birim zaman maliyeti ise, departman maliyetinin, fiili işgücü zaman kapasitesine bölünmesiyle bulunur.

---

[122]Shannon W. Anderson and S. Mark Young, "The İmpact of Contextual and Process Factors on The Evaluation of Activity-Based Costing Systems", **Accounting, Organizations and Society**, Vol: 24, 1999, p.555.

[123]C. Ou-Yang and D. Linbpmn, "BPMN- Based Business Process Model Feasibility Analysis: A Petri Net Approach", **International Journal of Production Research,** Taiwan, Vol: 46, No: 14, July 2008, p.3765.

[124]Atmaca ve Terzi, s.367.

[125]Eli Pernot, Filip Roodhooft and Alexandra Van den Abbeele, "Time-Driven Activity-Based Costing for Inter-Library Services: A Case Study in a University", **The Journal of Academic Librarianship**, Vol: 33, No: 5, 2007, p.551.

ZEFTMS işleyişinin adımları aşağıdaki gibi özetlenebilir:[126]

1. Faaliyet analizi ve döngü zamanların hesaplanması yapılır.
2. Birim zaman maliyeti hesaplaması(genellikle dakika olarak hesaplanır): Maliyetler teorik kapasite yerine fiili kapasite kullanılarak hesaplanır.
3. Faaliyet(işlem) maliyetlerinin hesaplanması, faaliyet döngü zamanlarıyla birim zaman maliyetlerinin çarpılmasıyla işlem ya da faaliyet maliyetleri bulunmuş olacaktır.

Çalışanların zamanlarını, faaliyetler üzerinde nasıl harcadıkları konusu, aslında birçok maliyet sisteminin araştırma konusu olmuştur. Zaman tahminleri, maliyet yönetiminde kaynak maliyetlerinin faaliyetlere aktarılması noktasında kullanılan önemli süreç etkenleri olarak karşımıza çıkar. Hizmet sektörünün önemi her geçen gün arttığı için süreç etkenlerinin değerlendirilmesinin maliyet yönetimindeki öneminin de artacağı açıktır. Bu eğilimden yola çıkılarak, işgücü zaman dağılım tahminlerini tek maliyet etkeni olarak değerlendiren, 2004 yılında Kaplan ve Anderson tarafından ZEFTMS ismiyle yeni bir FTMS çeşidi geliştirilmiştir.[127]

Geleneksel FTMS'nin sağladığı faydalarını devam ettirerek geliştirmek ve karşılaştığı zorlukları aşmak üzere geliştirilmiş olan ZEFTS yöntemiyle ilk olarak işletme departmanlarınınmaliyetlerini ve fiili kapasitelerini hesaplar. Pratik kapasite genellikle çalışanların çalışma saatidir ve teorik kapasitenin yüzdesi olarak ifade edilir. Yöneticiler tarafından teorik çalışma kapasitesinin %20'si, dinlenme ve ihtiyaç molaları, işe geliş-gidiş süreleri, iletişim ve eğitim için harcanan süreleri şeklinde, %80'i ise, pratik kapasite olarak değerlendirilir.[128] Departmana ait toplam maliyetin fiili kapasiteye bölünmesiyle, birim zaman maliyeti hesaplanır. Maliyetler daha sonra maliyet nesnelerine, birim zaman maliyeti ile faaliyet döngü zamanının çarpılması suretiyle yüklenirler.

İlk FTMS modellerine karşıt olarak, modern FTMS modelinin iki boyut içerdiği iddia edilmektedir. Bunlar, maliyet ve süreç boyutlarıdır. Zaman etkenli modelinin, FTMS'yi ürün maliyetlerini belirlemenin ötesinde genişletebileceği tartışılmaktadır.[129]ZEFTMS, geleneksel FTMS'ye alternatif bir yöntem olarak ortaya çıkan ZEFTMS, geleneksel yaklaşımın uygulamadaki

[126]Stouthuysen, p.87-88.
[127]Eddy Cardinaels, Eva Labro, "On the Determinants of Measurement Error in Time-Driven Costing", **The Accountıng Review**, Vol: 83, No: 3, 2008, p.736.
[128]Stouthuysen, p.85.
[129]Sievanen, p.CSC15.3.

ilk aşaması olan faaliyetlerin tanımlanması aşamasındaki zorluğu, bu aşamayı atlayarak, departmanlardaki fiili faaliyetleri incelemeye yoluna giderek çözdü.

ZEFTMS uygulamaya başlayan bir işletmede, ilk aşamada işletmedeki departmanlarınyürüttüğü faaliyetler, döngü zamanları ve bu faaliyetlerden ürünlerin faydalanma dereceleri ve ilişkileri irdelenir.ZEFTMS'nde faaliyetler zamanı tüketme yönleriyle analiz edildiklerinden ötürü, değer yaratmayan faaliyetlerden, değer yaratan faaliyetle zaman anlamında kaynak aktarılmasının da yolu açılmış olacaktır.[130]ZEFTMS'nin zaman etkenli çözümlemeleri, işletme faaliyetleri arasında yapılacak kaynak transferi ile başlayarak organizasyon yapısının yeniden yapılandırılmasına kadar yönetime fikir verir.

ZEFTMS, kullanılan kapasite miktarlarını dikkate alarak her bir süreç içerisindeki maliyetleri, işlemlere, ürünlere, siparişlere, hizmetlere ya da müşterilere yükler. Model, tipik olarak, çalışanlara veya gereçlere ait mevcut süreçlerin kapasitelerini hesaplar.[131]ZEFTMS'nin işleyişi aşağıdaki şekilde betimlenmiştir.

---

[130]Pernot, p.558.
[131]Berg, p.121.

Şekil 11:Zaman Etkenli Faaliyet Tabanlı Maliyet Sistemi

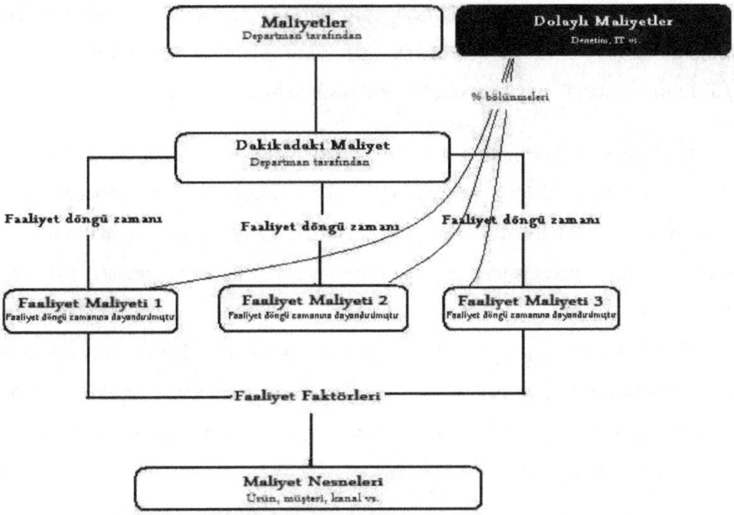

Kaynak: Richard Barrret, **Planning And Budgeting For The Agile Enterprise, A Driver Based Budgeting Toolkit,** Burlington, Ma 01803, USA, 2007 p.203.

ZEFTMS'de geleneksel FTMS'de de kullanılan ortak kavramların ötesinde, özel olarak vurgulanan iki yeni kavramı, faaliyet döngü zamanını ve zaman etkenini bir örnekle açıklamak gerekirse, bir öğretmenin vermekle yükümlü olduğu dersleri için harcadığı zamanı ele alalım: i. yazılı sınav hazırlama süresi her bir ders için 240 dk. ii. Cevap anahtarı hazırlamak 60 dk. iii. her bir öğrencinin sınav kâğıdını değerlendirme süresi 15 dk. Olsun. Bu durumda bir sınav gerçekleştirme faaliyetinin döngü zamanı = 240+60+ (15 x öğrenci sayısı)dır dır. Bu şekilde belirlenmiş olan faaliyet döngü zamanı sayesinde bir öğretmen dönem sonunda sınav gerçekleştirme süresini tahmin edebilecektir. Örneğin 20 kişilik bir sınıfta gerçekleştirilen sınav faaliyeti için gerekli olacak döngü zamanı = 240+ 60 + (15 x 20) = 600 dk. =10 saat olacaktır.

Standart faaliyet döngü zamanı olarak da tanımlanabilecek faaliyetlerin gerçekleştirilmesi için gerekli süre ile faaliyetlerin gerçekleştiği fiili süre kıyaslaması sonucu elde edilecek değerler, aynı zamanda sürecin etkinliği hakkında yönetime fikir verecektir. Üstelik standart faaliyet döngü zamanlarının belirlenmesi çalışanlara yaptıkları iş hakkında farkındalık ve daha fazla sorumluluk duygusu kazandıracak ve sonuç olarak operasyonel işleyişi geliştirecektir.[132]Fakat standart faaliyet döngü zamanlarının belirlenmesi ve takip edilmesi aşamalarında çalışanların motivasyonlarının düşme riskinin olduğunu da her zaman hesaba katmak gereklidir. Dolayısıyla katılımcı bir çalışma ile ZEFTMS'nin yürütülmesi hedefe uygun sonuçlar alınmasında önem arz eder.

Faaliyet döngü zamanının kaynağın birim zaman maliyetine bölünmesiyle, faaliyetin işlem içerindeki maliyeti hesaplanabilir. Bilgisayar destekli veri tabanlarından elde edilecek işlemsel verilerden belirli bir zaman zarfındaki faaliyetler için gerekli olan zamanların belirlenmesi de mümkündür. Belirlenen bu toplam zamandan fiili zamanın çıkarılmasıyla atıl kapasite elde edilmiş olacaktır. Kapasite kullanım oranını bu şekilde analiz etmesi ZEFTMS'nin avantajları arasında gösterilmektedir. ZEFTMS kullanımıyla, üretim, paketleme, toplama, yükleme ve ürün dağıtım süreçlerindeki maliyet değişimlerin izlenmesi ve bu bilgilerin ışığında süreçteki aksaklıkların ortaya çıkarılması, sistemin bir diğer avantajı olarak gösterilmektedir.[133]ZEFTMS'nin maliyet boyutunun yanında bu yönü ile süreç boyutu kastedilir.

ZEFTMS'nin destekleyicileri, bu sistemin büyük çapta bir doğruluk sağladığını önermektedirler. Şimdilik bunu kanıtlayacak bilimsel bir kanıt yoktur ve bu iddianın ZEFTM'nin döngü zamanı tahminlerini kullanabileceği(ve pekçok durumda kullanmak zorunda olduğu) önerisiyle uzlaşması zordur.[134]Zira bu tahminlerin de birim yöneticilerinin tahminlerine dayanacağı için subjektif olacağını unutmamak gerekir.

ZEFTMS Modeli;[135]

- Kolaylıkla tasarlanabilir ve işleyişte yalın bir yapıya sahiptir.
- Süreçler, faaliyetler ve kaynak maliyetlerinde meydana gelecek muhtemel değişikliklere karşı duyarlı ve uyumludur.
- İşlemsel ERP(Enterprise Resource Planning- Kurumsal Kaynak Planlaması) ve CRM(Customer Relationship Management-Müşteri İlişkileri Yönetimi) sistemleriyle karşılıklı çalıştırılabilir.

---

[132]Sophie Hoozee, Werner Bruggeman, "Identifying Operational Improvements During The Design Process of a Time-Driven ABC System: The Role of Collective Worker Participation and Leadership Style", **Management Accounting Research**, Vol:21, 2010, p.186.
[133]Hoozee, p.186.
[134]Barrret, p.205.
[135]Robert S. Kaplan and Steven R. Anderson, "Time-Driven Activity-Based Costing", **Harward Business Review,** November 2004, p.131.

- Gerçek zamanları kullanırken milyonlarca işlemi içeren süreçleri dahi hızlı bir şekilde işleyebilir.
- Sistem sayesinde atıl kapasitenin oranı ve nedenleri yönetim tarafından anlaşılabilir, ilgili süreçlerde iyileştirmeler yapılmasına imkân tanır.
- Sistem doğal olarak süreçler, müşteri davranışları ve işleyişteki değişimlerin takibine de hizmet eder.

ZEFTMSkullanımı neticesinde belirlenensüreçlere göre hesaplananmaliyet bilgileriçok fazla olabilmektedir. Örneğin, her müşteri için belirlenensürece göre maliyethesaplaması yapılabilmekte ve yöneticilere alacakları kararlarda yardımcı olacak bilgilere dönüştürülebilmektedir.[136]ZETMFS'nin her müşteri için belirlenen sürece göre maliyet hesaplaması yapabilmesi bir açıdan avantaj iken; süreçlerin ve çalışan zaman ve maliyetlerinin çok farklık gösterdiği işletmelerde ZETFTMS'nin uygulanmasının da zorlaşacağı için aynı zamanda bir dezavantaj olabilir.

Kapasite kullanım oranlarının hesaplanmasında "emek zamanı" temel alındığı için ZEFTMS'nin hizmet sektörü ve imalat sektörünün, müşteri ilişkileri, pazarlama satış, finans, depolama, lojistik ve bilgi teknolojileri gibi birimlerinde kullanılması önerilir. Bu departmanlarda kapasitenin, çalışan sayıları ve çalışanların etkinliklerine bağlı olarak hesaplandığı göz önüne alındığında ZEFTMS yaklaşımının temeli daha net anlaşılacaktır.

3.2.2. Zaman Etkenli Faaliyet Tabanlı Maliyet Sisteminin Tarihsel Gelişimi

Geleneksel FTMS, uygulamada karşılaştığı zorluklar sebebiyle, son on yılda etkinliğini kaybetti. Yapılan araştırmalar geleneksel FTMS'nin, uygulamada yaşadığı kötü tecrübeleri ve bunun negatif etkilerini, i. çalışanların zamanlarını faaliyetler üzerinde nasıl harcadıkları tahmin etmek üzere yapılan araştırmalar, küçük çapta bir ya da birkaç departmanda başarılı olsa da, genele yayıldığında başarısının azalmasına, ii. zamanın faaliyetler üzerine dağılımı hesaplanırken, tüm zaman yüzdesel olarak hesaba katıldığı için hesaplamanın atıl kapasiteyi de hesaba katıyor olmasına, iii. sistemin revize edilmesi için kurulum aşamasındaki tüm araştırmaların yeniden yapılmasının çok maliyetli ve zaman gerektiren bir iş olmasına ve olumsuz etkenlerin sonuçta süreç, mamul ya da müşteri maliyetlerinin tespitinde hatalı sonuçlar doğurmasına

[136]Levent Koşan, "Maliyet Hesaplamasında Yeni Bir Yaklaşım: Sürece Dayalı Faaliyet Tabanlı Maliyet Sistemi", **Mali Çözüm** İSMMMO Yayın Organı, Kasım- Aralık 2007, S: 84, s.165.

bağlamaktadır.[137] 1990'ların başında yaşadığı ilk coşku patlamasından sonra, FTMS'nin çok zaman kaybettirdiği ve uygulamaya değmeyecek kadar yorucu ve maliyetli olduğu fikirleri yaygınlaşmaya başlamıştır.

Çok uluslu tüketici ve ürün devi Unilever'in ev ve kişisel bakım bölümü Lever Fabergé, 1997'den beri daha geleneksel FTMS metotlarının yanında zamana dayalı hesaplamaları da benimsemiştir. Lever Faberge, faaliyetin maliyetini, kullanılan vaktin miktarını ölçerek ve bunu depo çalışanlarının birim maliyetiyle çarparak hesaplamaya karar vermiştir.[138] Unilever uygulaması, zamanın FTMS modellerinde etken olarak kullanıldığının örneklerinden bir tanesidir.

FTM alanındaki son gelişme olarak zaman etkenli faaliyet tabanlı maliyet sistemi(ZEFTMS) yazında ilk olarak, 2004'teki Harward Business Review'ın Kasım Sayısı'nda Kaplan ve Anderson tarafından, geleneksel FTMS'ye göre pratikte daha az zaman ve maliyetle uygulanabilen, "FTMS'nin yalınlaştırılmış bir versiyonu" olarak tanımlanmıştır.[139] Yazındaki yerini ZEFTMS olarak alan zamanın etken olarak kullanıldığı FTMS uygulamaları yaygınlaşmaya başlamıştır.

Her ne kadar "zaman etkenlifaaliyet tabanlı maliyet" adı kısa bir süredir kullanılıyor olsa da, pek çok kişi bu yaklaşımın yeni olmadığı konusunda tartışacaktır. Maliyetleri hesaplamak için FTMS modellerinin faaliyet döngü zamanlarını ve ticari işlem hacimlerini kullandığı sayısız örnek mevcuttur.[140] Ancak yapılan bu eleştiri, aynı zamanda da pratikte yerini daha önce yerini alan ZEFTMS'nin uygulanabilirliğine birkanıttır.

Zaman etkenli faaliyet tabanlı maliyet sistemi önerilmeden önce Kaplan ve Anderson, bir işletmede FTMS'nin başarısız olması durumunda, bunun sebebinin kolaylıkla işletme yönetiminin FTMS projesindeki eksikliklerine bağlamaktaydı. Kaplan ve Anderson 2004'teki daha yeni bir makalelerinde, birçok işletmenin, maliyetleri yüksek olması ve çalışanları tedirgin etmesi sebebiyle FTMS modellerini terk ettiklerini savunmuşlardır. Kaplan aynı zamanda FTMS'nin uygulanmasının oldukça zor olduğunu da kabullenmiştir. Kaplan ve Anderson 2004 yılında, "oran tabanlı" olarak isimlendirdikleri geleneksel FTMS'den, zaman etkenli faaliyet tabanlı maliyet sistemine geçişi

---

[137] Theo Notteboom, **Current Issues in Shipping, Ports and Logistics**, Uitegeverij UPA University Press Antwerp, Brussels, 2011, p.432.
[138] Barrret, p.206.
[139] Hansen, p.154.
[140] Barrret, p.206.

ifade eden yeni bir yaklaşım önermişlerdir.[141] Oran tabanlı olarak nitelendirilen "geleneksel FTMS" modellerinde maliyet sürücüsü oranları, faaliyet maliyetlerini maliyet nesnelerine atamak üzere belirlenmekteydi. ZEFTMS yönteminde ise oranlar zaman ekseninde belirlenmelidir.

FTMS'nin gelişimine ilişkin üç temel aşamanın bulunduğu kabul edilmektedir. FTMS'nin gelişim aşamalarının sınıflandırılması ayrıntılı olarak Tablo 6'da yer almaktadır.

Tablo 6: FTMS Gelişimlerinin Sınıflandırılması

Metot	Genel Özellikler
Birinci Grup	
Müşteri Etkenli FTMS Pazar Etkenli FTMS Kıyaslama (Benchmarking) Etkenli FTMS Çevre Etkenli FTMS Örgütsel Maliyet Muhasebesi	**Alansal Genişleme**; maliyetlerin alanı, piyasalar, tüketiciler ve toplumdaki alansal değişim vb.
İkinci Grup	
FTB(Faaliyet Tabanlı Bütçeleme) FTMS ve Yaşam Dönemi Maliyet Hedef Maliyet Ürün Özelliğine Göre Maliyet(Feature Costing)	**Düşünsel Genişleme**; maliyetlerin alanı, gelecek için yapılan maliyet analizleri(bir veya birkaç sene için, yaşam dönemi için vb.)
Üçüncü Grup	
KTM: Kaynak Tüketim Maliyet(Resource Consumption Accounting) Süreç Maliyet ve Yalın Maliyet, ZEFTMS ve diğer benzer yöntemler	**Maliyet Analizi için İlgili seviyedeki ayrıntıların belirlenmesi** İlgili Seviye: Kaynak Havuzu İlgili Seviye: Süreçler Kaynak Dağıtım Sürecinin Yalınlaştırılması Analizlerin seviyesi ilgili etkenlere (departmanlar, faaliyetler veya süreçler) bağlıdır.

Kaynak: Gregory Wegmann,"The Activity-Based Costing Method: Development and Applications" **The Icfai University Journal of Accounting Research**, Vol: 8, No: 1, 2009, p.10.

Zaman etkenli faaliyet tabanlı maliyet sistemi, henüz yaygın olarak kullanılmaya başladıysa da; birçok araştırmacı aslında anılan bu yönetimin yeni olmadığını savunmaktadır.

[141] Christopher S. Chapman, Anthony G. Hopwood and Michael D. Shields, **Handbook of Management Accounting Research Volume II**, Elsevier Ltd. First Edition, The Netherlands, 2007, p.649.

Faaliyet tabanlı maliyet sistemi uygulamalarından birçoğunda döngü zamanları veya işlem hacimlerinin maliyetleri dağıtmada kullanılmıştır. Unilever Firması örneğinde, 1997 yılından beri geleneksel FTMS içerisinde zaman etkenli hesaplamalara yer vermiştir. Şunu da belirtmek gerekir ki; ZEFTMS ile geleneksel FTMS yöntemleri birbirlerini dışlayan yaklaşımlar değildir. Bir FTM modeli, bu yöntemlerden herhangi birini kullanmak zorunda da değildir. Zira ZEFTMS'nin her durum için uygun olduğunu söylemek de yanlış olacaktır. Herhangi bir işletmede pazarlama, araştırma-geliştirme vb. alanlarda homojen olmayan ve kendisini tekrarlamayan faaliyetlerin yer aldığı bir yapının varlığı halinde, döngü süreleri değişken olan faaliyetler üzerinde ZEFTMS'ini uygulamaya zorlamak uygun olmayacaktır. Bu faaliyetler için farklı bir yöntemin uygulanması daha doğru olacaktır. Bu sebeple ZEFTMS'ler hibrit(melez) modellerdir denilebilir.[142]

3.3. Zaman Etkenli Faaliyet Tabanlı Maliyet Sisteminin Tasarlanması ve İşleyişi

Bir işletme için ZETFMS kullanım kararı alınması sonrası sistem tasarlanması aşamasında işletmenin kapasite kullanım oranlarının organizasyonun departmanlarına, sorumluluk merkezlerine ya da departman veya sorumluluk merkezlerinde gerçekleşen süreçlere göre mi hesaplanacağı önemli bir sorundur. Kaynakların faaliyetlere aktarılması süreçlerinin birimlerde(sorumluluk merkezlerinde) benzerlik gösterdiği işletmelerde bu kapasite kullanım oranlarının birimler bazında hesaplanması daha makul olacaktır. Şayet kaynakların faaliyetlere aktarılması yapısal olarak farklılık sergiliyorsa, faaliyet kullanım oranlarının süreçlere göre hesaplanması önerilir.[143]Örneğin, bir üretim departmanındaki bir kısım makineler A ürünü için kullanılırken, diğer makineler B ve C ürünlerinin üretiminde kullanılıyorsa, kapasite kullanım oranları A ürününün üretim sürecine ayrı, diğer ürünler ise kendi üretim süreçleri dikkate alınarak hesaplanmalıdır.

3.3.1. Zaman Etkenli Maliyet Sisteminin Tasarlanması

ZEFTS'nin tasarlanması aşamasında çalışanlarla yapılacak mülakat ve anketlerden elde edilecek faaliyet döngü zamanı bilgilerini işleyecek bilgi sistemi kullanıcıları ve sonuçları değerlendirecek yöneticilerle beyin fırtınası şeklinde gerçekleştirilecek kalabalık toplantılar, sistemin sağlıklı bir şekilde kurulması ve idame ettirilmesinde hayati öneme sahiptir. Çalışanlarla birebir yapılan anket ve mülakat sonuçları yöneticiler ve bilgi teknolojileri(BT)sistem

---

[142]Barrret, p.206.

[143]Anna Szychta, "Time Driven Activity Based Costing in Service Industries", **Social Sciences/Socialiniai Mokslai.**, N: 1 (67), 2010, p.55.

sorumlularından oluşan grup toplantılarında ele alınmalı, sistem tasarımı bu toplantılar neticesinde şekillendirilmelidir. İşleyişi geliştirecek olumlu çıktıların alınması sistemin tasarımı aşamasında dikkat edilmesi gereken iki unsura bağlıdır. Bunlar:[144]

1. **Çalışan katılımı(ortak akıl ve motivasyon oluşturma):**Çalışanlardan elde edilen sonuçlar hiyerarşik yapının terk edildiği grup toplantılarında sürekli olarak tartışılmalı, ortak akıl oluşturulmalıdır. Grup toplantılarına, yöneticiler, BT sistemsorumluları ve çalışanlardan temsilciler katılmalıdır. Ortak akıl oluşturulması ve bilginin geniş kitlelerle aynı zamanda paylaşılması, sistemin gelişiminde karşılaşılan sorunların çözümünde başvurulacak ortak bir hafızanın da geliştirilmesini sağlayacaktır. Ortak bilinç oluşturulmasının yanında grup toplantılarında kişilerin öneri vermeleri suretiyle sisteme katılımlarının sağlanması ise, bilinç faktörünün motivasyon faktörüyle desteklenmesi ve sistemin güçlenmesi sonucunu doğuracaktır.
2. **Lider yönetimin önderliği:**Sistemin tasarımı ve yürütülmesi aşamasında üst yönetimin biçemi, dikte eden otokratik yaklaşımından uzak, iletişime ve fikir alışverişine açık, hedefe giden yolda en önde yürüyen lider çerçevesine oturmalıdır.Kurum kültürleri de toplum kültürleri gibi hem aşağıdan yukarıya hem de yukarıdan aşağıya etkileşim içerisinde hareket ederken, kurum kültüründe devrim yapılması akışın öncelikle yukarıdan aşağıya doğru örnek davranış geliştirilmesine bağlıdır. Liderin önderliği kadar liderin yani üst yönetimin, liderlik biçemleri de kurum kültürünün ZEFTMS'yi benimsemesi ve desteklemesi noktasında belirleyici role sahiptir.

Zaman ve maliyet arasında ilişki kurarak Geleneksel FTMS'yi kolaylaştırmak üzere tasarlanan ZEFTMS uygulamasında cevaplanması gereken başlıca iki soru vardır:[145]

1. Her bir işlemin tükettiği kaynakların sağlaması için gerekli zaman biriminin maliyeti nedir?
2. Ürünler, işlemler ve müşteriler için yapılacak iş için gerekli olan zaman nedir?

ZEFTMS'nde temel olarak, belirlenen faaliyet döngü zamanları kullanılarak faaliyetlerde harcanan fiili süreler tahmin edilmeye çalışılır.[146]Öncelikle süreç ve işlemler teşhis edilmelidir. Bu

---

[144]Hoozee, p.188.

[145]Tim Hindle, **Guide to Management İdeas and Gurus**, The Economist Newspaper Ltd., London, 2008, p.10.

noktada, işlemleri görev seviyesinde teşhis etmek uygun olacaktır. Zira bunu yapmak, her şeyin yapıldığını ve süreç sırasında kullanılan bütün kaynakların teşhis edildiğini garantileyecektir. Dahası, süreç ve işlemler hakkında ortak bir anlaşmaya varılmak zorundadır. Bu da çalışanları mülakata sokarak ve işlemleri ve süreçleri görsel hale getirmek amacıyla haritalar çizerek sağlanabilir. Ayrıca şu da not edilmelidir ki, işlemler ve süreçler, müşteriler ve ürünler gibi farklı nesne maliyetleriyle bağlantılı olabilirler. Buna ek olarak, süreçlerin ve işlemlerin birim, miktar ve ürün türü faaliyetlerini içerebileceği de hesaba katılmalıdır.

ZEFTMS'nin departmanlardaki tasarımı aşamasında departman süreçlerinin farklı ölçütler kullanılarak ölçülmesi söz konusu ise, ilgili departmandaki süreçlerin de ayrı ayrı tanımlanması tavsiye edilir. Örneğin, "paketlerin muhafaza edilmesi" ve "paketlerin kabul ve sevki" süreçlerinin tanımlandığı bir işletmenin depo departmanında, bu süreçlerin idame edilmesi için sağlanan kaynak kapasitelerinin hesaplanmasında farklı ölçütler kullanılmalıdır. İlk sürecin kapasite kullanımının hesaplanmasında "metre küp", ikinci süreçteki kapasite kullanım oranının ölçülmesinde "arz edilen emek zamanı" doğru ölçütler olacaktır.[147] Böylesi bir çözüm, depo departmanına ait maliyetlerin nihai ürünlere yüklenmesinde daha doğru sonuçlar alınmasına yardımcı olacaktır.

3.3.2. Zaman Etkenli Maliyet Sisteminin İşleyişi

ZEFTMS,departmanlara ait masraflar hakkındaki bilgiyi geleneksel sistemden elde eder, ama ilk önce kaynağın her bir dakikadaki maliyetini hesaplar ve daha sonra süreç sırasında ne kadar çok kaynak zaman harcandığına bağlı olarak her faaliyete ait maliyeti atar.[148]Faaliyet maliyetlerinin hesaplamasında fiili zamanlar kullanılırken, atıl kapasite belirlenerek ayrı tutulur.

---

[146]Nathalie Demeere, Kristof Stouthuysen and Filip Roodhooft, "Time-Driven Activity-Based Costing in an Outpatient Clinic Environment: Development, Relevance and Managerial Impact", **Health Policy**, Vol: 92, 2009, p.296.

[147]Szychta, p.55.

[148]Robert S. Kaplan and David P. Norton, **The Execution Premium: Linking Strategy to Operations for Competitive Advantage**, Harward Business School Press, USA, 2008, p.198.

Şekil 12:Faaliyet Tabanlı Maliyet "Zaman Bölünmeleri"

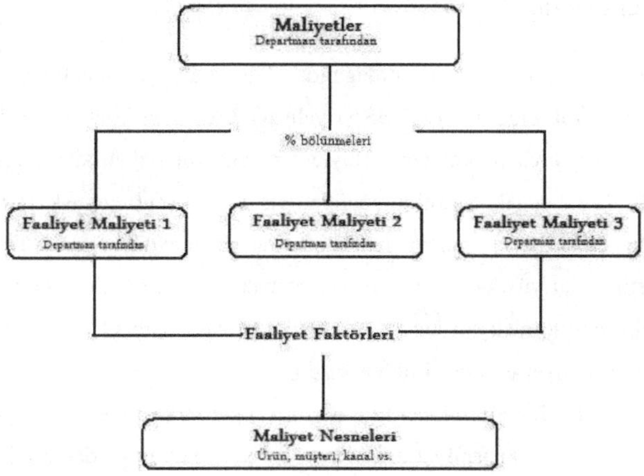

Kaynak: Richard Barrret, **Planning And Budgeting For The Agile Enterprise, A Driver Based Budgeting Toolkit,** Burlington, Ma 01803, USA, 2007 s.202.

ZEFTMS, faaliyet maliyetlerini yalnızca iki değişken ile ifade etmektedir:[149]

1. Faaliyet ya da işlemi yürüten departmanın kapasite maliyet oranı: Departmanlardaki kaynak kapasitesinin sağlanması için gerekliolan maliyetin fiili kapasiteye bölünmesiyle bulunur (fiili kapasite üretken iş gücünün teşkil ettiği zaman dilimini ifade eder).
2. Departmanda yürütülen faaliyetlerin kapasite kullanım zamanları: departmanlar ya da süreçler tarafından ürün ya da müşteri işlemlerinin gerçekleşmesi için ihtiyaç duyulan kapasite(zaman).

Öznellik, hemen hemen bütün faaliyet maliyeti hesaplamalarında kullanılır. Bazı faaliyetlere ait döngü zamanları teknolojik sistemlerden kolayca ve güvenilir bir şekilde elde edilebilir. Örneğin, otomatik çağrı aktarma yazılımı, müşteri servis merkezi yöneticisini belli bir zaman periyodu sırasında, bölümün ortalama çağrı süresinin kesin rakamlarını sağlayabilir, ama böyle bir bilgi bütün şirket faaliyetleri için üretilemez. Kaplan'ın kendisi bu tür rakamsal bilgiye erişimin olmadığı işlevlerde döngü zamanlarını yöneticilerin tahmin edebileceğini

[149]Kaplan, *The Execution Premium: Linking Strategy to Operations for Competitive Advantage*, p.198.

önermiştir.[150]ZEFTMS'de faaliyet döngü zamanlarının belirlenmesi konusunun birim yöneticilerine bırakılmasının nedeni bu konularla ilgili uzun, maliyetli ve güncellenmeleri zor olan anket ve mülakat çalışmalarında tasarruf etmektir.

Faaliyet döngü zamanı bilgisi kesin olduğunda bile maliyet genellikle bölüm yöneticilerinden gelen öznel bir girdiyi içerir. ZEFTMS'yi yalnızca tek bir faaliyeti gerçekleştiren bölümlerde harekete geçirmek ve yaymak kolaydır. Böyle bir senaryoda doğrudan ve dolaylı kaynakların toplam maliyeti, her kaynak birimine maliyet atayan mevcut kaynak tarafından bölünebilir. Fakat çoğu bölüm doğrudan ve dolaylı kaynakları farklı oranlarda tüketen iki ya da daha fazla faaliyet gerçekleştirir. Bu yüzden bir tür anket yapmak gerekmektedir. Her ne kadar ticari işlem sistemleri her çalışanın üç faaliyeti için güvenilir döngü zamanları ve işlem hacimleri sağlayabilse de, yönetici dolaylı maliyetlerin nasıl bölüneceğine karar vermede etkin bir role sahip olmalıdır ve bunun da basit yüzde bölünmelerini içermesi olasıdır. Eğer farklı maaş seviyelerindeki farklı çalışanlar zamanları farklı olarak iki faaliyet arasında bölerlerse, bazı doğrudan maliyetlerin paylaştırılma ve bölüştürülme ihtiyacı ortaya çıkabilir.[151]Bu tarz durumlar ZEFTMS'nin karmaşıklaşması dolayısıyla yalınlığını yitirmesine neden olabilirken, işlem ve kaynak maliyetlerinin doğru işlenmesi olasılığı sistemin güvenilirliğini de olumsuz etkileyebilecektir.

ZETFMS, süreçlerdeki her bir değişkeni ayrı bir faaliyet gibi değerlendirdiği ve dolayısıyla da faaliyetler için birden fazla etken kullandığı için karmaşık işletmeler(sağlık sektörü ve hizmet sektörünün geneli) için geleneksel FTMS modelinden daha sağlıklı sonuçlar verebilmektedir.[152]Karmaşık işletmelerde geleneksel FTMS'nde olduğu gibi temel birkaç faaliyet belirleyerek bu faaliyet merkezlerinde birbirinden farklı faaliyetlerin kategorize edilmesi, sistemin doğruluğunu olumsuz etkilerken, sisteme getirilen eleştirileri arttırmaktaydı. ZEFTMS'nde departman faaliyetleri ayrı ayrı dikkate alındığı için sistemin karmaşık işletmeler için geleneksel FTMS'ye nispetle daha doğru sonuçlar vereceği söylenebilir.

ZEFTMS'nde departmanlardaki faaliyet maliyetlerinin hesaplanması aşağıdaki gibi gerçekleşmektedir.

---

[150]Barrret, p.204.
[151]Barrret, p.204.
[152]Demeere, p.296.

Şekil 13: ZEFTMS Faaliyet Maliyeti Hesaplanması

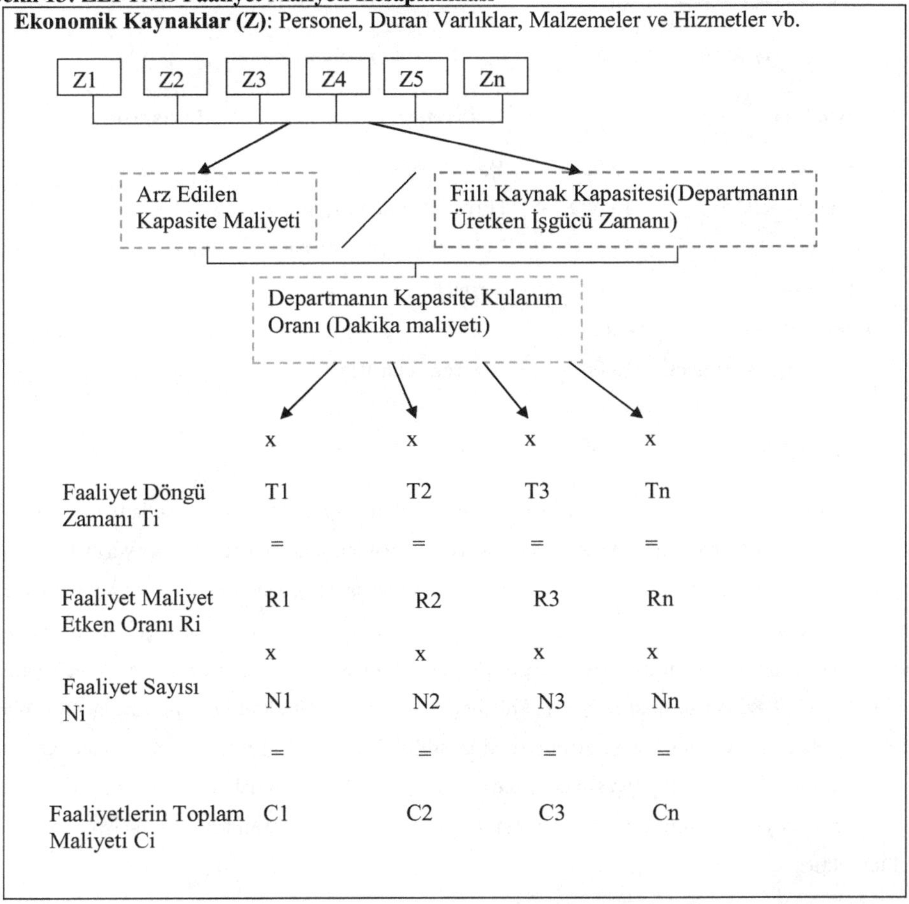

Kaynak: Anna Szychta, "Time Driven Activity Based Costing in Service Industries", **Social Sciences/Socialiniai Mokslai.**, 2010, N: 1 (67), p.54.

ZEFTMS'nin temel kavramları ve işleyişi bir sayısal örnekle açıklanmaya çalışılmaktadır.[153]

[153]Hansen, p.155-156.

ZEFTMS nin Nasıl ve Nedeni

Bilgi: Aşağıdaki bilgiler bir hastanenin kardiyoloji bölümüne aittir.

Kaynaklar		Faaliyetler	Zaman/Birim
Yönetim	50.000	Hasta Tedavi	1,40 saat
Levazım	86.000	Hijyenik Ortam Sağlamak	1,00 s.
Maaşlar	340.000	Taleplerin Cevaplanması	0,60 s.
Bilişim	10.000	Hasta Takip	1,00 s.
TOPLAM	486.000		
Toplam bakım zamanı	18.000	(Gerçek kapasite)	

NEDEN:

ZEFTMS, kaynak maliyetlerinin faaliyetlere dağıtılmasında kullanılan kaynak sürücülerinin belirlenmesi için gerekli olan detaylı ve zaman alan mülakat ve araştırmalara olan ihtiyacı ortadan kaldırır. Tüm gerekli olan; bir departmana ait emek süresi ya da süreç(gerçek kapasitede hesaplanan), toplam kaynak maliyetleri ve bir birim faaliyetin gerçekleştirilebilmesi için gerekli olan süredir. Bir birim faaliyetin gerçekleştirilebilmesi için gerekli olan süre, temel olarak bir sürücüye ait zaman birimidir. İşlem sürücüleri ya da bir işlem(kurulum gibi) için gerekli olan zaman gözlem ya da mülakat yönetimiyle elde edilir. Kapasite kullanım oranı, toplam kaynak maliyeti/gerçek kapasitedeki toplam zamandır. Faaliyet oranını bulmak için bu oran, bir birim faaliyet zamanıyla çarpılır. Bu oranın toplam faaliyet çıktısıyla çarpılması ile faaliyet maliyeti bulunacaktır.

İstenenler:

1-Kardiyoloji bölümü için kapasite maliyet oranını hesaplayınız.

2-Herbir faaliyet için faaliyet oranını ve iki faaliyetin maliyetini hesaplayınız:

Hasta Tedavi, Hasta Takip?

3-Sene ortasında birim yöneticisi istifa ederse ve yerine işe alınan yöneticini maaşının $ 63,200 olduğu ve birim çalışanlarının maaşlarına %12 zam yapıldığı durumda faaliyet oranlarını güncelleyiniz.

Çözümler:

1-Kapasite Maliyet Oranı:	$ 486,000/18,000 = $ 27/ saat başına,
2-Hasta Tedavi:	$ 27 x 1.40 = $ 37.80/ hasta başına,
Hijyenik Ortam Sağlama:	$ 27 x 1 = $ 27 saat başına,
Taleplerin Cevaplanması:	$ 27 x 0.60 = $ 16.20 talep başına,
Hasta Takip:	$ 27 x 1 = $ 27 saat başına,
Hasta Tedavi:	$ 37.80 x 3.000 = $ 13,400,
Hasta Takip:	$ 27 x 5,400 = $ 145,800,

3- Yeni Kapasite Maliyet Oranı: $ 540,000/18,000 = $ 30 (kaynak maliyetleri birimde yaşanan yönetici ve maaş değişikliği sebebiyle $ 54,000 artmıştır.) Bu sebeple yeni faaliyet oranları:

Hasta Tedavi:	$ 30 x 1.40 = $ 42 hasta başına,
Hijyenik Ortam Sağlama:	$ 30 x 1 = $ 30 saat başına,
Taleplerin Cevaplanması:	$ 30 x 0.60 = $ 18 talep başına,
Hasta Takip:	$ 30 x 1 = $ 30 saat başına,

Özetlemek gerekirse, ZEFTMS'nde kaynak maliyeti, faaliyet maliyetleri hesaplanmadan ürünlere direkt yüklenebilir. Çünkü kapasite maliyet oranını bir birim faaliyetin gerçekleşmesi için zamanla çarpmak, faaliyet oranını verir. Kaynak maliyetlerinin ürünlere yüklenmesi, faaliyet oranının, ürünler tarafından tüketilen faaliyet miktarıyla çarpılması neticesindebasitçe bulunmuş olacaktır.

Kabul edilebilir bir doğruluk seviyesi sağlayabilmek için ZEFTMS'de sağlam ve güvenilir bilgiye muhtaçtır. Örneğin, eğer bilgi otomatik çağrı aktarma gibi bir sistemden geliyorsa ve düzenli olarak güncelleniyorsa, sonuçlar doğru olacaktır. Fakat bilgi güncel değilse ve ihtimaller üzerine dayandırılıyorsa, maliyet bilgi sonuçları çok büyük çaplı hatalar(4 dakikalık ve 4 dakika 8 saniyelik tahminlerin arasındaki fark tele-pazarlama sistemi satış çağrısıyla baş edebilmek için gerekli olan zaman olarak çok büyük gözükmeyebilir, ama 100,000'in üzerindeki çağrı işlenirse bu durum önemli hale gelir) içerebilir.[154] En tekrarlayıcı süreçler bile değişmektedir.Bu yüzden doğru ve kesin olmak gerekirse, ZEFTMS, geleneksel FTMS kadar bilgi birikimi gerektirir.En tekrarlayıcı süreçler bile değişmektedir. Bir model ne zaman yenilenip tekrardan hesaplanırsa, süreç faktörleri güncellenmelidir. ZEFTMS'leri değişimlere karşı duyarlı olma özelliğine sahip oldukları ölçüde başarılı olacaklardır.

ZEFTMS'nin kullanılmasıyla birim yöneticileri, atıl kapasitelerini ve maliyetlerini sürekli olarak izleyebilir, maliyet azaltıcı önlemler geliştirebilirler. Bir kere ZEFTMS kullanılmaya başladıktan sonra sistemin revize edilmesi de oldukça kolaydır. Örneğin, yeni bir faaliyetin sisteme ilave edilmesi için bu faaliyetin gerçekleşmesi için gerekli olan süre yani faaliyete ait döngü zamanı hesaplanması ve sisteme eklenmesi yeterlidir.[155]Sistemin revize edilmesinde departman yöneticilerinin ya da atanacak ZEFTMS sorumlularının rolü hayati önem taşır. Sisteme yansıtılmayan her yenilik ya da doğrudan uzak bilgi sistemin sağlığını bozar ve zamanla sistemi işlemez hale getirme riskini doğurabilir. Sonuç olarak, zamanı temel alan ZEFTMS'nin varlığını sürdürebilmesi insan faktörüne bağlıdır.

3.4. Zaman Etkenli Faaliyet Tabanlı Maliyet Sistemi ve Faaliyet Tabanlı Maliyet Sistemlerinin Karşılaştırılması

Günümüzün şiddetli rekabet ortamına tepki olarak, birçok üretim firması, pazar paylarını koruyabilmek için, zaman bazlı üretim sistemleri(ZBÜS) gibi yeni iş modellerini özümseme yoluna gitmişlerdir. FTMS'lere sahip olan işletmelerden sadece bir kısım firma pazardaki payını zaman bazlı üretim ve diğer gelişmiş üretim sistemlerini kullanmalarına atfederlerken; bazıları ise, uygulamaların performanslarını olumsuz etkilediğini raporlayabilmekte, daha uç etkilerinin olduğu iddia edilenciddi durumlar yaşayan bazı firmalar ise, bu stratejilerin kendi sonlarına sebep olduğunu savunmaktadırlar.[156]FTMS kullanımından memnun olunması hakkında sistemin ilk ortaya çıktığı dönemkadar bahsedilmemesini, sistemin başarısız örnekleri ve bu örneklerin sistem üzerinde yarattığı güvensizlik havasına bağlamak mümkünse de, aslında, başarısızlıklarının sebebini, uygulamanın kendisi kadar, sistem uygulayıcılarına da atfetmek gerekir.

ZEFTMS çıkışı itibariyle yalındır ve kaynak sürücülerinin belirlenmesi için geleneksel FTMS'de yer alan ilk üç aşamasında(1-faaliyetlerin belirlenmesi, 2-kaynak maliyetlerinin

---

[154]Barrret, p.205.
[155]Stouthuysen, p.85.
[156]Hutchinson, p.31.

faaliyetlere atanması,3- ikincil faaliyet maliyetlerinin ana faaliyetlere atanması) yapılan detaylı mülakatları ve araştırmaları bertaraf eder. Fakat faaliyetler yine de belirlenmelidir. Ne var ki, ZEFTMS kaynak maliyetlerini faaliyetlerle oldukça basit ve açık bir yoldan ilişkilendirir:[157]

- İlk olarak, departmanlara ait toplam işletme maliyetlerini(personel, teçhizat ve malzeme vb. tüm kaynak maliyetleri) hesaplar.
- İkinci aşamada, toplam kaynak maliyeti, departmanda kullanılan kaynak zamanıyla hesaplanan arz edilen fiili kaynak kapasitesine bölünerek kapasite maliyet oranı belirlenir.
- Üçüncü aşamada, bir faaliyetin yürütülmesi için gerekecek süre tahmin edilir. Bir birim faaliyet, bir birim faaliyet sürücüsüdür, zira kapasite maliyet oranını bir birim faaliyetin gerçekleşmesi için zamanla ve sonra toplam faaliyet çıktısı(faaliyet sürücüsü ile belirlenen) ile çarpılması sonucu faaliyet maliyetini verecektir.

FTMS'nin genellikle çok karmaşık ya da desteklenmeyecek kadar çok pahalı olduğu, bunun yanında, çok genel ve gerekli işlevsel bilgiyi sağlamada başarısız olduğu iddia edilmektedir. ZEFTMS ise, hem işlevsel hem de stratejik bakış açısını bir araya getirir ve böylece FTMS'nin en iyi versiyonunu sağlar.[158]Sistemin yalın ve uygulanabilir olmasının yanında departmanların finansal olmayan performanslarını da değerlendirmesi sisteme duyulan ilgiyi arttıran faktörlerdendir.

ZEFTMS'de kullanılan faaliyet döngü zamanları yöntemiyle hangi faaliyetin ne kadar zaman tükettiği açık bir şekilde görülebildiği için geleneksel FTMS'nin aksine, özellikle karmaşık işletmelerde yetersiz kalınan faaliyetler ve yarattıkları değerin analizedilmesi konusunda yönetime operasyonel bir bakış açısıda kazandırmış olur.[159] Maliyet yönü kadar süreç yönüyle de öne çıkan ZEFTMS'nin uygulanması halinde işletme yönetimine karar almada çok yönlü perspektif sağlaması beklenir.

ZEFTMS, diğer maliyet sistemlerinin önüne geçerek, süreç iyileştirme, maliyet azaltma, fiyatlama ve bütçelemede sağlıklı kararlar alınmasını amaçlayan bir yaklaşımdır.Kaplan ve Anderson tarafından, uygulamada gerçek hayatın karmaşık yapısına daha kolay uyumlaştırılabildiği, daha az zaman ve maliyet gerektirdiği için geleneksel FTMS'nin en yalın versiyonuolarak tanıtılan ZEFTMS, karmaşık düzenlemeleri ve yapıları olması sebebiyle ulaştırma

---

[157]Hansen, p.154.
[158]Sievanen, p.CSC15.1.
[159]Demeere, p.301.

ve lojistik sektörleri için tavsiye etmektedirler. Ulaştırma ve lojistik firmalarının değişken çevreleri sebebiyle anında ihtiyaç duyduğu doğru maliyet bilgilerinin, düşük maliyetle ve sürekli olarak ZEFTMS sayesinde elde edileceği düşünülmektedir.[160] Hızlı, doğru, düşük maliyetli ve sürekli maliyet bilgisi verme özelliğiyle ZEFTMS savunucuları tarafından idealize edilir.

ZEFTMS'nin ortaya koyduğu devrimsel gelişimin sırrı, zaman hesaplamalarında ve faaliyet döngü zamanlarının kullanımındadır. ZEFTMS, faaliyetler için harcanan yüzdesel süreler yerine kesin süreleri kullanır. FTMS'nin çok faktörlü faaliyetler için de bir etken kullanması sorunu, ZEFTMS'nde, faaliyet döngü zamanı yöntemine başvurularak çözülmüştür. Faaliyetlerin gerçekleşmesi için gerekli olan süre(faaliyet döngü zamanı) birçok faktöre bağlı ortaya çıktığı karmaşık ortamlarda ZEFTMS bir faaliyet için birden çok etken kullanır. Faaliyet döngü zamanlarının kullanılmasıyla hesaplama(tahmin) süreci kolaylaşmış ve geleneksel FTMS'ye göre daha doğru maliyet bilgisi elde edilmiş olur.[161] Faaliyet tabanlı maliyet sisteminde her müşteri grubunun kullandığı(tükettiği) faaliyet ve hizmetlere göre işletmeye olan maliyetler belirlenmeye çalışılırken; zaman etkenli faaliyet tabanlı maliyet sisteminde işletme faaliyetlerinde harcanan zaman da dikkate alınır ve işletmede oluşan boş zaman maliyet hesaplamalarına katılmaz.

Geleneksel FTMS'ler, kurulumları pahalı, sürdürülmeleri karmaşık ve gerektiğinde güncellenmeleri güç olması gibi temel sebeplerden ötürü, birçok dezavantaja sahiptir. Ayrıca, gerçek ortamlardaki uygulamalarında (birkaç yüz faaliyet, birkaç yüzbin maliyet nesnesi ve zaman olarak birkaç sene gerekmesi sebebiyle) birçok işletmenin altından kalkamayacağı devasa büyüklükte bilişim yatırımlarına ihtiyaç oldu. FTMS kullanmakta olan birçok firma; öznel olduğu, kurulumunda ve veri işlemede çok zaman gerektirdiği gerekçeleriyle geleneksel FTMS'yi, ya terk etme ya da sonuçları itibariyle güncel ve doğru olmaktan uzaklaşmış lokal kullanım yoluna gitmişlerdir. ZEFTMS, geleneksel FTMS'nin, maliyetli, zaman tüketen ve hata barındıran yapısından, faaliyet belirleme aşamasını atlayarak ve departmanların yürüttüğü çeşitli faaliyetlerin, departman maliyetlerinin dağıtımını tahmin ederek farklılık göstermiştir.[162] Ancak ZEFTMS'nin teorik alt yapısının da uygulamada zorluklarla karşılaşacağının hesaba katılması gerekir. Tablo 7 ZEFTMS ve geleneksel FTMS ini karşılaştırmaktadır.

---

[160]Notteboom, p.432.
[161]Stouthuysen, p.85.
[162]Vivek Kale, **A Guide to Implementing Oracle Siebel CRM 8.x**, Tata McGraw Hill Education Private Ltd., New Delhi, 2009, p.208-209.

Tablo 7: Geleneksel FTMS ve ZEFTMS Kıyas(Tablo 7 uzunluğu sebebiyle iki parça halinde gösterilecektir.)

Geleneksel FTMS	ZEFTMS
Yorucu ve maliyetlidir, kurulması uzun zaman alır, hataya eğilimli ve güncellenmesi güçtür.	Nispeten kolay, ucuz ve doğruya yakın hızlı modeldir.
Maliyetler önce belirlenen faaliyetlere, sonra öznel tahminlerle ürünlere ya da müşterilere dağıtılır.	Halihazırda departmanların yürüttüğü çeşitli faaliyetleri, departman maliyetlerinin dağıtımını tahmin etmekte kullanılır.
Faaliyet tanımlarındaki öznellik ve ilave faaliyet tanımları, veri işleme ve depolama ihtiyacı doğurduğundan, sistemi karmaşık hale getirirken; doğruluktan uzaklaştırır.	Mevcut sistemden nispetle çok az ilave veri işleme, tahmin ve depolama gereksinimi olduğundan yalın ve doğruya daha yakındır.
Maliyet sürücü oranlarını kaynakların tam kapasite hadlerini kullanarak hesaplar, kaynaklara ait atıl kapasite de hesaba katılmış olur.	Maliyet sürücüsü oranlarını hesaplarken, tatbiki kaynak kapasite hadlerini kullanır, kaynaklara ait atıl kapasite hesaba katılmaz.
Veriler ve tahminleri ayrı birimlerde çalışanlar tarafından sırasıyla temin edildiği ve yapıldığından verilerin işlenebilmeleri için tüm sisteme entegre edilmeleri sorunu ortaya çıkar.	Veriler halihazırda kullanılmakta olan ERP/CRM sistemlerinden çekildiğinden tüm sisteme doğal olarak uyumludurlar. İkinci bir işleme tabi tutulmalarına ihtiyaç yoktur.
Değişen ya da tahmin edilemeyen dış ve iç koşullarda tadil edilmeleri oldukça güçtür.	Değişikliğe ihtiyaç duyulduğunda, birim zamanının sistem içinde kolay tahmin edilebilmesi veya değişen faaliyete ait zaman eşitliğinde kolay ayarlama yapılabilir olması sayesinde zorluk yaşanmaz.
Genel itibariyle kullanıcılarının anlayışlarına ve sanılarına bağlı olarak işletildikleri için işleyişleri ile ilgili olarak şeffaflık arz etmezler. Atıl ya da kullanılmayan kapasite göz ardı edilir. Kapasite kullanım oranı prensip olarak %100 kabul edilir.	Süreç etkinliği ve kapasite kullanım oranına şeffaf bir görünürlük kazandırır.

Tablo 7'nin Devamı	
Kullanıcılarının anlayışlarına ve sanılarına bağlı olarak işletildikleri için sorunların kök nedenleri hakkında genel bir mutabakat algısı yaratamaz.	İşletmenin sorunları hakkında yalın ve anlaşılır bilgi sunması sebebiyle çözüme topyekûn eğilme imkânı tanır.
Genel bir FTMS Modelinden bahsedilemez, zira Her işletme için aşırı özelleştiğinden aynı iş kolunda bulunan iki firmada dahi aynı modelin uygulanması mümkün değildir.	Esnek yapıları sayesinde ayrı sektördeki benzer iş akış süreçlerine sahip olan farklı işletmelerde dahi küçük ayarlamalar yapılarak kullanılmaları mümkündür.
Hantal yapılarından ötürü, iş süreçlerinin yeniden yapılandırılması, benchmarking, yalın yönetim, yatırım performans değerlendirme vb. stratejik yönetim çabalarına hizmet etmekte zorlanır.	İş süreçlerinin yeniden yapılandırılması, benchmarking, yalın yönetim, yatırım performans değerlendirme, dengeli karne vb. stratejik yönetsel uygulamalarla kolay uyum sağlar.

Kaynak: Vivek Kale, **A Guide to İmplementing Oracle Siebel CRM 8.x**, Tata McGraw Hill Education Private Ltd., New Delhi, 2009, p.210.

ZEFTS yöntemi, tıpkı geleneksel FTMS yöntemi gibi işletmekaynaklarınınfaaliyetler tarafından, faaliyetlerin ise ilgili maliyet nesneleri(ürünler, hizmetlervb.)tarafından kullanıldığını kabul eden bir maliyet sistemidir. Geleneksel FTMS'ye göreZEFTS'yi özel kılan tek bir maliyet taşıyıcısının(zaman) kullanılmasıdır.Yani gelenekselmodelde, bütün kaynak gruplarının maliyeti bütün kullanıcılarınkaynaklarınadağıtılırken, ZEFTS yaklaşımında sadece harcanan zamanmaliyetleriçıktılara dağıtılmaktadır. Bunun yanı sıra ZEFTS'ndeesas alınankapasite pratik kapasite iken, geleneksel FTMS yaklaşımında kaynakmaliyetleri ürünlereve hizmetlere fiili kapasite kullanımına göre dağıtılmaktadır.[163] İki sistemi ayırmadan değerlendirmek gerekirse, "ZEFTMS yalın bir FTMS modelidir" söylemi yerinde olacaktır.

Sonuç olarak, geleneksel FTMS'nin başarılı olması, FTMS'nin daha küçük çaplı işletmelerde veya büyük işletmelerde birimler içerisinde lokal kullanımına bağlanmıştır. Geleneksel FTMS, "sistemin, maliyetli, güncellenmesi zor ve genele hitap etmiyor" olduğundan dem vuran eleştirilerine cevap verememiş, ZEFTS bu noktada bir çözüm olarak önerilmiştir.[164]ZEFTMS'ni bu yönüyle geleneksel FTMS'nden ayrı gören yaklaşımlar da mevcuttur.

---

[163]Metin Saban ve Gülay Güğerçin İrak, "Çağdaş Maliyet Yönetimi Sistemlerinden Sürece Dayalı Faaliyet Tabanlı Maliyetleme", **ZKÜ Sosyal Bilimler Dergisi**, Cilt: 5, Sayı: 10, 2009, s.107.

[164]Nadine Wiese, **Activity Based Costing(ABC)**, Seminar Paper, Grin Verlag, Germany, 2007, p.9.

ZEFTMS ve geleneksel FTMS'de faaliyet maliyetlerinin belirlenmesi aşamasında ortaya çıkan farklılık, aşağıdaki örnekte, bir işletmenin müşteri ilişkileri bölümünde ele alınacaktır.

ZEFTMS'nin işleyişi aşağıdaki gibidir:[165]

1. Aşama: Birim Maliyetin Belirlenmesi: Departmana ait toplam kapasite maliyetinin(çalışanların maaşları vb.) fiili kapasiteye bölünmesiyle bulunur.

Bir müşteri hizmetleri birimi müşteri ile direkt temas noktasında 28 işçi istihdam etmektedir. Her bir çalışan günde sekiz saat çalışmaktadır. Teoride bir çalışanın çeyrek yıldaki kapasitesi 31,860(ayda 177 saat) dakikadır. Fiili kapasite ise teorik kapasitenin %80'i olup, bir çalışan için çeyrek yılda 25,000 dakikadır. Bu durumda 28 kişilik takımın çeyrek yıllık fiili kapasitesi 700,000 dakikadır. Bu fiili kapasiteyi sağlamanın karşılığı 560,000$ GÜG ise, bir dakikalık kapasitenin maliyeti 0.80$'dır dır.

$$\textbf{Birim maliyet} = \frac{\text{Arz edilen kapasite maliyeti}}{\text{Fiili kaynakların kapasitesi(üretken işgücü zamanı)}}$$

$$\text{Departmanın Dakika Maliyeti} = \frac{\$560.000}{700.000} = \$0.80$$

2. Aşama: Birim Zamanın Bulunması: Çalışanlarla yapılacak mülakatlar ve araştırmalar ile bir faaliyetin gerçekleşmesi için gerekli süre belirlenir.

Birim Zaman = Bir faaliyetin gerçekleşmesi için gerekli süre

$$\text{Departmanın dakika maliyeti} = \frac{\$560.000}{700.000} = \$0.80$$

i. iş tasnifinde 8 dakika,

ii. vaka analizinde 44 dakika,

iii. cevaplamada 50 dakika,

[165]Ciaran McGowan, "Time Driven Activity Based Costing: A New Way to Drive Profitability" **Accountancy Ireland**, Vol: 41, No: 6, December 2009, p.61.

Bu aşamada ZEFTMS, her bir faaliyetin gerçekleşmesi için gerekli olan zamanları ortaya çıkarmaya çalışır. Bu hesaplamalar çalışanlarla yapılacak mülakatlar ve araştırmalar ile gerçekleştirilir. ZEFTMS, çalışanın işlemleri gerçekleştirirken harcadığı süresinin yüzdesine değil, işlemin gerçekleşmesi için gerekli olan zamana odaklanır.

3. Aşama: Faaliyet Maliyet Etkeni Oranının Bulunması:

Birim Maliyet x Birim Zaman

Faaliyetler	birim zamanı(dakika)	Maliyet Etken Oranı
i. iş tasnifinde	8 dakika	$6.40
ii. vaka analizinde	44 dakika	$35.20
iii. cevaplamada	50 dakika	$40

Maliyet etkeni oranı, dakika başına maliyet oranı ($0.80) ile her bir işlemin gerçekleşmesi için gereken dakikaların çarpılmasıyla bulunacaktır. Bu durumda maliyet etken oranları, i. iş tasnifi için$6.40, ii. vaka analizi için$35.20, iii. cevaplama $40 için olarak hesaplanır.

Yukarıdaki örneğimiz kullanılarak geleneksel FTMS ile ZEFTS arasındaki farlılık Tablo 8'de gösterilecektir. Tablo 8'de geleneksel FTMS'ye göre anılan departmana ait faaliyet maliyet oranları hesaplanmaktadır. Maliyet etken oranlarının hesaplanmasında kullanılan "emek zaman oranı" çalışanlarla yapılan mülakat ve anket çalışmaları sonucunda belirlenmiştir.

Tablo 8: Geleneksel FTMS'ye Göre Faaliyet Maliyet Oranlarının Hesaplanması

Faaliyet	Emek Zamanı Oranı	Atanan Maliyet	Faaliyet Miktarı	Maliyet Etken Oranı
(1)	(2)	(3)	(4)	(5) = (3) / (4)
1)İş tasnifi	%60	$336.000	48.000	$7
2)Vaka analizi	%10	$56.000	1.500	$37,3
3)Cevaplama	%30	$168.000	3.360	$50
4)Toplam	%100	$560.000	X	X

Kaynak: Anna Szychta, "Time Driven Activity Based Costing in Service Industries", **Social Sciences/Socialiniai Mokslai.**, 2010, N: 1 (67), p.55, Tablo 1'den esinlenerek hazırlanmıştır.

Tablo 9: ZEFTMS'ye Göre Faaliyet Maliyetlerinin Hesaplanması

Faaliyet	Faaliyet Miktarı	Birim Zaman(dakika)	Toplam Zaman(dakika)	Maliyet Etken Oranı	Toplam Maliyet
(1)	(2)	(3)	(4) = (2) x (3)	(5)	(6) = (2) x (5)
1)İş tasnifi	48.000	8	384.000	$6.40	$307.200
2)Vaka analizi	1.500	44	66.000	$35.20	$52.800
3)Cevaplama	3.360	50	168.000	$40	$134.400
Toplam Kullanılan			618.000		$494.400
Toplam Arz Edilen			700.000		$560.000
Atıl Kapasite			82.000		$65.600

Kaynak: Anna Szychta, "Time Driven Activity Based Costing in Service Industries", **Social Sciences/Socialiniai Mokslai.**, 2010, N: 1 (67), p.56, Tablo2'den esinlenerek hazırlanmıştır.

Son aşamada ZEFTMS, faaliyet maliyeti etken oranını kaynak kapasitesine duydukları ihtiyaca(kaynakları genellikle zaman bazında tüketmeleri nispetine) göre departman kaynak maliyetlerini maliyet nesnelerine yükler.[166]Bir kez bu maliyet etkeni oranları hesaplandıktan sonra, maliyetleri gerçek anlamda müşteri işlemlerine gerçekleştikçe yüklemek mümkün hale gelecektir. Bu bilgi dahi kendi başına müşteriyle pazarlık ve fiyatlandırma konularında ZEFTMS'yi kullanan işletmenin elini güçlendirecektir.

ZEFTMS, geleneksel FTMS'nin zayıflıkları üzerine bina edilmiştir. Hangi yöntemin daha iyi olduğu konusunda kesin ifadeler kullanamayız, çünkü bu konu, sistemin kullanılacağı işletmenin,çeşidine ve özel durumuna, tabi olduğu yasal düzenlemelere, ürünlerine ya da sahiplik statüsüne göre değişkenlik gösterebilir.[167]ZEFTMS'nin departmanlar bazında işletmeleri incelemesinin geleneksel FTMS'nin kurgusal yapısına karşı bir üstünlük teşkil ederken, sistemin başarısının da departmanların sisteme vereceği desteğe bağlıdır.

3.5. ZEFTMS'nin Güçlü ve Zayıf Yönleri

ZEFTMS, geleneksel FTMS'nin maliyet sürecini, kaynak maliyetlerinin faaliyetlere yüklenmesi için çalışanlarla yapılması gereken anket, mülakat ve gözlem çalışmalarını ortadan

---

[166]Kaplan, *The Innovation of Time-Driven Activity-Based Costing*, p.8.

[167]Oleg Dejnega, "Method Time Driven Activity Based Costing Literature Review", **Journal of Applied Economic Sciences**, Volume: 6, No: 1(15), Spring 2011, p.7-15.

kaldırarak bu maliyetleri direkt olarak maliyet nesnelerine atamak yoluna giderek yalınlaşma ana hedefiyle yola çıkmıştır. ZEFTMS, kaynak maliyetlerini faaliyetlere atamadan direkt maliyet nesnelerine yüklerken iki tahmin yapmak durumundadır:[168]

- İlk olarak departmanlarda ya da süreçlerde tüketilen kaynak(emek, yönetim, teçhizat, teknoloji, iskân vb.) kapasitesi tahmin edilir ve bululan toplam maliyet kapasiteye(fiili emek zaman) bölünerek kapasite maliyet oranını tahmin edilir.
- İkinci olarak ZEFTMS, maliyet nesnelerinin ihtiyacı olan kaynak kapasitesinin(genellikle zaman) tahmin ederek departmana ait maliyetleri maliyet nesnelerine yükler.

Kaplan ve Anderson,zamanlafaaliyet sayısında meydana gelecek azalma veya artışlar gibi operasyonel değişimlere karşı da ZEFTMS'nin kolaylıkla güncellenebileceğini ön görmüşlerdir. Faaliyet maliyet etkeni oranlarının güncellenmesi de oldukça yalındır. Maliyet etken oranlarındaki değişim iki etkene bağlıdır. Bunlar sırasıyla, sağlanan kaynak maliyetinde(ücret oranları vb.) gerçekleştiğinde fiili birim kaynak maliyetini etkileyecek olan değişimler ve araştırma ve geliştirme, süreç iyileştirme çalışmaları veya yeni bir teknoloji kullanımı sebebiyle faaliyetlerin etkinliğinde yaşanacak değişimlerdir.[169]ZEFTS'lerin, değişimlere karşı gösterdiği bu esneklik özellikleri sebebiyle, ürün farklılaştırma stratejisini benimsemiş işletmelerde kullanılması satış yöneticilerinin ürün çeşitlendirme kararlarının üretim sürecinde yaratacağı ek maliyetleri anlayarak hareket etmelerine yardımcı olur.[170]

ZEFTMS'nin avantajlarını aşağıdaki gibidir:

- ZEFTMS, denklikler üzerine kurulan bir yöntemdir. Kurulum ve uygulanmasında geleneksel FTMS'nin, özellikle büyük işletmelerde karşılaştığı zorlukları ortadan kaldırır. Örneğin, çalışanların hangi faaliyetlere ne kadar zaman harcadıklarının tespiti için gerekli olan düzenli araştırmalar ZEFTMS'de terk edilir.

---

[168] amal Ghosh Ray, **Mergers and Acquisitions: Strategy, Valuation and Integration**, Eastern Economy Edition, PHI Learning Private Limited, New Delhi, 2010, p.618.

[169] Szychta, p.57.

[170] John Davis, **Magic Num8ers for Sales Management: Key Measures to Evaluate Sales Success**, John Wiley & Suns (Asia) Pte. Ltd., Singapore, 2007, p.207.

- Fiili kapasite ve atıl kapasite tahmin edilirken, atıl kapasite maliyetleri, faaliyetlere ve sonuç olarak ürünlere ya da müşterilere yüklenmediği halde, dönemin finansal sonuçlarına etkisi olan ayrı bir maliyet kalemi olarak ele alınır.

Bu yaklaşımın temel dezavantajı ise, birçok hesaplamanın yöneticiler tarafından yapılan tahminlere dayalı olmasıdır. Bu durumda yapılan tahminlerin sağlıksız olma olasılığı neticesinde doğrudan uzaklaşmış ürün maliyeti ve karlılığı bilgilerinin ortaya çıkması riskini doğuracağı öngörülmektedir.[171] Öznelliğin azaltılarak sisteme duyulan güvenin arttırılması sistemin mümkün olduğu kadar genele yayılarak ortak akıl ve hafıza oluşturulmasıyla başarılabilir. Sistemin genele yayılması sistem verilerinin de genele yayılmasını birlikte gerektirir. Açık yönetim anlayışının çalışan motivasyonu ve yönetim sistemleri kadar bir maliyet sistemi olan ZEFTMS'nin başarısı için ifade ettiği önem aşikârdır.

ZEFTMS'ye getirilen bir diğer eleştiri ise, geleneksel FTMS'nin yeni versiyonu olarak tanıtılan sistemin, aslında yenilikçi olmadığı, zira çok çeşitli ürün yelpazesi olan karmaşık üretim ortamlarında maliyet hesaplamanın yalınlaştırılması için uygulamada ve yazında benzeri uygulamaların var olduğu iddiasıdır. ZEFTMS'deki standart faaliyet döngü zamanlarının belirlenmesi fikri yeni olmadığı ve verilerin nasıl ve hangi yolla işleneceği konusunun muğlâk bırakılmış olması, ZEFTMS'nin işleyişinin yalınlığı konusunda da endişelerin dile getirilmesine sebep olmaktadır. Bilgilerin homojenliği ve zaman içerisindeki değişimlere karşı sistemin sürdürülebilirliği konusunda da sistemin yeterince açık olmadığına dair eleştiriler mevcuttur.[172] Bu endişe ve eleştiriler, geleneksel FTMS uygulamalarında ortaya çıkan sorunlardan, kötü tecrübelerden ve sistemin teorisyenleri tarafından dahi bu eleştirilere hak verilmesinden kaynaklanmaktadır.

Bir başka eleştiri ise, geleneksel FTMS'nin de zamanı kapasite ölçütü olarak kullanılabileceğidir. Kaplan ve Anderson bu noktada ZEFTMS kullanımının farklılık gösterdiğini savunmaktadırlar. ZEFTMS'de maliyet sürecinde endirekt maliyetler faaliyetlere yüklendikten sonra, maliyet etken oranlarının hesaplandığı ve böylelikle ölçüt olarak zamanın, faaliyet maliyetlerinin maliyet nesnelerine yüklendiği ikinci aşamada kullanıldığı ifade edilir. Maliyet hesaplamada zaman bazlı ölçütlerin kullanılması, nicel ölçütlerin kullanılmasına kıyasla daha doğru

---

[171] Szychta, p.57.

[172] Michel Gervais, Yves Levant and Charles Ducrocq, "Time-Driven Activity-Based Costing (TDABC): An Initial Appraisal through a Longitudinal Case Study ",**JAMAR**, Vol: 8, No: 2, 2010, p.1.

sonuçların elde edilmesini sağlarken, daha maliyetlidir. ZEFTMS'de ise zaman, departmanlar, süreçler ve kaynak maliyetlerinin ürünlere direkt yüklenmesi aşamasında kullanılır. Böylece faaliyetlerin tükettiği kaynak maliyetlerinin faaliyetlere yüklenmesi aşaması atlanmış olur. Dolayısıyla faaliyet maliyetleri özellikle bir başka aşamada hesaplanmaz, hesaplamaların bir sonucu olarak ortaya çıkmış olur. Bu işleyiş, modern işletmelerde uygulamada belirlenmesi ve kaydedilmesi gittikçe yaygınlaşan "standart zaman oranlarının" faaliyetlere uygulanmasıyla sağlanır.[173]

ZEFTMS'ye yöneltilen eleştirileri özetlemek gerekirse;[174]

- ZEFTMS'de vurgulanan atıl kapasitenin maliyeti konusu, yeni bir keşif değildir, 20. Yüzyılın başlarından itibaren tartışıla gelmiştir. Kaplan ve Anderson tarafından fiili kapasite olarak %80 oranının benimsenmesi, ilk olarak 1920'lerde General Motors yöneticilerinin, uzun dönemde maksimum kapasite kullanımı için uygun gördükleri orandır.

- Atıl kapasite maliyeti, bugün Uluslararası Finansal Raporlama Standartları'na(UFRS) ve birçok ülkenin ulusal finansal muhasebe kanunlarına göre de ürün maliyetlerinden ayrı değerlendirilmelidir.

- Faaliyetler ya da işlemlerin homojen oldukları kabullenmesi doğru değildir, zira kaynakları aynı oranda tüketmezler.

- Zaman etkenli modelde özellikle hizmet faaliyetlerinde zaman hesaplaması konusunda sorunlar mevcuttur. Çünkü hizmet faaliyet döngü zamanları düzensizdir ve dengeli de değildir. Belirlenen faaliyet döngü zamanlarının bu koşullar altında kabul edilmesi yanlış maliyet sonucunu doğuracaktır. Allain ve Gervais tarafından yapılan araştırmalar(2008), müşterilerin ürünlere etkisinin az olduğu işletmelerdeki hizmet faaliyetlerinde standart zaman ölçütünün kullanılmasının güvenilir sonuçlar verebileceği yönünde sonuç vermiştir.

Eleştiriler daha da ileri giderek, ZEFTMS kullanımının faaliyet maliyetlerinin yanlış hesaplanmasına sebep olacağı, kapasite ölçütü olarak emek zamanlarının kullanılmasının yetersiz olacağı, bu konuda Kaplan'ın FTMS öncesi geleneksel maliyet sistemine getirdiği eleştirilerle yeni yaklaşımında kendisiyle çeliştiği savunulmaktadır. Ancak Kaplan ve Anderson'un teorisinde

---

[173]Szychta, p.57.
[174]Gervais, p.3-4.

kapasite ölçütü olarak herhangi bir departman ya da süreçte yürütülen faaliyet için en uygun olan ölçütün kullanılması gerektiği, bu ölçütün özellikle büyük hizmet işletmeleri ve imalat işletmelerinin hizmet ve destek birimleri için "emek zamanı" olduğu vurgulanmaktadır.

Kaplan ve Anderson faaliyet döngü zamanlarını direkt tahmin yoluyla dakika olarak hesaplamayı tercih ederler. Cardinaels ve Labro tarafından 2008 yılında yapılan deneysel bir analizde zamanın dakika olarak değerlendirilmesinin yanlış tahminler doğuracağı, tüketilen zamanların oransal hesaplamalarla yapılmasının tercih edilmesi gerektiği ortaya konulmuştur.[175]Sistemde kullanılması gereken zaman ölçütünün dakika ya da oran olarak belirlenmesi gerektiği konuları işletmelerin tercihlerine bırakılabilecek düzeydedir. Üstelik sistem kullanıcılarının özel durumlarına göre sistem tasarımı yapmaları sistem teorisyenleri tarafından da savunulmaktadır.

ZEFTMS'yi başarılı bir şekilde uygulamanın ve sistemden elde edilecek verilerin etkin bir şekilde kullanılmasını sağlamak ZEFTMS'yi işletmede operasyonel veri (dönemsel faaliyet çeşitleri ve hacimleri veya faaliyet birim zamanları hakkında olan) üreten ERP ve CRM ya da işletmenin veri ambarı gibi diğer sistemleriyle entegre etmek gerekir. Böylesi bir yaklaşım ZEFTMS'nin etkinliğini arttırırken, maliyetini de düşürecektir.

Melez bir model olan ZEFTMS'nin tek tip bir uygulamasının olduğundan söz etmek mümkün değildir. Sistemin uygulanabilirliği, modelin, uygulamada işletmenin özel şartlarına göre şekillenebilmesine bağlıdır. Bu noktada, zaman etkenini temel alan ZEFTMS'nin esnekliğiyle geleneksel FTMS'lerine göre üstün olduğundan bahsedilebilir. Ayrıca, ZEFTMS'nin,FTMS'den ayrı değerlendirilmemesi de gerekir, zira FTMS uygulamalarında zamanı etken alan örneklerin ZEFTMS'nin teorik alt yapısını oluşturmuş olduğunu bilmekteyiz.

---

[175]Gervais, p.5.

4. HAVACILIK SEKTÖRÜ

Havacılık sektörü, bir network(örgü) sanayi, diğer bir deyişle havaalanlarını (düğümleri) birbirine bağlayan bağlantılar(yollar) sistemi olaraktanımlanabilir. Bir network sanayisi olan havacılık sektöründe yolcular farklı noktalara taşınırken, maliyet ve üretim ya da hâsılat ve tüketim aşamasında ortaya çıkabilen birçok dışsallığın etkisi altında ürünlerinin(hatlar) maliyet ve kârları da farklılık gösterir.[176]Fakat sektörde yaşanan yüksek rekabet ve petrol fiyatlarındaki artış sektörün maliyet ve kâr yapısında belirleyicidir.

Bu bölümde global havayolu endüstrisinin tarihçesi, gelişimi ve mevcut durumu üzerinde durulacak, dünya genelinde eş zamanlı gelişen deregülasyon ve liberalizasyonun düzenlemelerinin sektöre etkileri ve sektörün2000 yılından itibaren başlayarak yüzleştiği ve büyük havayollarının dahi yeniden yapılanmasının sebebi olan finansal krizlerin etkilerine değinilecek. Son yıllarda sektörü tehdit eden benzeri görülmemiş yakıt fiyat dalgalanmaları, global finansal sorunlar ve yavaşlayan ekonomik büyüme sebebiyle daralan talebin ve alt yapı sorunlarının karşısında engel teşkil ettiği büyücek havacılık sektöründeki maliyet çalışmaları ve bu çalışmaların önemi vurgulanacak.

4.1. Havacılık Tarihi

Avrupa'da yaşanan bilimsel devrimlerin ve Sanayi Devrimi'nin ardından uçmak hayalini gerçekleştirmek üzere Roger Bacon ve Leonardoda Vinci gibiAvrupalı düşünürler bir takım mühendislik projeleri geliştirmişseler de, bilgi birikimleri ve dönemlerinin teknolojik seviyesinin yetersizliği sebebiyle başarılı olamamışlardır. Yaşanan süreçte Orville ve Wilbur Wright kardeşlerin uzun süren çalışmalarının ardından, ancak Aralık 1903'te uçmaya başlamalarıyla dünya havacılık tarihi de başlamış oldu.

Global havayolu endüstrisinin gelişimini hızlandıran iki büyük teknolojik yenilik sırasıyla; 1950'lerde geliştirilen "ticari jet uçakları" ve akabinde 1970'lerde geliştirilen geniş gövdeli "jumbo-jet uçaklar" olmuştur. Fakat sektörün gelişimde en önemli rolü, İkinci Dünya Savaşı'nınsona ermesinden bu yana, hava taşımacılığıhareketlerininikili ve çok taraflıuluslararası anlaşmalarve

---

[176]Lasse Fridstrom, Frode Hjelde, Helle Lange, Erik Murray, Antti Norkela, Torben Thoro Pedersen, Niels Rytter, Catherine Sandvig Talen, Marianne Skoven and Line Solhaug, "Towards a More Vigorous Competition Policyin Relation to The Aviation Market", **Journal of Air Transport Management**, Vol:10, 2004, p.71.

sıkıiçyönetmeliklekısıtlıolan yapısının, 1970'lerin sonlarındabüyükpiyasalarda başlayan serbestleştirilmesi(liberalizasyon) oynadı.[177] Bugün havacılığın 109. Yalındayız.

4.1.1. Dünya Havacılık Tarihi

Uçaklardan önce balonlauçma denemeleri yapıldığını biliyoruz. Fransız Etienne ve Joseph Montgolfier kardeşler, "sıcak havanın soğuk havadan hafif olduğu temel prensibiyle" balonun mucidi olanoldu. Montgolfier kardeşler, 5 Haziran1783'te ilk sıcak hava balonunu uçurmayı başardılar. Bu araç, insanın uçurduğu ilk araçtı ve 2,5 km yol almıştı. Fakat balonların güvenli bir uçuş sağlamaması sebebiyle yeni uçuş yöntemleri aranmaya başlandı.Havadandaha ağır taşıtların uçması konusunda öncülüğü İngiliz havacı George Cayley yaptı.Cayley tasarlayıp geliştirdiği planörleriyle havacılığa büyük katkıda bulundu.1792 yılındaölenedek birçokplanör tasarımı yapmıştı. Havadanağır uçuş düşüncesi yalnızca Cayley'inaklını kurcalamıyordu. 19. yüzyılın sonuna gelindiğinde planörlertasarlanıyor, uçuş denemeleri yapılıyordu.[178]

Wright kardeşlerin ilk uçuşlarından sonra geliştirdikleri uçakları, 1905yılınagelindiğinde 38 dakika boyunca uçabiliyorlardı. Wright kardeşlerin tasarımlarıyla ilgilenen ABD Savaş Bakanlığı'nın 1909 yılında aldığı bir kararlauçaklar ilk kez orduda kullanılmaya başlandı.ABD, böyleceordusunda uçak bulunduran ilk ülke oldu. 1900 ile 1910yılları arasında çeşitli ülkelerden birçokkişi uçmayı başardı.

1911yılındaOsmanlıdevletinesavaş açan İtalya,savaştauçakkullananilk devlet oldu. TrablusgarpSavaşıOsmanlıİmparatorluğu'nunenzayıfzamanındavebüyükimkânsızlıklariçindegirdiği birsavaştır.İtalya, acilkuvvetlerlebirlikteuçuşbölüğünedokuzuçakikihavagemisigöndermiştir.Buİtalyanbölüğükeşif uçuşuyapmışveTürkmevzilerinebombalısaldırılardabulunmuştur.[179] 1911 Eylül ayında İtalyanlar Libya üzerinde Türker'e keşif uçağı gönderdi. 1 Kasım 1911'de bir İtalyan pilot olan Lieutenant Govotti bir uçakla Türk mevzilerine el bombası atarak uçakla bombalama görevi alan ilk pilot oldu.

---

[177]Andreas Papatheodorou, "Civil Aviation Regimes and Leisure Tourism in Europe", **Journal of Air Transport Management**, Vol: 8, 2002, p.381-382.

[178]Gökhan Tok, "Yeni Ufuklara Havacılık", **Bilim ve Teknik**, Tübitak, Kasım 2003 Ekim, s.2.

[179]Abdurrahim Fahimi Aydın, "Tayyareden Uçağa: Milli Hava Sanayinin Kuruluşunda Turk Halkının Yaptığı Bağışlar", **Karadeniz Araştırmaları**, Sayı: 31, Güz 2011, s.53.

Bu savaşta uçaklarla propaganda amaçlı el broşürlerinin dağıtılması gibi başka ilklerde yaşanmış oldu.[180]

Uçakla yük taşınması ilk kez 1911 yılında Hindistan'da, 5 millik bir mesafede 6.500 adet postanın taşınmasıyla oldu. Aynı yıl gerçekleşen diğer iki posta uçuşu, Danimarka'da ve İngiltere'de gerçekleşti. Birinci Dünya Savaşı'nın ardından posta taşıyan havayollarının desteklenmesiyle sektör gelişime devam etti. 1920'lerin havayollarının kullandığı uçaklar Birinci Dünya Savaşı'ndan kalan iptidai modellerdi. 1919 yılında Avrupalı Havayolları, uluslararası rezervasyonların yapılabilmesi ve uçak biletlerinin standardizasyonu için Uluslararası Hava Taşımacılığı Birliği(International Air Traffic Association-IATA) kuruldu. 1929 yılında 23 havayolu işletmesi IATA üyesi olmuştu. 1930 yılı itibariyle Ford Tri-Motor gibi sivil uçaklar üretilmeye başlandı. Üç motorlu uçaklar 1930'lu yıllarının standart modelleriydi. 1930'ların başlarında Pan Amerikan Havayolları menzilini, Latin Amerika'ya, Batı Avrupalı Havayolları ise, Afrika, Orta Doğu ve Asya'ya kadar genişletti.[181] 1930'larda İkinci Dünya Savaşı için hazırlık yapmayan Amerika'da kaynakların sivil havacılığın gelişimine aktarılmasıyla, ABD'nin bu güne değin bu sektörde elinde tuttuğu liderlik konumunun temelleri atılmış oldu.

İlk sivil Alman Havayolu şirketi 1909'da kuruldu ve ilk düzenli tarifeli yolcu taşımacılığı 1912'de Graf vonZeppelin'in "Delag" adındaki hava gemisiyle başladı. Bualandaki asıl etkinlikler BirinciDünya Savaşı'ndan sonra başlatıldı. 1919'da zeplinlerin savaş yıllarında aksayan düzenliseferlerine yenidenbaşlandıysa da, hidrojen gazıyla havalanan "Hindenburg" isimli hava gemisinin 1937 Mayısı'nda Newyork'da havada patlamasıyla gerçekleşen feci kaza sonucu, bu tarihten sonra havadan hafif hava araçları zamanla varlığını kaybetti ve uçakların hava taşımacılığındakirolü zeplinlerin önüne geçti.[182]İki dünya savaşı arasındaekonomik ve siyasi üstünlük yarışınagiren Avrupa devletleri bu çekişmelerini ticari havacılıkalanında da gösterdiler. Çok değil, neredeyseon yıl içinde Avrupa, düzenli bir hava ağıylaörüldü. Bugün bile seferlerini sürdüren birçokhavacılık kuruluşu, seferlerine ilk o zamanlarbaşladılar.

Hava taşımacılığının ilk yıllarında Birinci Dünya Savaşı'ndan kalma bombardımanuçaklarından yararlanılıyordu. Ama sonraları doğrudanyolcu ve kargo taşımak için

---

[180]Wolter J. Boyne, **Air Warfare: an International Encyclopedia**, ABC-Clio Inc., USA, 2002, p.329.

[181]Donald F.Wood, Anthony P.Barone, Paul R. Murphy and Daniel L. Wardlow, **International Logistics**, Second Edition, Newyork, Amacom Books, 2002, p.170-171.

[182]Jean-Denis G. G.Lepage, **Aircraft of The Luftwaffe 1935+1945**, Mcfarland Company, Inc. Publishers, Germany, 2009, p.10.

tasarlanan uçaklarüretilmeye başlandı. Kısa hatlar için yolcuların rahatlığı,uzun hatlar için hız öğeleriön plana çıkarıldı. Bu dönemde sefere sokulan uçaklar genellikleüç motorlu monoplanlardı(tek kanatlı). Almanların "Junkers G 24", Fransızların "Wibaut210"İtalyanların "SavoiaMarchetti SM 73" tipiyolcu uçakları bu türdendi. İngiltere'deyse dahaçok dört motorlu uçaklar tercih ediliyordu. Buuçakların hızı saatte 160 km'ye ulaşabiliyordu.Günümüzdeki yolcu uçaklarının atalarıysa, 1933-1934 yıllarında ortaya çıkacaktı. Budönemdeeski uçakların yerini yenileri aldı. Artık aerodinamikprofili, gövdesi tümüylemetalden yapılmış hızlı ve rahat "Boeing 247 D" ler, "DouglasDC-2"ler ve "DC-3"ler, "Lockheed 10"lar hizmetegirmişti. ABD'nin ve Avrupa'nın önde gelen havacılık şirketleriuzun yıllar filolarını bu uçaklardanoluşturdular. 1950'lerde geliştirilen jet uçakları seferesokulana değin bu uçaklar standart yolcuuçağı olarak kaldı.[183]

1944ChicagoKonferansı, çok taraflı, açıkgökyüzüçerçevesinin geliştirilmesiiçinbir fırsatsundu, ancak uygulamadaAvrupa ülkelerinde Amerikan ekonomik egemenliği ve üstünlüğünün etkisi altına girme korkusu yaygındı ve ülkelerarasındaki kısıtlayıcıikili anlaşmaların etkisi devam etti. Yapılan ikili anlaşmalarla sadecebayrak taşıyıcılarınınnormaldeAvrupa içipazarlarda faaliyetine izin veriliyordu. Hava-taksiler gibi işleyen, charter operasyonlarınınekonomidesadece marjinal birrol oynayacağınainanılıyordu ve bugerekçelerle,1944ChicagoKonferansıbeşinci maddesindetek tekdevletlere kenditakdirine bağlı olaraktarifesizhizmetleridüzenlemekiçin yetki verildi.Ancakeğlence amaçlıturizm vehava taşımacılığı içintaleppatlamasıoldu.[184] Avrupalı tur operatörleri herşey dâhil tur paketleri satmaya başladılar ve düşük koltuk maliyetleriyle charter havayollarıyla çalıştılar. Avrupalı yerleşik havayolları 1950'lerin başlarında bu gelişmeye tepki olarak satışlarında düşük sınıflı turist kontenjanı ayırmaya başladı. Fakat beklenen talep transferi etkisinin ötesinde, charter havayolları kendi taleplerini yarattı. Avrupa'dakibu düzenleyici yapının ideal olmadığı 1970'lerin başında turizm sektöründe yaşanan sorunlarla anlaşılmaya başlandı.

Tarifesizhavayollarınanebireysel satış- dağıtım kanallarıaracılığıylabiletsatmak içinne de herhangi biryüktaşımak içinizin veriliyordu. Bu haklar tanımlanmış detaylı düzenlemelerle ancak tarifeli havayollarına veriliyordu.[185]Sektörün düzenleyici yapısının, Avrupa'daki bayrak taşıyıcısı

---

[183]Tok, s.4.
[184]Papatheodorou, p.382.
[185]Johannes Reichmuth, "Analyses of The European Air Transport MarketAirline Business Models", **Air Transport and Airport Research**, Vol: 1,December 2008, p.5.

havayollarının atıl kapasiteyle çalışmalarını mazur gösterdiği ve planlı destek çalışmaları için lobi faaliyetleri gibi algılanmasının ardından Avrupa'da havayolu düzenlemelerine(regülâsyon) alternatif liberal yaklaşımlar benimsenmeye başladı.

1978 yılında Amerikan havayolu endüstrisinde başlayanderegülasyon çalışmaları,Avrupa'da birçokdiğer gelişmişekonomiler tarafından(1992-1997), Kanada (1984 başında), Avustralya (1990)ve Yeni Zelanda(1986) izlendi. Deregülasyon çalışmasındaki argüman, sektörünekonomik düzenlemealtındarekabet etmek için yeterinceolgun veaçık piyasakoşullarındahayatta kalmayeteneğine sahipolduğuydu.[186]Nitekim sektör büyümek için duyduğu serbestliği kazanarak büyük bir ivmeyle gelişmesine devam etmiş oldu.

Amerika'da başlayarak yayılan deregülasyon çalışmalarıyla, maliyet etkinlik, operasyonel olarak kârlı ve rekabetçi davranış biçimleri havayolu işletmeciliği için önemli konular halini aldı. Bugün havayolu deregülasyonu ya da en azından havayolu işletmeciliğinin serbestleştirilmesi(liberalizasyonu), dünya çapında iç ve uluslararası havayolları arasında yüksek rekabet ortamı yarattı.[187]

Geçtiğimiz 40 yıl içinde havataşımacılığınınbüyüme hızı etkileyicidir: Küresel beşeri hareketlilik 1960 ve 1990 arasındadört kat artarken, genelhareketlilik içindehavataşımacılığınınpayı % 2,6' dan % 9,4'e yükseldi.[188] AB içtrafik1990'ların sonlarındaliberalleştirilmiştirve geçerli sertifikası(Air Operators Certificate) ileherhangi bir havayolupiyasa tarafından belirlenenfiyatlarlaAB içindeçalışabilir. Avrupa'da havacılık pazarıserbestleştirilmesinin,turizmendüstrisi içinönemlisonuçları olmuştur:[189]

- Tarifelihavayolları,ücretleri, frekansları veya kapasiteleriüzerindenkısıtlama olmaksızınbirbirleriyle yarışmaktaözgür oldular.
- İkinci olarak, charter ve tarifeli havayolları da serbestleşme çalışmalarıyla birbirlerinin pazarlarına rahatlıkla girmeye başladılar. Serbestleşme çalışmaları sonrasında ortaya çıkan üçüncü ve en büyük gelişme ise, gün geçtikçe pazar payını arttırarak gelişmeye

[186]David Gillen and William G. Morrison, "Regulation, Competition and Network Evolution in Aviation", **Journal of Air Transport Manegement**, Vol:11,2005, p.162.
[187]Peter Belobaba, Amedeo Odoni and Cynthia Barnhart, **The Global Airline Industry**, John Wiley& Sons Ltd., United Kingdom, 2009, p.1-2.
[188]Youdi Schipper, "Environmental Costs in European Aviation", **Transport Policy**, Vol: 11, 2004, p.141.
[189]David Gillen and Ashish Lall, "Competitive Advantages of Low-Cost Carriers: Some Implications for Airports", **Journal of Air Transport Management**, Vol: 10, 2004, p.41.

devam eden EasyJet ve Ryanair gibi düşük maliyetli tarifeli havayolları ve bu havayollarının sektöre olan katkısıdır.

4.1.2. Türk Havacılık Tarihi

İlk uçuşların gerçekleştirildiği 1900'lü yıllardatüm ülkelerde olduğu gibi uçaklar Osmanlı Ordusu'nada girmeye başlamıştı. Trablusgarp Savaşları, havakuvvetlerinde uçaklarınkullanıldığı ilk savaşlardır. 29 Eylül 1911'de başlayan bu savaşta Osmanlıların elinde havagücü yoktu. Ne var ki İtalyanlarbu savaşta 28 uçak ve 4 balon kullandılar. Bu uçaklar,bombardıman ve propaganda broşürü atılması amacıyla kullanılmıştı. Böylece savaşlardauçağınönemi ortaya çıktı. Balkan Savaşları başladığındaysa, Osmanlıların elinde 10 tanefarklı modellerdeuçak vardı.Pilotlarımızın hiçbiri arazi ve uzun mesafeuçuşu yapmaya vakitbulamamıştı. Yalnız Nuriadlı bir pilot, iki kez İstanbul üzerinde 1500 metredenuçmuş ve birkez de Hadımköy'e kadar gitmişti. İstanbul üzerinde ilk dolaşan Türk pilotu Nuri'dir.Pilot durumundaki eksiklik yüzünden Fransa'dan3 pilot, 3 makinist getirilmiş ve ayrıca 4 Almanpilotu ve 2 makinist görevlendirilmişti. Balkan Şavaşları'nın ardından ordudaki eksiklerigidermekgerekiyordu. Donanma Cemiyeti bu dönemdegemi ve uçak alınması için büyük birbağış kampanyası başlattı. Bu kampanyaya katılanlardan biri olanBelkıs Şevket Hanım, uçanilk Türk kadını oldu. Budönemde İstanbul Yeşilköy'de kurulan askeri tesislerdeuçak vehavacılık malzemeleri muhafaza ediliyordu.Birinci Dünya Savaşı'nın ardından bu tesislerantlaşmalar gereği İngilizlere bırakıldı.[190]

Cumhuriyet'in havacılık konusundaki ilksivil toplum kuruluşu olan Türk TayyareCemiyetidevletin yanı sıra halkın da desteğialınarak 16 Şubat 1925'te kuruldu.Atatürk, ülkenin sosyalve kültürelyapısındaki değişikliklerin ancak halkınkatılımıyla mümkün olduğuna inandığından, kurumsallaşmada halkın desteğine çok önem veriyordu. Türk TayyareCemiyeti'ne de halkın katılımını sağlamakiçin her türlü çabayı gösterdi. Dini bayramlarda yoksul kimselereverilmesi adet olan fitrelerle İslami biruygulama olarakyılda bir kez yine yoksullaraverilen zekâtın yüzde ellisi, aynı zamanda da Kurbanbayramlarında kesilen kurbanlarınderilerinin Türk Tayyare Cemiyeti'ne verilmesi,ilk yıllarda başlatılan bir uygulamaydı.[191]

---

[190]Tok, s.5.

[191]Ülkü Özen, **45 Yıllık Öykü Çelebi Hava Servisi**, Türkiye Ekonomik ve Toplumsal Tarih Vakfı, İstanbul, 2004, s.88.

HavaKuvvetlerimizi güçlendirmekamacıylabaşlatılankampanyalar çerçevesinde toplananyardımlarlasatınalınanuçaklarTürkHavaKuvvetleri'nehediye edilmiştir.Havagücünükuvvetlendirmekampanyasıkapsamındaağırlıklıolarak1925-1935yıllarıarasındatoplam250uçaksatınalınmıştır.Yurdundörtbirköşesindenyapılangönüllü katılımlarlaalınanuçaklaraiçindebulunulanyılın30Ağustostarihinde "İsim KoymaTöreni"düzenlenmiş ve bu uçaklara, bağışta bulunan il ve ilçelerin isimleri verilmiştir. Sonraki adım ise, ilk uçak fabrikalarını hizmete sokmak olmuştur.[192]

Birinci Dünya Savaşı sonrasında, galip devletlerle Almaya arasında 28.06.1919'da imzalanan ve 10.01.1920'de yürürlüğe giren Versay Anlaşması, Alman silahlı kuvvetlerini birçok açıdan sınırlandırmaktaydı. Uçak imalatı, dolayısıyla Hava Kuvvetleri'nin(Luftwaffe) yeniden teşkil edilmesi yasağı da anlaşmaya dâhildi. Sadece sivil uçak tasarımı izni verilmişti. Bir şekilde anlaşmanın ağır şartlarının çevresinden dolaşmak isteyen Almanya, "Junkers" adlı uçak üreticisi firmasıyla yurtdışında yatırım imkânlarını zorlamaya başlamıştı. İlk olarak Sovyet Rusya ile anlaşarak, Moskova yakınlarında bir fabrika kurdular. Ardından gözünü eski müttefikinin mirasçısı Türkiye Cumhuriyeti'ne çeviren Almanların çabası sonuçsuz kalmadı. Öncelikle yukarıda belirtildiği üzere, Junkers firmasına Türkiye'de sivil havacılık yapma izni verildi. Akabinde, Türkiye'de uçak üretmenin yolları aranmaya başlandı ve Ağustos 1925'te, Alman hükümetinin de desteğiyle, Türkiye ile Junkers arasında bu yönde bir anlaşma imzalandı. Anlaşmaya göre Junkers, Kayseri'de bir motor üretim tesisi kuracak, Türkiye'nin ihtiyacı olan savaş uçakları da TOMTAŞ'tan alınacaktı. 40 yıllık bir süre için yapılan anlaşmada, tesisin kapasitesi yıllık 250 uçak olarak öngörülmüştü. Ve sonuçta Kayseri'de, "Tayyare ve Motor Türk Anonim Şirketi" (TOMTAŞ) kuruldu. Öncelikle askeri uçak üretmenin amaçlandığı fabrikada yolcu uçakları da gündemdeydi. TOMTAŞ; 06.10.1926'da fabrikayı Kayseri'de açarken, Eskişehir'de de fabrikanın bir şubesini açmıştır. Almanya'dan gelen beş mühendis ile 120 Alman ve 240 Türk işçisi tesiste görev yapıyordu.[193]

Türk TayyareCemiyeti, 23 Nisan 1926'da Türk havacılığının gereksinimi olan teknik personelin eğitilmesi amacıyla "Tayyare Makinist Mektebi"ni hizmete açtı. Aynı yıl Alman Junkers Tayyare Fabrikası işbirliği ile "Kayseri Uçak Fabrikası"nı kurdu. Alman Junkers lisansıyla A-19 ve A-20 uçaklarını üretti ve bu uçakların bakım ve onarımlarını yaptı. Fabrika, 1929 yılında Milli

---

[192]Aydın, s.52.
[193]http://www.havayolu101.com/2006/11/02/tomtas-kayseri-ucak-fabrikasi/ (10.04.2012)

Savunma Bakanlığı'na devredildi. 1935'de alınan kongre kararıyla Cemiyet'in ismi "Türk Hava Kurumu" (THK) olarak değiştirildi.[194]Türk havacılık tarihinin en büyük insanlarındanbiri olan gazi Vecihi Hürkuş, TOMTAŞ emrinde biri, 14 kişilik 3motorlu Ju-23, diğeri, altı kişilik tek motorluJu F-13 yolcu uçaklarıyla Ankara - Kayseri arasında ulaşım uçuşlarıyapmıştır (1927). Hürkuş'un bu uçuşlarının,yurdumuzda ilk havayolları uçuşlarıolduğu düşünülebilir.[195]

1933 yılında Rusya, Türk Hava Kurumu'naSch-5, G-9, US-4 ve US-11 tiplerinde 5 adetplanör hediye etmişti. Bunun üzerine Kurum,personel yetiştirmek yanında üretime geçme gereğini duyarak 1936 yılındaAkköprü'de bir planör fabrikası kurdu.Buradaçalışanlar Rusya ve Almanya'da eğitimgördüler ve eldeki planörlerden edinilen bilgiile 1939 yılına kadar 122 adet planör ürettiler.1939 yılında üretim düşünce ulusal bir uçakfabrikası kurulmasına öncelik verildi. Busırada Alman işgalinden kaçan 24 Polonyalı Türkiye'ye getirildi. Polonyalılarla Türkteknisyenler ve mühendisler arasında yapılanişbirliğiyle Akköprü'deki üretim alanı modernbir fabrikaya dönüştürüldü. Fabrika, 1941yılında Magister eğitim uçaklarının parçalarını üretmeye başladı. Bu arada Etimesgut'takiyenifabrikanın inşaatı başladı. Kısa sürede faaliyetegeçen fabrikada, 1942 yılında 5.840metrekare alanda üretime başlandı. 1945yılında inşaat bittiğinde fabrika 18.790metrekare biralanda 1.200 elemanlaçalışıyordu. 1941 yılında lisans altında 20 adetMiles Magister uçağının üretiminin başlamasıyla, toplam 16 değişik tipte özgün uçaktasarımı ve bunların birkısmının da üretimigerçekleştirildi.[196]

Havacılık alanında bir başka girişimci deNuri Demirağ'dı. Dönemin iş adamlarındanolanNuri Demirağ, 10 Şubat 1937'deBeşiktaş'ta ilk özel uçak fabrikasınıkurdu.Uçaklarıntasarımıiyi bir mühendis olanSelahattin Alan tarafından yapılıyordu.Fabrikada üretilen ilkuçağa adına NuD-36adı verildi ve Türk Hava Kurumu'ndan 65uçak siparişi alındı. Ancak1943 yılında,Türk Hava Kurumu siparişlerini iptal etti.Bu karara, Selahattin Alan'ınuçaklardanbirini Eskişehir'e götürmek isterkenmeydana gelen bir kazada ölmesi nedenolarak gösterildiyse de, kazanın sadece birpilotaj hatası olduğu da yaygın bir biçimdekabulgördü. Türk Hava Kurumu'nunsiparişlerini iptal etmesi sonucunda Nuri

---

[194]Melih Cemal Kuşan, "Sivil Havacılığımızın Dünü Bugünü ve Geleceği", **I.Ulusal Uçak, Havacılık ve Uzay Mühendisliği Kurultayı**, Eskişehir, 2001, s.41.

[195]Arzu Kayır, "Tayyareci Vecihi Hürkuş", **Maas(metu aerospace society)** Dergi: Odtü Havacılık Bilimleri Topluluğu Dergisi, Cilt: 01, Sayı: 1, 2006, s.9.

[196]Özen, s.93.

Demirağ,fabrikasını kapatmak zorundakaldı. Nuri Demirağ'ın bir başka girişimi ise, Gök Okulu adını verdiği bir uçuş okulukurmasıydı.[197]

Türk Hava Kurumu(THK)1942'de Ankara Etimesgut'ta bir uçak fabrikası kurdu. 1956'ya kadaruçak üretimini sürdürenfabrikada bu tarihten sonra üretim olmadı.1962'de de uçakla ilgili tüm çalışmalar durduruldu.1973'te Türk Uçak Sanayi Anonim Şirketi(TUSAŞ)kuruldu ve1976'da faaliyete geçti. 1975'teAnkara'da aviyonik alanında faaliyet göstermeküzere AskeriElektronik Sanayi(ASELSAN) kuruldu.1984'de Ankara'da Türk Havacılık ve Uzay Sanayi(TAI) ve Eskişehir'de uçaklara jet motoru üretmek için Türk Motor Sanayi(TEI) kuruldu. Bu şirketler günümüzde de, başta F-16 jet uçakları olmaküzere, çeşitli araçlar üretmeyi ve AR-GE faaliyetlerindebulunmayı sürdürüyor.

Türk Hava Yolları(THY), Mayıs 1933'te, Ankara'da "Havayolları Devlet İşletme İdaresi" olarak kurulduğunda filosunda, toplamkoltuk kapasitesi 28 olan ve sadece Ankara-Eskişehir arasında çalışan beşküçük uçak vardı. Kuruluşunun dördüncü yılında uçuş noktalarının sayısını dörde çıkaran, daha sonra filosunu Heron,DC-3 ve C-47 tipi uçaklarla genişleten THY, 1945'e gelindiğindeOrtadoğu'nun en büyük havayolukurumuydu. İki yıl sonra düzenlenen ilk İstanbul-Atina Seferi aynı zamanda, THY'nin ilk dış hat uçuşu oldu. Atina'nın ardından Lefkoşe, Beyrut veKahire de THY'nin dış hatlardaki uçuş noktaları arasına katıldı. THY, ilk yurtdışı seferiniizleyen 40 yıl içinde dış hatlardaki uçuş noktalarının sayısını 78'e çıkardı. Bu hızlıgenişleme, 1960'lı yıllarda yaşanan "jetleşme çağının" zamanında yakalanmasıyla oldu. Havacılıkteknolojisindeki gelişmeleri yakından izleyen THY, 1960'lı ve 1970'li yıllarda filosunu DC-9,DC-10, F-28 veBoeing 727 yolcu jetleri ile yeniledi. Hızlı ve uzun süreli uçuşlara müsaitjetlerin filoya katılması ile birlikteuçuş noktalarının sayısı da arttırıldı.[198]

Dünya'da sivil havacılığın hızla büyümesi karşısında, ulusal çıkarlarımızın korunması,uluslararası ilişkilerimizin düzenli bir şekilde yürütülmesi, ülkemizdeki sivil havacılıkfaaliyetlerinin sağlıklı gelişimi ve denetlenmesi için 1954 yılında kurulan Sivil HavacılıkDairesiBaşkanlığı, 1987 yılında yeniden teşkilatlandırılarak Sivil Havacılık Genel Müdürlüğü adını almışve görevleri 3348 sayılı Ulaştırma Bakanlığının Teşkilat ve Görevleri HakkındaKanun'dabelirlenmiştir. 18 Kasım 2005 tarihine kadar Ulaştırma Bakanlığı'nın Ana HizmetBirimi olanSivil Havacılık Genel Müdürlüğü, bu tarihte yürürlüğe giren 5431 sayılı

[197]Özen, s.98.
[198]Kuşan, s.43-44.

SivilHavacılık GenelMüdürlüğü Teşkilat ve Görevleri Hakkında Kanun ile şu anki özel bütçeliyönetim yapısınakavuşturulmuş ve görevleri ayrıntılı olarak yeniden düzenlenmiştir.

1983 yılında 2920 sayılı Sivil Havacılık Kanunu'nda yapılan değişiklik ile özel kuruluşlara da havayolu,havaalanı ve yer hizmetleri işletmeciliği yapabilme hakkının verilmesi sonucundaTürk Hava Taşımacılığıhızlı bir gelişim sürecine girmiştir. Bununlabirlikte, 2920 sayılı Sivil Havacılık Kanununun çıkarılmasından bu yana 26 yıldanfazla bir süregeçmiş ve sektörde tüm dünya ölçeğinde önemli gelişmeler ve değişimler yaşanmıştır. Ayrıca dünyadaki gelişmelere paralel olarak ülkemiz hava trafiğinde de çok hızlıbir artışkaydedilmiştir.

Hava ulaşımı, Türkiye'nin ulaşım politikalarında son 10-15 yıllık dönemde önem kazanmıştır. 1980 öncesinde stratejik öneme sahip yerler ile küçük merkezlerde yer alan havaalanlarına yenilerinin eklenmesine karar verilmiş, 1990'lı yıllarda ise "her ile bir havaalanı" sloganı ile hava ulaşımının gelişimi yönünde çabalar arttırılmıştır. Özellikle 2000'li yıllarda İstanbul'un birçok yerleşim merkezi ile havayolu bağlantısı kurulmuştur. Son yıllarda hızlı bir gelişme gösteren hava ulaşımı, deniz ulaşımında olduğu gibi gelişimini, sağlanan bazı kolaylıklara borçludur. Bunun temelinde bu ulaşım araçlarının, yakıtlarından alınan bir kısım vergilerden muaf tutulmaları yatmaktadır. Özellikle yolcu trafiğini arttırmaya yönelik çalışmalar belli boyutlara gelmiş ve hava taşımacılığı özel şirketlerin de yardımıyla çok daha geniş alanlara, daha kolay ulaşılabilir olmuştur. Ancak hava ulaşımının yakaladığı bu gelişme temposunu uzun vadede sürdürmesi kolay görülmemektedir. Özellikle piyasanın doyma noktasına yaklaşması ve maliyetlerin artması gibi nedenler, bu sektörün önünde çözülmesi gereken en önemli sorun olarak durmaktadır.[199]Ülkemizde havacılık sektörünün karşısına çıkan bir diğer büyük engel ise, sektörün tahmin edilemeyen ölçekteki büyük gelişimine hazır olmayan meydan alt yapıları ve hava trafiğidir. Bu sorun özellikle İstanbul Atatürk Havalimanı'nda ve İstanbul hava trafiğinde son zamanlarda kendisini ciddi bir şekilde göstermekte, konu ile ilgili olarak önlemler alınmaya çalışılmaktadır.

---

[199]Sedat Avcı, "Ulaşım Coğrafyası Açısından Türkiye'nin Ulaşım Politikaları ve Coğrafi Sonuçları", **Ulusal Coğrafya Kongresi**, Eylül 2005, s.95.

4.2. Yolcu Taşımacılığı Ve Havacılığın Mevcut Durumu

Havacılık sektörü, 2010 yılında 36,8 tarifeli seferde 2,4 milyar yolcunun taşındığı ve aynı yıldaki 1,6 milyon uçuşa bir kaza oranıyla[200]alternatiflerine göre güvenilirliği yüksek, hızlı ve konforlu hizmet sunarak büyümeye devam etmektedir.

4.2.1. Yolcu Taşımacılığı

Birinci ve İkinci Dünya Savaşı sırasında, havacılığın en parlak dönemlerini yaşadığını ve en yenimodellerin tasarlanıp denendiğini söyleyebiliriz. Bunakarşın,askeri havacılığa paralel olarak özellikle Birinci ve İkinci Dünya Savaşı sonrasında işsiz kalanpilotların başlatıp geliştirdiği bir alan olan sivil havacılık da, ağırlıklı olarak da yolcutaşımacılığı ile gelişim sürecini devam ettirmektedir. Havayolu ulaştırması hız, güvenlik ve konfor gibi özellikleri nedeni ile seyahatedenler tarafından en çok tercih edilen ulaştırma modellerinden birisi konumundadır.

Sivil havacılık, ulaştırma sektörünün bir alt sektörüdür. Dünya ekonomisi içerisinde en hızlı gelişen sektörler arasındadır. Sektördeki değişimlere bakıldığında gelişimi hakkında kolayca fikir elde etmek mümkündür. Örneğin, 1994'te sektörde 15.000 ticari uçak hizmet verirken, sektörde 3,3 milyon çalışan istihdam edilmiş, aynı yıl Amerika'da istihdam edilen sektör çalışanlarının sayısı ise, 1,4 milyon olmuştur. 23 milyon ton kargo taşınmışken, taşınan kargo miktarı, dünya imalat ihracatının 1/3'ünü temsil etmektedir. Yine 1994'te taşınan yolcu sayısı 1,2 milyar iken; bu rakam, 2010 yılında 2,6 milyar olmuştur.[201] Sektör, günümüze kadar senelik olarak ortalama %5 ile %6'lık oranlarda gelişimini devam ettirmiştir. Sektörün her 12 yılda bir katlanarak büyüyeceğini gösteren bu büyüme rakamları, dünya ekonomisinin büyüme oranlarından oldukça yüksektir.[202] Son yirmibeş yıl içersinde dünya yolcu trafiği iki istisna yıl dışında sürekli olarak artış gösterdi. Bunlar sırasıyla, 1. Körfez Savaşı ve sonrasında görülen petrol krizi ve ekonomik daralmanın yaşandığı 1991 ve 11 Eylül terör olaylarının Amerika'da gerçekleştiği 2001 yılları oldu. 11 Eylül terör olayından sonra 2001 ile 2005 yılları arasında Amerikan havayolu şirketlerinin kümülâtif zararı, 40 milyar $ olarak gerçekleşti, sektör, ancak 2006 yılında toparlanarak 3 milyar $ kar ederek artıya geçti.

---

[200]http://www.iata.org/pressroom/pr/pages/2011-02-23-01.aspx (14.03.2012)
[201]http://www.atag.org/facts-and-figures.html (14.03.2012)
[202]Milan Janic, "Aviation and Externalities: The Acccomplishments and Problems", **Pergamon Transportation Research Part D**, 1999, p.160.

Yolcu taşımacılığına bağlı sivil havacılığı başlatanlar, aslında uçakların henüz emekleme çağında oldukları dönemlerde,"havagemileri" de denen zeplinlerdi.Ancak o güne değin yapılmış en güzel hava taşıtı olan Hindenburg isimli zeplinin 1937'de yanarak patlaması ilegeçirdiği feci kaza, zeplinlerin hava taşıtı olarak kullanılmalarının sonunun geldiğini bildirir nitelikteydi. Kazanın sebebi kesin olarak belirlenemedi. Bir görüşe göre gemide biriken statik elektrik hidrojen gazının patlamasının sebebiydi. Ancak sebebi her ne olursa olsun, 36 kişinin korkunç şekilde ölmesiyle sonuçlanan kaza sonrası zeplinlerin kullanımı yavaşlayarak son buldu.[203] Bu tarihten sonra, yolcu taşımacılığında havadan ağır uçakların tercih edilmesi, yolcu uçaklarının gelişimini hızlandıran sebeplerden birisiydi.

İkinci Dünya Savaşı'nda geliştirilen jet teknolojisinin sivil havacılıkta kullanılması ve havacılıkta açtığı yeniçağın başlangıcı 1950'lere tekabül eder. Günümüz uçaklarının geliştirilmesi de temel olarak jet teknolojisinin geliştirilmesine dayanır. Jet teknolojisi ile açılan yeni dönem uçak teknolojisindeki değişimi "gelişim" olarak nitelendirmek yanlış olmayacaktır. Zira arada geçen sürede yaşanan değişimlerin hiç birisi sivil havacılıkta kullanılan uçak teknolojisinde bir "devrim" olarak nitelendirilemez.

Yolcu taşımacılığındaki aktif rolleriyle sivil havacılığın aktörleri olan havayollarının kullandığı iş modellerinde de sürekli bir değişim ve gelişim yaşandığı söylenebilir. Bu bağlamda günümüz havayolu iş modellerini; geleneksel yerleşik, düşük maliyetli, tarifesiz (charter) ya da tatil taşıyıcıları, bölgesel taşıyıcılar, geleneksel yüktaşıyıcılar, bütünleyici yük taşıyıcılar(integrators), hibrit(melez) taşıyıcılarolmak üzere sınıflandırabiliriz:[204]

- **Geleneksel havayolu işletmeleri**,havayolu pazarındakitüm yolcu pazar bölümlerine hizmet vermek amacıyla küresel dağıtımsistemlerini kullanarak, karmaşıkağ yapıları ve işbirliği yaptıkları havayolu işletmeleriyle,birbirinden farklı tip ve büyüklüktekiuçaklarıyla faaliyette bulunurlar.
- **Düşük maliyetli havayolu işletmeleri**, geleneksel havayoluişletmelerinin benimsediği bazı hizmetlerden vazgeçerek maliyetlerini azaltırken bu durumu fırsata çeviren ve buna bağlı daha ucuzfiyatla yine tarifeli uçuşlarla hizmet sunan havayoluişletmeleridir.
- **Tatil taşıyıcıları** ya da tarihi adıyla tarifesiz(charter) havayolu işletmeleri, genellikle sezonluk olarak turistikmerkezlere düzenlenen paketturlardaki uçuş hizmetini

[203]Belobaba, p.3-6.
[204]Reichmuth, p.5-13.

sunarlar.Daha önceleri tamamıyla tarifesiz hizmet vermelerine karşın, günümüzde sezonluk tarifeli hizmet verebildiklerinden isimleri evrime uğramıştır.

- **Bölgesel havayolu işletmeleri** ise, nispeten küçük uçaklarla(20-100 koltuk kapasitesi ile) coğrafi olarak kısıtlı kısa ve orta mesafeli hatlarda toplanma merkezi ve küçük yerleşimyerleri arasındabesleyici nitelikli tarifeli hizmet verirler.
- **Geleneksel kargo taşıyıcıhavayolu işletmeleri**, genellikle yük sevkiyatçısı firmalara kargo kapasitelerini satmak suretiyle çalışırlar. Kargo taşıyıcısı havayolu işletmeleri, her tür kargo taşıyabilirken, bu kargoların adresten alınması ve adrese tesliminden sorumlu olmazlar.
- **Bütünleyici yük taşıyıcılar(integrators)**, geleneksel kargo taşıyıcısı havayolu işletmelerinden farklı olarak genellikle doküman veya ağırlığı 31,5 kg'yi geçmeyen daha küçük kargoların belirli ve özellikle kısıtlı zamanlarda kapıdan alınıp kapıya teslimi hizmetini sunan kargo havayolu işletmeleridir. Bütünleyici yük taşıyıcılarına örnek olarak DHL, FedEx, TNT ve UPS verilebilir.
- **Hibrit(melez) taşıyıcılar**, pazardaki ihtiyaçları sezerek farklı bazı ilave hizmetleri sunan ya da bir araya getiren, diğer tanımlardaki havayolu işletmelerinden farklı iş modelleri geliştiren havayolu işletmeleridir. Düşük ücret tarifesi politikasına karşın; kabin içi ikram, uçuş öncesi yer tercihi, otopark hizmeti ve yolcu tutundurma programıyla ülkemizde hizmet veren Türk Havayollarının bir alt markası olan AnadoluJet'in, bir hibrit havayolu işletmesi olduğu söylenebilir.

4.2.2. Havacılık Sektörünün Mevcut Durumu

Havacılık, genel, ticari ve askeri olmak üzere başlıca üç kategoride incelenir. Askeri havacılık, savunma ve hava içindeki tüm askeri faaliyetleri içerirken, genel havacılık eğitim, itfaiye, gezi, hava taksi ve tıbbi yardım operasyonlar gibi faaliyetleri içerir. Ticari havacılık ise, yolcu, kargo ya da plansız tarifeli hava taşımacılığı faaliyetleridir. Hava taşımacılığı, dünya genelindeki 2.000 havayolu işletmesinde bulunan 23.000 hava aracı ile gerçekleşmektedir. 2025 yılına kadar öngörülen % 4,6'lık yıllık artış oranı ile toplam uçak sayısının 45.000 olması kaçınılmazdır.[205]

[205]Önder Altuntaş ve Hikmet Karakoç, "Türkiye'deki Bazı Hava Alanlarında İç Hat Uçuşları için Uçak Seçiminde Çevresel Etkilerin Göz Önünde Bulundurulmasının İncelenmesi", **Havacılık ve Uzay Teknolojileri Dergisi**, Cilt: 5, Sayı: 1, Ocak 2011, s.12.

Havayolu taşımacılığı, kısa sürede çok hızlı teknolojik ve yapısal değişiklikler gösteren birsektördür. Bir yandan geniş kapasiteli, yakıt tasarrufu sağlayan, düşük gürültü ve emisyonseviyelerine sahip uçakların geliştirilmesinin; hava yolu şirketlerinin faaliyetleri, yönetimi,hizmet kalitesi ve kapsamı üzerinde büyük ölçüde etkisi olurken, diğer yandan serbestleşme,özelleştirme, sektörün daha ticari bir yapıya dönüştürülmesi ve işbirliklerinin oluşmasısektörünyapısını değiştirmiş ve sektörü tüketicilerin hâkim olduğu bir pazara dönüştürmüştür.Buyapısal değişiklikler arasında özelleştirme, birçok gelişmiş ve gelişmekte olan ülkedebüyükölçüde benimsenmekte ve uygulanmaktadır. A.B.D.'de havacılığın etkin ve verimli bir şekilde gelişmesinin temel nedeni, hükümetin 1978 yılındaki serbestleştirme hareketine dayandırılmaktadır. 1978 yılında A.B.D.'de gerçekleşenserbestleşme hareketi Avrupa'yı da etkilemiş ve liberalleşme sürecine girmiştir.[206]

1980'li yıllarda başlayıp 1990'ların sonlarına kadar Asya-Pasifik bölgesinde, kişi başınadüşen gelirin artması ve bölgeler arası ticaretin gelişmesi orta gelir grubundan kişilerin deseyahat etmelerine imkân tanımıştır. Bunun sonucu olarak havayolu taşımacılığına olan talepte büyüme oranı %10'lara ulaşmıştır. Gelecekte Asya-Pasifik bölgesinin dünya taşımacılıksektöründeki gelişmede de lider olacağı öngörülmektedir.

Orta ve uzun dönemde gelişmesini sürdürmesi beklenen havacılık sektörünün çevresel etkilerinden kısaca bahsetmek gerekirse, uluslar arasıhavacılık, diğer iklim değişikliğiverici maddeler de dâhil olmak üzereönemli miktarda birsera gazıyayma potansiyeline sahiptir. Şu anda,uluslararası havacılık, antropojenikküreselkarbondioksit emisyonlarının % 2,5 ile %3'ünden sorumludur. Ancak uluslararası havacılık henüzCO2 emisyonuazaltımı içinherhangi bir düzenleyiciçerçeveyesahip değildir. Bunun sebebi, havacılığın uluslararası karakterinin, ulusal yaklaşımlarınispeten etkisiz ve değişime yönelik yaptırımları da uluslararası düzeydeuzunsiyasi pazarlıklaratabi kılmasındandır.[207] Küresel çevrekirliliğihavacılıkpayıhenüzküçükkabul edilirken, bu payhavayolupazarlardaki istikrarlıyüksek büyüme oranlarınedeniylebüyüyor. Uçakemisyonlarının yanısıra, sektörün havaalanıyakınındabulunançevrelerde yarattığı gürültü kirliliğinin de rahatsız edicietkileri vardır. Ayrıca havalimanı genişlemeleri sebebiyle yüksek ulusal

---

[206] "Vizyon 2023 Teknoloji Öngörüsü Projesi", **Ulaştırma ve Turizm Paneli Raporu**, Ankara, Temmuz 2003, s.8-9.

[207] Janina D. Scheelhaase and Wolfgang G. Grimme, "Emissions Trading for International Aviation: An Estimation of The Economic Impact on Selected European Airlines", **Journal of Air Transport Management**, Vol: 13, 2007, p.253.

maliyetlere katlanıldığı ve çevre yerleşimlerin de bu durumdan olumsuz etkilendiği tartışma konusudur.[208]

Türkiye'nin ulaştırma politikasında zaman içinde bir takım değişiklikler meydana gelmiş ve özellikle 1950'lerden itibaren karayolu ulaşımı, genel ulaştırma politikası içinde ağırlık kazanmıştır.Türkiye'de yolcuların %96'sı ve ticari malların %92'si karayolu ile taşınmaktadır. Karayoluulaştırmasına olan bu bağımlılık ulaştırma sisteminde bir takım sorunlar doğurmaktadır.Trafiksıkışıklığı, çevresel olumsuzluklar, sınır geçişlerinde yaşanan sorunlar, karayoluvergilendirmesi,karayolu trafiğindeki kısıtlamalar, ruhsat yetersizlikleri ve gümrükkısıtlamaları gibi göstergeler budurumu ortaya koyan örneklerden bazılarıdır.[209]

Türkiye'deki mevcut ulaşım sistemine baktığımızda, yük ve yolcu taşımacılığında karayoluulaşımınınçok büyük bir orana sahip olduğunu görürüz. "Ulaşım modlarına göre yolcu taşımacılığı oranlarının, karayolu %94, demiryolu %4,5, havayolu %1 ve denizyolu %0,5olduğu görülür. Bu oranların gelişmişülkelerde karayolu %55–70, demiryolu %15-20,havayolu yaklaşık %10 ve denizyolu yaklaşık %10civarında olduğu görülür. Türkiye'deulaşım modları arasındaki bu dengesizlik çeşitli sorunları daberaberinde getirmektedir.Örneğin, karayolu taşımacılığının yoğun olarak kullanılması nedeniyle ABülkelerindeortalama 25 yıl olan karayolu ömrü ülkemizde sadece 2,5 yıldır. Bu ise, beraberinde yüksekbakım maliyetleri getirmekte ve trafik güvenliğini tehdit etmektedir.[210]

Havacılık sektörünün Türkiye'nin ulaştırma politikasındaki etkilerine baktığımıza ise, 1983 yılında 2920 sayılı Sivil Havacılık Kanunu'nda yapılan değişiklik ile özel kuruluşlara da havayolu,havaalanı ve yer hizmetleri işletmeciliği yapabilme hakkının verilmesi sonucundaTürk Hava Taşımacılığıhızlı bir gelişim sürecine girdiği görülmektedir.

Günümüz Türkiyesi'nde havayolu taşımacılığı, diğer taşıma türlerine göre çok daha fazla ilgigörmekte ve bu ilgi gün geçtikçe de artmaktadır. Değişim ve gelişim 2003 yılından itibaren önemli bir ivmekazanmış ve özel havayoluşirketlerinin sayısında da artış olmuştur. TürkSivil Havacılığı son sekiz yıldadünyada en hızlı büyüyen dört ülkeden biri konumundadır. 2003-2011 dönemine ait SivilHavacılıkGenel Müdürlüğü (SHGM) verileri karşılaştırıldığında; yurtiçi ve

---

[208]Schipper, p.141.

[209]"Intermodal Taşımacılık Ulusal Ülke İncelemesi: Türkiye Yönetici Özeti", **Uluslararası Ulaştırma Forumu**, OECD, 2009, s.6.

[210]Sarılgan, s.76.

yurtdışı uçuşağında %138, havayolu işletmesisayısında %15, havayolu işletmesi uçak sayısında, %202,havayolu koltuk kapasitesinde ve kargo kapasitesinde, ortalama %250'lik bir artışgözlemlenmektedir. Global anlamda ise son yıllarda düşük maliyetli havayollarısektörde yeralmaya başlamıştır.[211]

2000'li yılların başında sadece THY tarafından 2 merkezden 26 noktaya yapılan tarifeli iç hat seferleri, özel sektör kuruluşlarının da iç hatlarda tarifeli seferlere başlamasıyla birlikte 2011 yılı Ağustos sonu itibariyle 6 havayolu ile 7 merkezden 46 noktaya gerçekleşmektedir. Türkiye ile hava ulaştırma anlaşması bulunan ülke sayısı 2003 yılına göre 81'den 121'e yükselmiş olup, toplam ülkemizden yurtdışına gerçekleştirilen uçuş noktası sayısı da 60'dan 170'e yükselmiştir. Ayrıca 2002 yılında Ercan Havaalanına 4 noktadan uçuş yapılırken, 2011 yılında 8 noktadan (yaz sezonunda 11 nokta) uçuş yapılmakta, bu da yavru vatanın ekonomik gelişiminde önemli rol oynamaktadır.[212]

Hava ulaşımı son yıllarda büyük gelişme gösteren bir sektör olarak karşımıza çıkmaktadır. Hava ulaşımı Türkiye genelinde sivil kullanıma açık 48 havaalanı ile sürdürülmektedir. Bu havaalanlarından 14'ü konvansiyonel havaalanı, 19'u stol(küçük yolcu uçaklarının inmesine uygun ve kısa pistli), 15'i ise askeri havaalanlarına eklenen sivil tesislerden oluşmaktadır. Havaalanlarının yıllık kapasitesi yılda 50 milyon kişidir. Özellikle 1990'lı yıllarda havaalanı yapımında büyük gelişme kaydedilmiş, hemen her ilde bir havaalanının açılması için girişimde bulunulmuştur. Siyasi nedenlerle yapımına karar verilen bu havaalanlarından bir kısmı ekonomik olarak kullanılmaya uygun değildir. Bu havaalanlarından bazıları işletmeye açılamamış veya yılın belli dönemlerinde kullanılan ölü yatırımlar olarak kalmışlardır.[213]

Türk Sivil Havacılık Sektörü bünyesinde, 2011 yılı Haziran ayı itibariyle 3'ü kargo olmak üzere 15 havayolu, 60 tava taksi, 40 genel havacılık, 16 balon ve 39 zirai ilaçlama olmak üzere toplam 170 hava taşıma işletmesi bulunmaktadır. Haziran 2011 tarihi itibariyle Türkiye'deki Havayolu İşletmelerinin filo durumları Tablo 10'daki gibidir.[214]

[211] http://www.turkishairlines.com/tr-TR/corporate/about_us/new/annual_reports.aspx p.6 (06.01.2012)
[212] http://www.ubak.gov.tr/ (12.01.2012)
[213] Avcı, s.90-91.
[214] http://web.shgm.gov.tr/doc3/2011kmd.pdf (16.01.2012)

Tablo 10: Türkiye'deki Havayolu İşletmelerinin 2011 Haziran Ayı İtibariyle Filo Durumları

HAVAYOLU İŞLETMESİ	YOLCU UÇAĞI	KARGO UÇAĞI	UÇAK SAYISI
THY	167	6	173
Pegasus HavaTaşımacılığı	33	-	33
Onur Air Taşımacılık	30	-	30
Güneş Ekspres Havacılık	26	-	26
Sık-Ay Hava Taşımacılık	16	-	16
Atlasjet Havacılık	13	-	13
Hürkuş Hava Yolu Taş.	8	-	8
Turistik Hava Taşımacılık	8	-	8
MNG Hava Yolları ve Taş.	-	8	8
IHY İzmir Hava Yolları	7	-	7
ULS Havayolları Kargo Ta.	-	6	6
ACT Havayolları	-	6	6
Tailwind Havayolları	5	-	5
Borajet Hav. Taş. Uçak. Ba.	5	-	5
Saga Hava Taşımacılık	2	-	2
TOPLAM	320	26	346

Kaynak:http://web.shgm.gov.tr/doc3/2011kmd.pdf (16.01.2012)

Havayolu Taşımacılığımızın sağladığı zaman tasarrufu sebebiyle ülkemizde gösterdiği büyük gelişimini anlamak için ülkemizin geniş coğrafyası göz önüne alınırken, ulaşım yollarımızın sağladığı olanaklar dahi birlikte değerlendirilmelidir. Tablo 11'de ülkemizin en büyük şehri olan İstanbul'dan diğer bazı şehirlerimize yapılan yolculuk süreleri verilmiştir.

Tablo 11:İstanbul'dan Diğer Şehirlere Yapılan Yolculuk Süreleri (Saat)

	Havayolu	**Karayolu**	**Demiryolu**
Denizli	1,10	8	15
Diyarbakır	1,55	20	35
Edremit	0,40	8	-
Erzincan	1,35	15	28
Erzurum	1,55	22	33
Elazığ	1,45	15	33
Kahramanmaraş	1,30	15	-
Kars	2,00	30	38
Kayseri	1,25	15	17
Nevşehir	1,20	10	-
Malatya	1,30	18	29
Muş	1,55	15	39
Sivas	1,30	18	21
Şanlıurfa	1,30	15	-
Uşak	1,00	8	-
Van	2,00	28	41

Kaynak: Ali Emre Sarılgan, "Türkiye'de Bölgesel Havayolu Taşımacılığının Geliştirilmesi için Yapılması Gerekenler", **Anadolu Üniversitesi Sosyal Bilimler Dergisi**, 2011, Cilt: 11, Sayı: 1, s.79'dan faydalanarak hazırlanmıştır.

Türkiye'de faaliyet gösteren 6 havayolu şirketi, filosunda barındırdığı 317 uçak ve 61 bin 459 adet koltuk sayısıyla dünya havacılık sektöründe etkisini arttırıyor.Türkiye'deki havayoluşirketlerinden en büyüğü olan Türk Hava Yolları(THY), 88 Airbus ve 85 Boeing yolcuuçağıyla 34 bin 30 yolcu taşıyor. THY, toplam 97 bin 610 ton taşıma kapasitesine sahip 4 adetAirbus A310 ve 2 adet A330 tipi uçaklarla da kargo hizmeti sunuyor.Şirket ayrıca siparişverdiği 15 adet Boeing 737-900ER tipi uçakların ikisini de filosuna katarak 737ailesinin en büyük ve en uzun menzilli uçaklarına kavuştu.Filosundaki uçak sayısıbakımından ikinci sırada yer alan Pegasus Havayolları, İzair'e ait 7 adet uçak ile kendibünyesindeki 29 adet Boeing 737-800 ve 2 adet Boeing 737-400 ile 1 adet 737-500 uçağı ve 7bin 122 koltuk sayısıyla faaliyetlerini devam ettiriyor.Türk havacılık sektörüne 1992 yılındagiren Onur Air, filosunda tamamı Airbuslardan oluşan toplam 33 uçak barındırıyor.Uçaklarındaki toplam 7 bin 890 koltuk kapasitesiyle THY'den sonra koltuk kapasitesi en fazlaolan havayolu şirketi özelliğini taşıyan Onur Air, iç hatlardaki uçuşlarının dışında yurtdışındaki 20 farklı noktaya sefer düzenliyor.SunExpress Havayolları, ortalama 5,3 yaşortalaması ve 5 bin 292 koltuk kapasitesine sahip ve tamamı Boeinglerden oluşan 28 uçaklıkfiloyla Türkiye havacılık sektöründe hizmet veriyor. SunExpress, gelişmiş teknik donanım veçevre standartlarına sahip uçaklarının tamamında kıvrık kanat uçları bulunuyor.[215]

Türk havacılık sektörü son dönemde özellikleiç hatlarda, taşınan yolcu sayısı itibari ile çokbüyük bir gelişme kaydetmiştir. Buduruma ilişkin rakamları aşağıda Tablo 12'de görmekmümkündür.

Tablo 12: Türkiye'de Yıllar İtibariyle Havayolu ile Taşınan Yolcu Sayısı (x Bin)

Yıllar	**İç Hat**	**Dış Hat**	**Toplam**
2002	8.729	25.054	33.783
2003	9.147	25.296	34.443
2004	14.461	30.596	45.057
2005	20.529	35.042	55.571
2006	28.774	32.880	61.654
2007	31.949	38.347	70.296
2008	35.832	43.605	79.437
2009	41.227	44.281	85.508
2010	50.517	52.189	102.706

Kaynak:http://web.shgm.gov.tr/doc3/2011kmd.pdf (16.01.2012)

Veriler ortaya koymaktadır ki, Türkiye'de havayolu ile yolcu taşımacılığısektörü hızlı birgelişim süreci yaşamaktadır. Çok hassas dengeler üzerinde faaliyetlerinsürdürüldüğühavayolu ulaştırma sektöründe, işletmelerin varlıklarını uzundönem sürdürebilmelerinin,yabancı havayolu işletmelerinin de giderek artan biçimdefaaliyet gösterdiği sektörde rekabetavantajı sağlayabilmelerinin temel şartlarındanbirisi, "tüketicinin ürün konusundaki düşüncesidir" şeklinde tanımlamış, "marka değeri" yaratabilmeleridir. Yolcuların satın alma kararlarını verirken dikkate aldıkları unsurların nelerolduğunubelirlemek gerekir. Marka değerlerini etkileyen önemli bir unsur yolcularınalgıladıkları kalitedir. Algılanan kaliteye etki eden en önemli faktörün ise, fiyatlailgili olduğu daha önceyapılan çalışmalarda ifade edilmektedir.[216]Algılanan kalite faktörlerinin fiyattan

[215]http://www.dunya.com/t%C3%BCrkiyedeki-havayolu-%C5%9Firketleri-filo-zengini_140281_haber.html (12.01.2012)

[216]Cemalettin Aktepe ve R. Pars Şahbaz, "Türkiye'nin En Büyük Beş Havayolu İşletmesinin Marka Değeri Unsurları Açısından İncelenmesi ve Ankara İli Uygulaması", **C.Ü. İktisadi ve İdari Bilimler Dergisi**, Cilt: 11, Sayı: 2, 2010, s.72.

sonra zamanında kalkış oranları, bagaj taşıma standartları, kabin içi konfor, müşteri ilişkileri şeklinde devam ettiğini söyleyebiliriz.

Amerikan ve Avrupalı havayolu taşıyıcıları, Amerika'daki 1978 havayolu işletmelerinin düzenlenmesi ve Avrupa'daki 1988 havayollarının serbestleşmesi sonrasında pazarlarında oluşan rekabet ortamında varlıklarını korumak için maliyetlerini kontrol altına almak için stratejiler geliştirmek zorunda kaldılar. Havayolları için etki edilebilir en ciddi maliyet kalemini "emek" oluşturur. Çünkü emek maliyeti, üzerinde bir havayolunun etki alanı içerisinde olmakla beraber, toplam işletme maliyetlerinin 1/3 ile 1/4 ü arasında bir değeri tekabül eder.[217] Emek maliyetini azaltmakta başvurulan yöntemler ise, gönüllü ya da gönülsüz işten çıkarmalar, ücretlerde indirime gitme, iki kademeli ücretlendirme, uluslararası ucuz işçilikten faydalanma(yerel personel kullanımı) ve franchising şeklinde sıralanabilir.

Sivilhavacılıksektöründe, Avrupa Topluluğu'na üye ülkeler arasında "Tek Pazar" uygulamasınageçilmiştir. Doğu Avrupa'da öncelik ekonominin tekrar yapılanmasında olduğuiçin özelleştirme sürecinehenüz başlanamamıştır. Avrupa'da serbestleşme hareketinden sonragörülen en önemligelişme "düşük maliyetli" havayolu şirketlerinin ortaya çıkmasıdır.Hükümetler, artan rekabetortamında daha etkin ve verimli çalışabilmeleri için havayolutaşıyıcılarının özelleştirilmesinidesteklemektedir.Liberalleşmenin diğer bir etkisi ise, artan rekabet dolayısıyla havayollarının maliyetlerini düşürme eğilimlerinin artmasıdır.

Hava yolları arasındaki fiyat rekabeti birinci sınıf kategorilerde dahi belirleyici bir etken haline gelmektedir. İnternet üzerinden rezervasyon olanakları müşterilerin seyahatleri için en düşük fiyatlı bileti kolaylıkla bulmalarını sağlamaktadır. Yüksek miktarda yatırım gereksinimi ve güvenlikle ilgili düzenlemeler sektöre yeni girişleri kısmen engelliyor olsa da; düşük maliyetli seçenekler sunabilen firmalar son yıllarda köklü hava yolu şirketlerini zorlamayı başarmaktadır.[218]

Havayolu firmalarının gelirlerini optimize etmek için sürekli olarak üstesinden gelmeleri gereken temel sorun ürün fiyatlamadır. Fiyatlama sürecinde birincil olan, taşıyıcının ne kadar koltuğu, hangi rakamlarla ve para birimi cinsinden satacağına karar vermesi aşamasıdır. Havayolu bu kararı aldıktan sonra devamlı olarak portföyünü oluşturan hatlarının gelirlerini mukayese ederek

---

[217]Fariba E. Alamdari and Peter Morrell, "Airline Labour CostReduction:Post-liberalisation Experiance in The USA and Europa", **Journal of Air Transport Management**, Vol: 3, No: 2,1997, p.53.

[218]"Taşımacılık ve Lojistik Sektörü Raporu", **Türkiye Cumhuriyeti Başbakanlık Yatırım Destek ve Tanıtım Ajansı**, Ocak 2010, s.5.

katma değeri yüksek ve düşük hatlar arasında kaynak kaydırmak suretiyle frekans değişikleri yapmak durumundadır. 1990'lı yıllardan önce fiyatlandırma sürecinin etkin kontrolünü sağlayacak teknolojik alt yapı mevcut değildi. Ancak günümüz havayolları, ilerleyen teknolojik gelişmelere paralel havacılık sektöründe yaşanan değişikliklerle hangi ürün(hat) için hangi fiyattan ne kadar koltuk satması gerektiğini tek bir bilgisayar ekranından online görüntüleme imkânına sahiptir. Çağdaş havayollarında başta uçak tipi olmak üzere birçok etkeni göz önüne alarak koltuk kapasitesini 26'ya varan sayıda farklı sınıftan satışa açabilen ve güncel olarak takibini yapabilen rezervasyon sistemleri kullanılırken,[219] gelecekte her müşteriye ayrı fiyat seçeneği sunabilecek daha gelişkin rezervasyon sistemlerinin kullanılması olası görünmektedir. Halihazırda kullanılmakta olan rezervasyon sınıfları aşağıdaki gibidir:

- First Class: P,F,A
- Intermediate Class: J, C, D, I, Z
- Economy Class: W, S, Y, B, H, K, L, M, N, Q, T, V, X, G, U, E, O, R

4.3. Havacılık Sektörü Maliyet Yapısı ve Çalışmaları

Havacılık sektöründe maliyet çalışmaları konusuna girerken, sektörde uluslararası kullanılan terminolojiye genel olarak yer vermek gerekir. Havacılık sektöründe, özellikle finansal ve operasyonel performansların değerlendirilmesinde kullanılan terminoloji aşağıda özetlenmeye çalışılacaktır.

- **RPKs, RPMs(revenue passenger kilometers, miles):**Ücretli yolcu kilometre(ÜYK): ücretli yolcu sayısı * uçuş mesafesi (trafik ölçüsü)
- **Revenue(hâsılat) :** ücretli yolcu sayısı * bilet fiyatı.
- **Yield(ortalama yolcu geliri):** Revenue / RPK (RPM) toplam gelirin 1 km'de taşınan yolcu gelirine bölünmesi ile bulunur.
- **ASKs, ASMs(available seat kilometers, miles)**:Arz edilen koltuk kilometre(AKK): havayolunun satışa sunduğu koltuk sayısı * uçuş mesafesi (uçulan km) (havayolu kapasite ölçüsü).

---

[219]Stephen Shaw, **Airline Marketing and Management**, Sixth Edition, Ashgate Publishing Limited, Burlington USA, 2007, p.185.

- **ATKs, ATMs(available tonne kilometers, miles):**Arz edilen ton kilometre(ATK): gelir yük(yolcu ve kargo) taşımak için mevcut olan ton kapasite * uçuş mesafesi (uçulan km).
- **Load Factor(yolcu doluluk oranı)=** RPKs / ASKs: satılan koltuk sayısı/satışa sunulan koltuk sayısı.
- **RTKs, RTMs(revenue tonne kilometers, miles):** Taşınan ücretli yük(ton olarak yolcu ve kargo)* uçuş mesafesi.
- **WLF(Weight Load Factor)**: Yolcu ve kargo yük doluluk oranı = RTKs / ATKs.
- **CTK(Cargo tonne kilometers):**Taşınan ücretli kargo yükü * uçuş mesafesi.
- **ACTKs, ACTMs(Available cargo tonne kilometers, miles):**Arz edilen kargo kapasitesi(ton olarak)* uçuş mesafesi.
- **Cargo yield(ortalama kargo geliri):** Kargo operasyonundan elde edilen gelir/Arz edilen kargo kapasitesi.
- **Average yield(ortalama gelir):**Yolcu ve kargo geliri/ taşınan ücretli yük(ton olarak yolcu ve kargo).
- **Block Time (block saat):** Taksi zamanı dâhil uçuş süresi.
- **Flight Time (uçuş süresi):** Uçağın havada kalma zamanı.
- **Pound:**0,4536 kilograma eşit ağırlığı ifade eder. Metrik ton ya da "ton": 2,204.6 pound'a eşdeğer ağırlığı ifade eder.
- **Cargo load factor(kargo doluluk oranı):** CTK/ACTK
- **Overall load factor, Weight Load Factor(genel doluluk oranı):** RTKs/ATKs.
- **Break-even load factor (başabaş doluluk oranı):**Toplam tarifeli trafikten elde edilecek gelirinhavayolu operasyonel giderlerine eşitlendiği ve bu noktadan sonraki gelirin endirekt giderlere "katkı" olarak değerlendirileceği doluluk oranıdır.
- **Utilisation rates(kullanım oranları):**Her bir uçağın gerçekleştirdiği günlük uçuş saatidir.
- **Turnaround time:** Bir uçağın iki uçuşu arasında yerde geçirdiği süredir.
- **Punctuality – within 15 minutes(zamanında kalkış oranı):** Tarifeli kalkış süresine +15 dakika içerisinde pushback işleminin gerçekleştirilmiş olma oranıdır.
- **Regularity(düzenlilik):**Uçuşların tarifelerine uygun gerçekleştirilme oranıdır. Ticari sebeplerle iptal edilen uçuşlar tarifeye uygun operasyonu(düzenlilik) negatif etkiler.

- **Fuel cost per kilometer (kilometre başı yakıt maliyeti):**Tüketilen toplam yakıt maliyeti/Uçulan kilometre.
- **DOC(direct operating costs):** Uçuş faaliyetinde uçakla ilgili tüm giderleri içeren direkt işletme giderleri.
- **CASK(Cost Per Available Seat Kilometers):** Koltuk/kilometre başına maliyet.
- **Operating expenditure per ATK(ATK başına operasyon maliyeti):**Toplam operasyon maliyeti/ATKs.
- **Operating expenditure per RTK(RTK başına operasyon maliyeti):**Toplam Operasyon maliyeti/RTKs.
- **Capacity(ATKs) per employee(Personel başına kapasite):**ATKs/ Personel sayısı.
- **RASK(Revenueper Available Seat Kilometers):** Koltuk/kilometre başına hâsılat.
- **Revenue(RTKs) per employee(Personel başına hâsılat):**RTKs/ Personel.
- **Global distribution systems(GDS)=** Global satış dağıtım sistemleri.
- **IATA (International Air Transport Association):** Emniyetli, güvenli ve ekonomik hava ulaşımını sağlayabilmek amacıyla havayolları arası bir kuruluş olarak 1945 yılında Havana, Küba'da kurulan ve kuruluşunda sadece 31 ülkeden 57 üyesi varken şimdi ise, dünya genelinde 140 ülkeden 270'in üzerinde üyeye sahip olan IATA, dünyada tarifeli sefer yapan tüm uçak şirketlerinin üye olduğu birliktir."Uluslararası hava yolu taşıma birliğinin" kısaltması olan IATA'nın kuruluş amacı, sivil havacılığı geliştirmek, kaliteli uçuşlar sağlamak, düzgün tarifeler ve kolay bilet satışı yapabilmek, haksız rekabeti engellemek gibi olgulardır.IATA'nın hiç bir ülkede kanuni olarak yaptırımı olmasada, üye olduğu şirketlerin CRS programlarından, uçaklarına kadar her şeylerini denetlerler. IATA üyeliği ortak uçuşların olmazsa olmazıdır. Ayrıca havayolu şirketlerinin ve acentelerin birbirlerine olan ödemeleri ve borçlarıyla ilgili olan para transferleri hakkında da yardımcı olur. Modern IATA, ilk uluslararası tarifeli uçuşun yapıldığı, 1919 yılında kurulan "International Air Traffic Association"un devamıdır.
- **ICAO (International Civil Aviation Organisation):** Uluslararası Sivil Havacılık Örgütü, 1944'de kurulmuş bir Birleşmiş Milletler kuruluşudur. ICAO'nun başlıca görevleri şunlardır: Uluslararası sivil havacılığın güvenli ve düzenli bir şekilde büyümesini sağlamak; Barışçıl amaçlara yönelik uçak tasarımı ve işletmesini teşvik etmek, sivil havacılık için havayolları, havaalanları ve hava seyir tesislerinin gelişimini

desteklemek, uluslararası kamuoyunun güvenli, düzenli, verimli ve ekonomik hava taşımacılığı ihtiyaçlarını karşılamak. Bugün itibariyle 190 tane üyesi vardır.

Kiralama İşlemleri: Havayollarının başvurduğu farklı kiralama yolları aşağıdaki gibidir:

- **Finansal Kiralama(tam ödemeli dışarıdan kiralama):** Uçak alımında, genellikle lease şirketi olan bir aracı finans kuruluşundan yapılan, uçağın faydalı ömrünün nazara alınarak anlaşmaya konu edildiği kiralama türüdür. Finansal kiralamada kiracı(taşıyıcı) varlığı(uçağı) gerçek sahibiymiş gibi değerlendirmeli ve amorti etmelidir.
- **Dry lease(kuru operasyonel kiralama):**Uçağın faydalı ömründen daha kısa bir süre için kiralanmasıdır. Bu tür kiralamalar genellikle iki havayolu şirketi arasında gerçekleşir. Bu kiralamaya dair ödemeler uçuş ekipmanları kiralama giderleri altında rapor edilmelidir.
- **Wet Lease(yaş operasyonel kiralama):** uçağın dry lease gibi kiralanmasının yanında mürettebat, bakım ve sigorta sorumluluklarının ACMI(aircraft, crew, maintenance, insurance) kiralayanda olduğu kiralama sözleşmesidir.
- **İşbirlikleri:** Havayollarının arasında başvurdukları iki tür ticari işbirliği anlaşması vardır:
- **Blocked space agreement(bloke yer anlaşması):** bir havayolunun(marketing carrier) yolcu ve kargosunu başka bir havayoluna ait sefer ya da seferlerle taşımak üzere bu havayolundan(operating carrier) bir kısım koltuk ya da kargo taşıma hakkı satın aldığı işbirliği anlaşması türüdür. Bu anlaşma belirlenmiş sabit sayıdaki koltuk ve kargo alanı için yapılabileceği gibi(hard block) değişken sayıdaki koltuk ya da kargo alanı(soft block) için de yapılabilir. Blocked space anlaşmasında her iki taşıcı aynı anda satış kapasitelerini ve trafiklerini bilebilir.
- **Free flow(serbest yer anlaşması):** İki havayolunun birbirlerinin kodlarını paylaştıkları ve ortak havuz şeklinde birleştirdikleri kapasitelerinden(koltuk ve kargo alanı) birbirlerinden bağımsız olarak satış yapabilecekleri işbirliği anlaşması türüdür. Free flow anlaşmasında gerçek ÜYK ve AKK bilgilerini yalnızcaseferi icra eden havayolu bilir. Operating carrier (icracı havayolu) seferin gerçekleşmesinden gerçekleşen gelirden bir kısmını anlaşmaya göre marketing carrier'a(pazarlamacı havayoluna) transfer eder. Serbest yer anlaşması, code-share(kod paylaşımı) anlaşmalarının ileri safhasıdır.

Uçak Tipleri: Başta koltuk kapasiteleri olmak üzere çeşitli kriterlere göre beş çeşit yolcu uçak tipi tanımlanmıştır.

- **NB(Narrow Body):** Dar gövde uçaklar: koltuk kapasitesi 100'ün üzerinde olan yolcu uçakları(Emraer 190/195 hariç).
- **RJ(Regional Jets):** Bölgesel jetler: koltuk kapasitesi 100'e kadar olan yolcu uçakları(Emraer 190/195 dâhil).
- **TP(Turbo-Props):** Turbo pervaneli türbin motorlu uçak.
- **WB(Wide-Body):** Geniş gövde uçaklar: Koltukları arasında birden fazla koridora ya da birden fazla eşdeğer ambara sahip uçak.
- **WB2(Wide-Body):** İki motorlu geniş uçak.
- **WB3+(Wide-Body):** Üç veya daha fazla motorlu geniş gövdeli uçak.

Havayolu Tipleri: Filolarında kullandıkları uçak tipleri, tarifeleri, hizmet ve fiyat politikaları gibi kriterlere göre havayollarını aşağıdaki şekilde sınıflandırmak mümkündür:

- **Major Carriers:** Büyük(yerleşik) havayolları,
- **Low Cost Carriers:** Düşük maliyetli havayolları,
- **Regional Carriers:** Bölgesel havayolları,
- **Charter Carriers:** Tarifesiz seferler düzenleyen havayolları,

4.3.1. Havacılık Sektörü Maliyet Yapısı

Havayolu işletmeciliği, tarihselgetirileridüşük emtiaendüstrileriile karşılaştırılabilir bir sektördür. Havayolu işletmeciliği sabitmaliyetli ve aynı zamandadönemsel bir iştir.Bu sebeple, özellikle yerleşik havayollarının kârlılıklarını refah dönemleriyle özdeşleştirmek gerekir. Yüksek getirili first ve business class yolcularının varlığı, kâr açıklamakta en büyük etkendir. Ekonomik olarak kötü zamanlarında bu sınıf hizmette yaşanan talep daralmaları sektörün dönemsel kârlı olmasına neden olur. Kötü dönemlerinde maliyet kontrolüyle zararını azaltmak isteyen havayollarının başvurduğu bir yöntem, kapasite azaltmaktır.[220]Kapasiteazaltılmasıayrıcaişçilik, yakıt ve bakımgibiilişkilideğişken maliyetleriazaltır. Fakat finansal kiralama ve diğer sabit

[220]Gillen, *Competitive Advantages of Low-Cost Carriers: Some Implications for Airports*, p.41.

maliyetlerini ütilizasyon (uçakların günlük uçuş süresi bazında kullanım durumu) artışıyla dengelemek durumunda olan havayolları için kapasite azaltmak sorunu çözmekte yeterli olmamaktadır.

Havayolu işletme maliyetleri arasında en büyük payı yakıt ve sistem işletim maliyetleri olarak adlandırabileceğimiz iki maliyet kalemi alır. Bu maliyet kalemlerini, bakım-onarım, uçak sahiplik, satış kanalları, yükümlülükler, yolcu hizmetleri ve diğer maliyetler takip eder. IATA tarafından üye havayollarından toplanan bilgilerle hazırlanan ve sektörün maliyet yapısına dair ön fikir verebilecek 2008 yılına ait bir raporlama aşağıdaki gibidir:

Tablo 13:Havayolları İşletme Maliyetlerin2008 Yılı Dağılımı

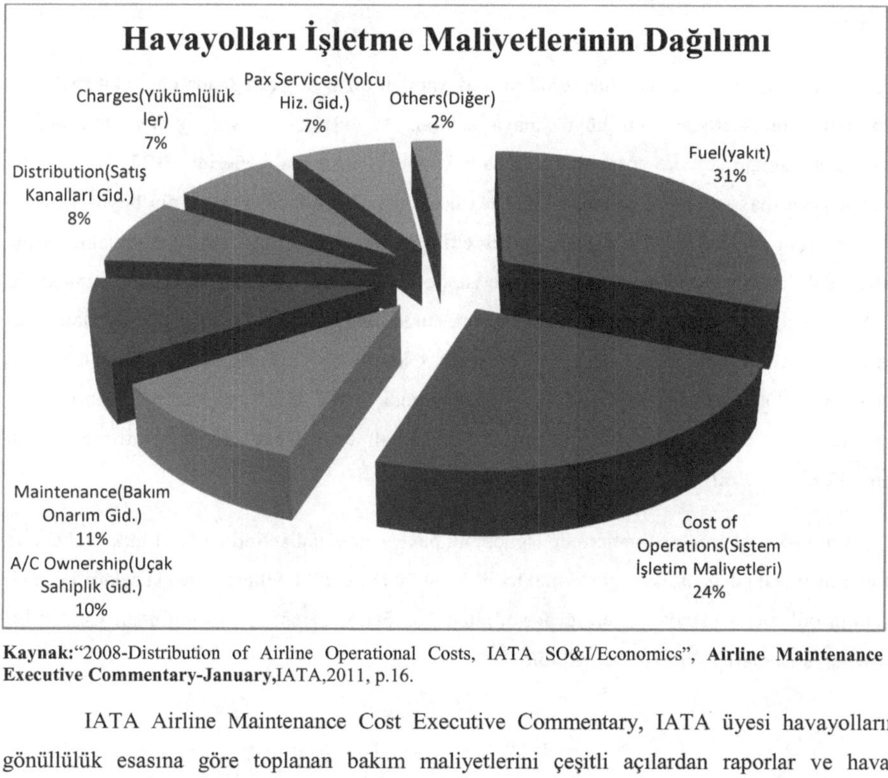

Kaynak:"2008-Distribution of Airline Operational Costs, IATA SO&I/Economics", **Airline Maintenance Cost Executive Commentary-January,**IATA,2011, p.16.

IATA Airline Maintenance Cost Executive Commentary, IATA üyesi havayollarından gönüllülük esasına göre toplanan bakım maliyetlerini çeşitli açılardan raporlar ve havayolu işletmelerine yönetimsel veri tabanı sağlar. IATA, bu çalışmasında veri topladığı havayollarını MCTF(maintenance cost task force) olarak isimlendirirken, 2009 yılında yapmış olduğu çalışmada

"MCTF" olarak isimlendirdiği 40 havayolundan aldığı bilgiler ışığında "IATA havayolları bakım maliyetleri yönetim raporu" (IATA Airline Maintenance Cost Executive Commentary) çalışmasını gerçekleştirmiştir.

2008 yılında IATA üyesi 40 MCTF havayolunun işletme maliyetleri içerisinde en büyük payı yakıt almıştır. Yakıt maliyetini, sistem işletim maliyetleri takip etmektedir ki, zaman içinde yakıt fiyatlarındaki dalgalanmalara göre bu iki maliyet kalemi havayolu işletme maliyetleri içerisindeki yerlerini değişebilmektedir. Sistem işletim maliyetleri, işletme maliyetleri içerisinde %24'lük pay alırken, içeriği havayolları arasında farklı kabullenmelere göre değişse de; bir havayolu işletmek için katlanılan endirekt ya da genel giderleri ifade etmektedir. Diğer maliyet kalemleri, havayolu işletme sürecinde üretim aşamasında üretim ile direkt olarak ilişkilendirilebilen giderlerdir.

Global havayolu sanayisinde 2008 yılında yapılan bir başka çalışmada da, yakıt maliyeti, toplam maliyetler içerisinde en büyük paya sahipti. 45 büyük havayolu şirketinden oluşan örnekleminden alınan verilere göre 2007 yılında havayolu işletme maliyetlerinin %27,4'lük payına sahip olan yakıt maliyeti, 2008 yılında %32,3'e yükselmişti. Bu rakamlar, sektörün büyük kısmını teşkil ettiği için sektörü büyük ölçüde temsil ettiği söylenebilir. Emek maliyeti(emekli maaşı ödemeleri dâhil) toplam işletme maliyetleri içerisinde 2007'de %22,8 iken, 2008 yılında %20,1'e düştü. Yakıt maliyeti oranında artış ve ilişkili olarak emek maliyetlerindeki artış yakıt fiyatlarındaki artışla açıklanabilir. Zira 2001-2003 yılları arasında sektörde %12-13'lük orana sahip olan yakıt maliyetlerinin, 2003 yılında 34,7 USD'den, 2008 yılında 126,7 USD'ye çıkan jet yakıtın varil fiyatları sebebiyle bir katından fazla artmıştı.[221] 2012 yılı ocak-şubat ayı jet yakıtı varil fiyatı ortalama 129,7 USD'dir.[222]

Havayolu işletme maliyetlerinde işgücünün payı, emek maliyetindeki farklılıklar sebebiyle bölgeler arasında da değişiklikler göstermektedir. Yine 2001 ile 2008 yılları arasında sektörde emek maliyetinin bölgeler arasında gösterdiği farklılıkları göz önüne seren IATA tarafından yapılan bir araştırmanın sonuçları Tablo 14'deki gibidir.

---

[221] "Airline Fuel and Labour Cost Share", IATA Economic Briefing, February 2010, (www.iata.org/economics)
[222] http://www.iata.org/whatwedo/economics/fuel_monitor/Pages/index.aspx (15.02.2012)

Tablo 14: Bölgelere Göre Havayolları İşletme Maliyetleri

	Kuzey Amerika		Avrupa		Asya Pasifik		Genel	
	2001	**2008**	**2001**	**2008**	**2001**	**2008**	**2001**	**2008**
Emek Mal.	%36,2	%21,5	%27,2	%24,8	%17,2	%14,7	%28,3	%20,1
Yakıt Mal.	%13,4	%34,2	%12,2	%25,3	%15,7	%36,7	%13,6	%32,3
Uçak Kiralama	%5,5	%3,0	%2,9	%2,5	%6,3	%4,5	%5,0	%3,5
Yıpranma ve Amortisman	%6,0	%4,5	%7,1	%5,7	%7,4	%7,8	%6,7	%5,9
Diğer	%38,9	%36,9	%50,7	%41,8	%53,4	%36,3	%46,4	%38,2

Kaynak:"Airline Fuel and Labour Cost Share", IATA Economic Briefing, February 2010, (www.iata.org/economics)

Asya Pasifik Bölgesi'ndeki emek maliyetinin diğer bölgelere nispetle düşük olması sebebiyle 2008 yılında işgücü maliyetlerinin işletme maliyetleri içerisinde payı, bu bölgede diğer bölgelerden çok daha düşüktür ve %14,7 olarak hesaplanmıştır.

Kuzey Amerika Bölgesi Havayollarının emek maliyetinin toplam işletme maliyetleri içerisinde payının, 2001'de %36,2 'de, 2008 yılında %21,5'e keskin düşüşündeki en büyük rolün yakıt fiyatlarındaki artış olmasının yanında işgücü maliyetlerinde alınan başka tedbirlerin(emeklilik yükümlülüklerinde yapılan düzenleme gibi) de etkisi vardır.

Avrupa Bölgesi Havayollarının işletme maliyetleri içerisindeki en büyük pay 2001'den 2008'e kadar emek maliyeti iken, yakıt maliyetleri ilk kez 2008 yılında %25,3'lük paya ulaşarak birinci sırayı almıştır. Bölge havayolları için emek ve yakıt maliyetleri arasındaki fark 2001-2008 yılları arasında istikrarlı bir şekilde azalmış, 2008 yılı itibariyle %24,8'e gerileyen emek maliyeti ikinci sıraya yerleşmiştir. Bu dönemde bölge havayolları finansal hedging uygulamalarına başvurarak yakıt fiyatlarındaki keskin yükselişlerden korunma yoluna gitmişlerdir. Ancak, bu durumun da kısmen bu yer hizmetleri ve bakım gibi daha emek-yoğun faaliyetler ana şirketin finansal hesapları içinde yer alan bazı Avrupalı havayolu şirketlerinin (örneğin Lufthansa) daha çeşitlenmiş doğasını yansıtması muhtemeldir.

Asya Pasifik Bölgesi'nin, istisnaları hariç, nispeten düşük işgücü maliyetleri sebebiyle bölge havayollarının işletme maliyetleri içerisinde yakıt maliyetleri 2004 yılından itibaren birinci sıraya yerleşmiştir. Bu açıdan oransal olarak bakıldığında Asya Pasifik Bölgesi Havayollarının

Kuzey Amerika ve Avrupa Bölgesi Havayollarına göre daha yüksek yakıt maliyetlerine maruz kaldıkları söylenebilir. 2008 yılından bölge havayollarının yakıt maliyetlerinin toplam içerisindeki ortalama payı %36,7 olarak gerçekleşmişken; bazıları için bu oran %50'yi aşmıştır. Bölge havayollarının uçak maliyetleri(kiralama, yıpranma ve amortisman) payı da diğer bölgelere nazaran yüksektir.

Hızla artan petrol fiyatları, bu değişimi yakından inceleme gerekliliğini beraberinde getirmektedir. Bu bağlamda ABD Enerji Bilgi İdaresi'nden(EIA) alınan spot fiyatlara göre haftalık değişim tablosu aşağıdaki gibidir. 2012 Şubat ayı üçüncühafta itibarı ile Jet yakıtı ton fiyatıfinansal piyasalarda 1.015 USDdüzeyinde gerçekleşmiştir.[223]2008 yılından günümüze jet yakıt fiyatlarının sergilediği değişim aşağıda Tablo 14'de gösterilmektedir.

---

[223]Weakly Monior, 03/2012,(AEA) Association of European Airlines, p.3. (www.aea.be)

Tablo 15: Yıllara Göre Jet Yakıt Varil Fiyatları

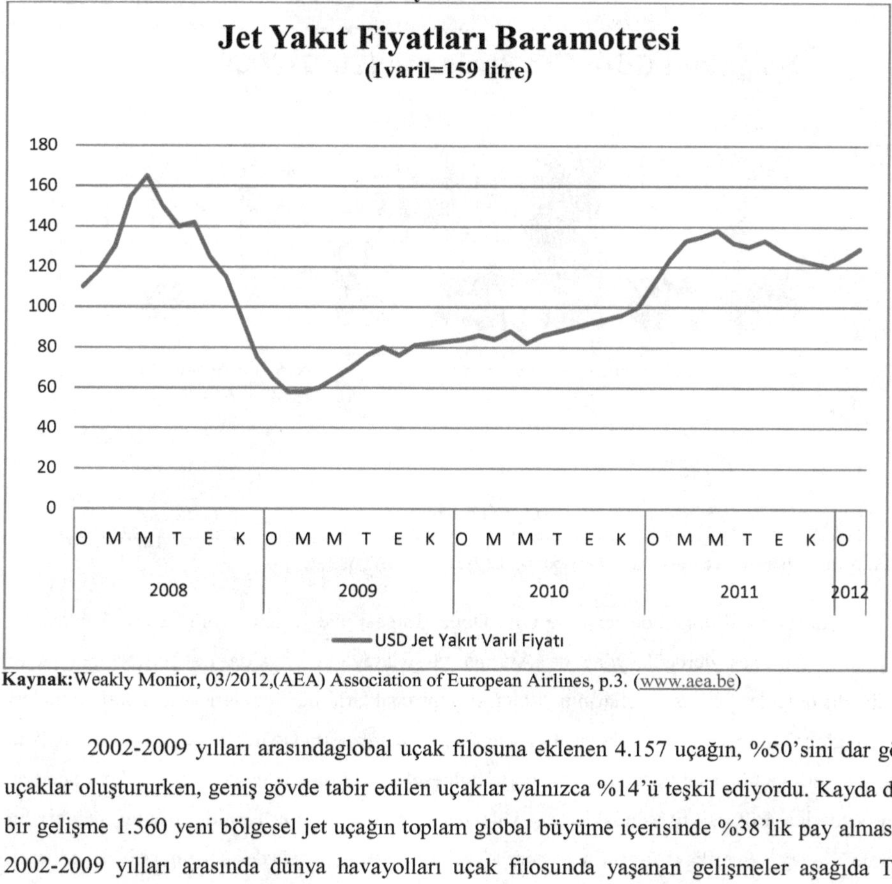

Kaynak: Weakly Monior, 03/2012,(AEA) Association of European Airlines, p.3. (www.aea.be)

2002-2009 yılları arasındaglobal uçak filosuna eklenen 4.157 uçağın, %50'sini dar gövde uçaklar oluştururken, geniş gövde tabir edilen uçaklar yalnızca %14'ü teşkil ediyordu. Kayda değer bir gelişme 1.560 yeni bölgesel jet uçağın toplam global büyüme içerisinde %38'lik pay almasıydı. 2002-2009 yılları arasında dünya havayolları uçak filosunda yaşanan gelişmeler aşağıda Tablo 16'da gösterilmeye çalışılmıştır.

Tablo 16: 2002-2009 Döneminde Global Uçak Filosu'na katılan 4,157 Uçağın Dağılımı

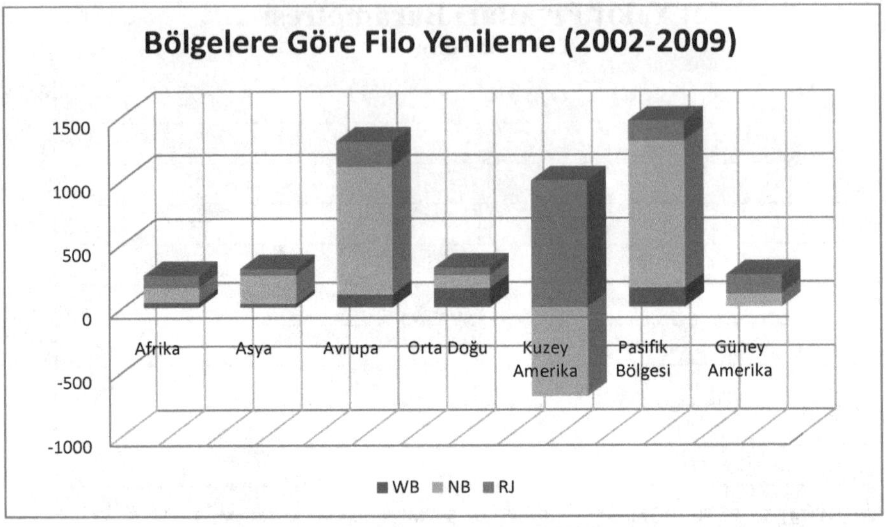

Kaynak: Airline Maintanance Cost Executive Commentary- January, IATA, 2011, p.3.

Sektörde ilgili dönemde Asya ve Orta Doğu Bölgesi'nde yaşanan gelişmelerin karşısında, açık pazara geçilmesi(deregülasyon) ile Avrupa ve Güney Amerika'da da benzer gelişmeler görüldü. Bu bölgelerdeki havayollarının filolarını yeni uçaklarla büyütmeleri veya ikame etmeleri sebebiyle global filo yaşı ortalaması düşüş gösterdi. Avrupa ve Orta Doğu'da pazarda hızlı büyüyen düşük maliyetli ve bölgesel taşıyıcılar sebebiyle bölgesel jetlere olan talep de arttı. Anılan dönemde Kuzey Amerika Bölgesi filosundaki artış yalnızca 191 uçakla sınırlı kaldı. Bunun sebebi, bu dönemde Kuzey Amerika Bölgesi'nde neredeyse 700 eski dar gövde uçağın emekli edilerek yerlerine daha düşük kapasiteli bölgesel jetlerin alınmış olmasıydı. En genç filo Pasifik Bölgesi'nde ortalama 9,9 yaş olarak öne çıkarken; en yaşlı filoya ortalama 21,1 yaş ile Afrika Bölgesi'ndeydi.[224]

Orta Doğu'da yaşanan gelişmeyi, 1970'lerde bölge ülkelerinin gelecekte yaşayacakları petrol endüstrisinden elde ettikleri gelir düşüşüne karşı arayışları sebebiyle havacılık sektörüne odaklanmış olmalarıyla açıklamak gerekir. Sonuç olarak bölge havayolları Avrupa, Amerika ve Asya arasındaki yolcu akışında değişiklik yaratarak bir merkez haline geldi. Bölge havayolları günümüzde global havacılık pastasından büyük pay alan havayollarına meydan okumayacak

---

[224] Airline Maintanance Cost Executive Commentary- January, IATA, 2011, p.3.

büyüklüklere ulaşmıştır. Emirates Havayollarının verdiği 555 koltuk kapasiteli Airbus A380 tipi uçak siparişi bölgedeki havayollarının gelişimine iyi bir örnektir.[225] Orta Doğu Bölgesi havayollarının 2008 yılı mart ayı itibariyle mevcut geniş gövde filo durumu ve genişleme planlarının Lufthansa örneğiyle kıyaslanabileceği Tablo 17 aşağıdadır.

Tablo 17: Orta Doğu Havayolları Filo Genişleme Planları(2008 yılı mart ayı itibariyle)

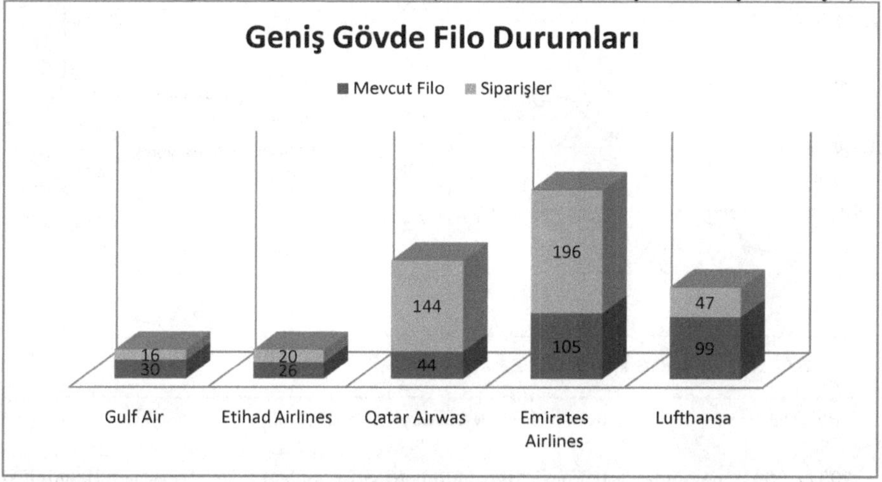

Kaynak: Jan Vespermann, Andreas Wald and Ronald Gleich,"Aviation Growth in The Middle East – Impacts on Incumbent Players And Potential Strategic Reactions", **Journal of Transport Geography,** 2008, p.388.

Sektörün eğilimlerinin anlaşılması açısından, global uçak filosunda yaşanan yeniliklerin yanısıra uçakların verimlilik ölçüsü olan toplam uçuş süreleri ve bu veriye bağlı olarak bulunan ütilizasyon(bir uçağa ait yıllık uçuş saatinin günlük ortalaması) rakamların da incelenmesi önemlidir. 2002-2009 yılları arasında uçakların uçuş sürelerinde ve ütilizasyonlarında yaşanan değişim aşağıda Tablo 18'de gösterilmeye çalışmıştır.

[225]Jan Vespermann, Andreas Wald and Ronald Gleich,"Aviation Growth in The Middle East – Impacts on Incumbent Players And Potential Strategic Reactions", **Journal of Transport Geography,** 2008,p.388.

Tablo 18: Global Havayolları Filo İstatistikleri

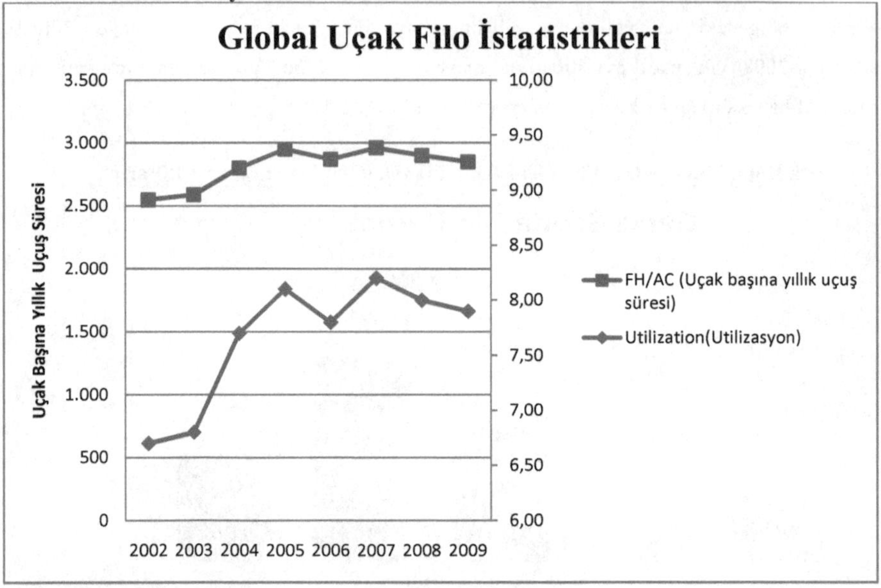

Kaynak: Airline Maintanance Cost Executive Commentary- January, IATA, 2011, p.3.

2002-2009 döneminde global uçak filosunun hem yıllık toplam uçuş süresi hem de günlük uçuş saati artış göstermiştir. Bu durum, havayolları sektöründeki verimlilik artışını ortaya koymaktadır. Global filo ütilizasyonu, 2008'de uçak başına günlük ortalama 7,98 saat olarak gerçekleşmişken; 2009 yılında az da olsa düşerek uçak başına günlük ortalama 7,91 saat olarak gerçekleşti. Diğer taraftan MCTF havayollarının ütilizasyonu, 2009 yılında artış göstererek uçak başına günlük ortalama 8,8 saate çıkmıştır.[226]

Amerikan Ulaştırma Bakanlığı(U.S. Department of Transportation -US DOT-) Form 41 ismini verdiği bir çalışma ile 49 Amerikan havayolundan yıllık olarak elde ettiği bilgilerle operasyonel giderlerin karşılaştırmalı raporlamasını yapar. Form 41, ABD havayolları hakkında genelbirbakış verirken, farklı anahtar performans ölçütleri kullanarak ilgili havayollarının yüksek düzeyde finansal performansı analizini ve operasyonel maliyet analizini yapmaya çalışır. Bu rapor, temel olarak "11 büyük havayolu" ile bilgilere odaklanır. "11 büyük havayolu"nun belirlenmesinde temel alınan ana ölçüt ilgili havayollarının yıllık cirolarının 1 Milyar USD'nin üzerinde olmasıdır.

[226]Airline Maintanance Cost Executive Commentary- January, IATA, 2011, p.3.

“AOCTF (Airline Operational Cost Task Force Data Collection)” isimli IATA’nın havayolları operasyonel maliyetleriyle ilgili olan çalışmasıyla belirlenen bu 11 büyük havayolu, 2008 yılında toplam 3,534 uçaklı bir filoya sahipken, 2009’de 3.400 uçaklı bir filoyla çalışmıştır. 11 büyük havayolunun 2009 yılında uçak başına istihdam ettiği pilot sayısı ortalama olarak 12,8 olarak hesaplanırken, pilot başına ütilizasyon ise ortalama 303 BH(block hour-uçuş saati)’dir. 11 büyük havayolunun 2009 yılında gerçekleşen işletme maliyetleri bir önceki yıla göre %19 oranında düşüş göstermiş, bu düşüşteki en büyük etki ise yakıt fiyatlarındaki düşüş olmuştur. Toplam olarak 11 büyük havayolu 2008 yılında 13,6 milyar, 2009 yılında ise 12,7 milyar galon yakıt tüketmiş(%7 düşüşle) ve toplam yakıt giderleri ise, 42,6 milyar USD’den, 24,8 milyar USD’ye(%42’lik düşüşle) gerilemiştir. Toplam işletme giderleri(direkt operasyonel giderler) içinde yakıt maliyetleri % 32’den 2009’da %23’e inmiştir.[227]

“AOCTF” havayolları operasyonel maliyetleriyle ilgili olan çalışmasında 2009 yılı için belirlenen bu 11 büyük havayolunun isim ve filo bilgileri aşağıda Tablo 19’dadır.

[227] “US DOT Form 41 Airline Operational Cost Analysis Report”, **IATA**, March 2011, p.1.

Tablo 19: 2009 Yılı AOCTF Çalışması 11 Büyük Amerikan Havayolu Filo Bilgileri

2009 Yılı 11 Büyük Havayolu	İkili Kod	Uçak Sayısı	Uçak Tipine Göre Filo(3,400 uçak) dağılımı(%)			
			NB	WB2	RJ	WB3+
American Airl.	AA	605	%84	%13	%2	%1
Southwest Airl.	WN	545				
Delta Airl.	DL	445				
United Airl.	UA	375				
US Airways	US	355				
Continental Airl.	CO	350				
Northwest Airl.	NW	300(ortalama)				
JetBlue Airways	B6	145				
Airtran Airways	FL	130				
Alaska Airl.	AS	110				
Hawaiian Airl.	HA	40				

Kaynak:"US DOT Form 41 Airline Operational Cost Analysis Report", **IATA**, March 2011, p.5, p.6 ve p.21'deki veriler yardımıyla düzenlenmiştir.

Tablo 18'den görüldüğü üzere, 2009 yılında Amerika'da faaliyet gösteren 11 büyük havayolu, filolarında ortalama olarak yaklaşık 300 uçak bulundururken, temel olarak büyüklük esasına göre kategorize edildiğinde %84 gibi büyük bir çoğunluluğun dar gövde tabir edilen uçakları tercih ettiği görülmektedir.

2009 yılında havayolu işletme giderlerinde yaşanan %19'luk düşüş, ilk olarak yakıt fiyatlarındaki %33'lük düşüş ve sonra sektörde uçuş süresinde %7 ve AKK'da görülen %6'lık daralma ile açıklanabilir. 11 Büyük Amerikan Havayolu için, işletme giderlerinin, ATK(arz edilen yolcu+kargo ton kilometre, mil)'ya bölünmesiyle bulunan birim maliyet ise, bir önceki yıla göre %15 düşüşle 2009 yılında 0.89 $/ATK olarak gerçekleşti. US DOT Form 41 2008-2009 yılı verilerinden alınan verilerle çeşitli anahtar performans ölçütleri kullanılarak 11 Büyük Amerikan Havayolu'nun finansal ve operasyonel olarak kapsamlı analizinin yapıldığı Tablo 19 aşağıdadır.

Tablo 20: Anahtar Performans Ölçütleriyle 11 Büyük Amerikan Havayolu'nun Analizi(Tablo 19 uzunluğu sebebiyle iki parça halinde gösterilecektir.)

ANAHTAR PERFORMANS ÖLÇÜTLERİYLE YAPILAN ANALİZLER			
Çeşitli Anahtar Performans Ölçütleri	**2008**	**2009**	**Değişim(%)**
Yolcu Doluluk Oranı(PLF)	%80	%81	%1
Genel Doluluk Oranı(WLF)	%61	%60	-%2
Günlük Ütilizasyon(saat)	8,97	8,70	-%3
Toplam Uçuş Süresi(saat)	11.6 Milyon	10.8 Milyon	-%7
Toplam Operasyonel Giderler İçinde Yakıt Payı	%32	%23	-%28
Finansal Performans Ölçütleri	**2008**	**2009**	**Değişim(%)**
Toplam Operasyonel Gelirler	128 Milyar $	108 Milyar $	-%15
Toplam Operasyonel Giderler	134 Milyar $	109 Milyar $	-%19
Kar/Zarar	- 5,9 Milyar $	-1,04 Milyar $	% 98
Ortalama Gelir(average yield):yolcu ve kargo geliri US Cents/ taşınan ücretli yük	162	147	-%9.3
Arz Edilen Koltuk Başına Gelir(US Cents)	14,5	13,2	-%9,5
Birim Maliyet(Toplam gider US Cents /Arz edilen ton mil)	104	88,8	-%15
Kar Marjı	-%4,6	-%0,1	%98
Operasyonel Maliyet Analizi	**2008**	**2009**	**Değişim(%)**
Uçuş Süresine Göre Ortalama Operasyonel Maliyet	11.531 $	10.059 $	%-1,8
Uçuş Süresine Göre Ortalama Uçak Operasyonel Maliyeti	5.953 $	4.735 $	%-20,5

Tablo 20'nin Devamı			
Uçuş Saatine Başına Ortalama Yakıt Maliyeti	3.672 $	2.297 $	%-37
Ortalama Yakıt Fiyatı(galon olarak- 1 galon = 3,8 lt.)	3,12 $	1,95 $	%-37
Uçuş Saati Başına Ortalama Yakıt Sarfiyatı(galon olarak)	1.176	1.177	%0,1
Uçuş Saatine Başına Ortalama Bakım-Onarım Maliyeti	853 $	907 $	%6,2
Uçuş Saatine Başına Ortalama Personel Maaşları ve Sosyal Ödemeler	2.463 $	2.678 $	%8,7

Kaynak:"US DOT Form 41 Airline Operational Cost Analysis Report", **IATA**, March 2011, p.5 ve p.11'deki veriler yardımıyla düzenlenmiştir.

İşletme giderlerinin uçuş saatine bölünmesiyle bululan 11 büyük için bir saatlik uçuş başına maliyet, 2008 yılına göre %13'lük düşüşle 2009 yılında ortalama 10.059 $ olarak karşımıza çıkmaktadır. Bir galon yakıtın yaklaşık olarak 3,8 lt. olduğu düşünüldüğünde, 1.177 galon yakıt sarfiyatı olan 11 büyük havayolunun, 2009 yılında uçuş saati başına yaklaşık olarak ortalama 4.500(1.177 x 3,8) lt.yakıt sarfiyatının olduğu söylenebilir. Çıkan bu ortalama rakamın, uçuş mesafeleri, filo karmaları ve diğer etkenlerin benzerlik gösterdiği diğer havayolları için de temsil etme noktasında geçerli olduğu söylenebilir.

Uçak işletme maliyetleri olarak anılan maliyetler, pilotlar, yakıt, personel giderleri, direkt bakım onarım giderleri, uçuş ekipmanlarının yıpranma payları gibi direkt işletme maliyetleridir. 11 Büyük Havayolunun işletme maliyetlerinde yaşanan %19'luk düşüşün uçak işletme maliyetlerindeki karşılığı 2009 yılında %26'lık bir düşüş olmuştur. Diğer yandan uçuş sürelerinde yaşanan %7'lik daralmanın sonucu uçuş saati başına toplam maliyet %13, uçak işletme maliyetleri ise %20 azalmıştır.[228]

Yeni nesil daha fazla yakıt etkin uçakların alımı ve karşılığında eski uçakların emekliye ayrılması eğilimi 2009'da 11 büyük havayolunda da devam etti. Özellikle B737NG tipi 61 uçakla(%8), A320 tipi 6 uçakla(%1), B777 tipi 5 uçakla(%4) olmak üzere kendi içinde artış

[228]"US DOT Form 41 Airline Operational Cost Analysis Report", **IATA**, March 2011, p.11.

gösterdi. Ayrıca EMB 190 tipi, 10 uçakla(%20) kayda değer bir artış gösterdi. Diğer taraftan, klasik B737 tipi 124 uçak(-%24), MD-80 tipi 35 uçak(-%8), A300-600 tipi 20 uçak(-%65), B757 tipi 16 uçak(-%3) ve DC9 tipi 11 uçak(-%14) filodan çıkarıldı.

Amerikan en büyük 11 havayolunun 2009 filosunda en büyük yeri %41 oranla dar gövde sınıfına giren A320 ailesi ve B737NG tipi uçaklar aldı.

2009 yılında 11 büyük havayolunun operasyonel geliri %15 düşüşle 108 milyar USD, operasyonel maliyetleri ise % 19 düşüşle 109 milyar USD olarak gerçekleşirken bir önceki yıl 5,9 milyar USD olan zarar, 104 Milyon USD'ye gerilemiş oldu. Bu durum, -%5 olan kar marjında %98'lik bir gelişmeyi ifade etmekteydi. Yine 2009 yılında 11 Büyük'ün de dâhil olduğu 49 Amerikan havayolunun toplam operasyonel giderleri, 150 milyar USD yani, dünya toplamının %31'i olarak raporlandı.

Havayollarının ve ülkelerin de göz önünde bulundurması gereken diğer bir önemli maliyet ise, ülke sivil havacılık alt yapısının sebep olduğu kronik operasyonel aksaklıklardan kaynaklanan maliyetlerdir. Ülkeler, havalimanlarında gerçekleşen ortalama gecikmeler, gecikmelerin değişkenliği ve sefer iptalleri gibi değişkenlerle yaptıkları çözümlemelerle havayollarının maliyetleriyle ulusal hava sahası sistemleri arasındaki ilişkileri ortaya çıkarmaya çalışılır. Örneğin, Amerikan Ulusal Hava Sahası Sistemlerinin(National Airspace System- NAS) geliştirilmesiyle elde edilecek iyileştirmelerin, havayollarının maliyetlerine 1-4 milyar $ aralığında tasarruf sağlanabileceği tahmin edilmektedir. Kamu yararı düşünüldüğünde ulusal hava sahası sistemlerinin iyileştirilmesi konusunun sadece havayollarını ilgilendirmediği açıktır. Kapasite kullanım oranları ve buna bağlı yaşanan sorunların da sürekli arttığı günümüzde, hava trafik yönetimi ve iletişim ve navigasyon ve gözetim programlarına yapılacak yatırımların da önemi gittikçe artmaktadır. Yapılacak gelişmeye bağlı olarak, uçak ile havayolu operasyon merkezi arasındaki iletişim olanaklarının arttırılmasının, sefer başına 16-48 $ arasında tasarruf, sefer gecikmelerinde olumlu etki eden bir iyileştirmenin ise, uçakların direkt işletim maliyetlerine bağlı olarak dakika başına en az 25 $(dakika başına maliyetin, endirekt faktörlere göre de artacağı için, doğrusal ve monotonik bir fonksiyon olmadığı da göz önüne alınmalıdır) tasarruf sağlayacağı tahmin edilmektedir.[229] 49 Amerikan Havayolunun 2009 yılı operasyonel giderlerinin dağılımı Tablo 21'deki gibidir.

---

[229] Mark M. Hansen, David Gillen and Reza Djafarian-Tehrani, "Aviation Infrastructure Performance And Airline Cost: A Statistical Cost Estimation Approach", **Pergamon Transportation Research Part E**, 2001, p.1-3.

Tablo 21:49 Amerikan Havayolunun 2009 Yılı Operasyonel Giderlerinin Dağılımı

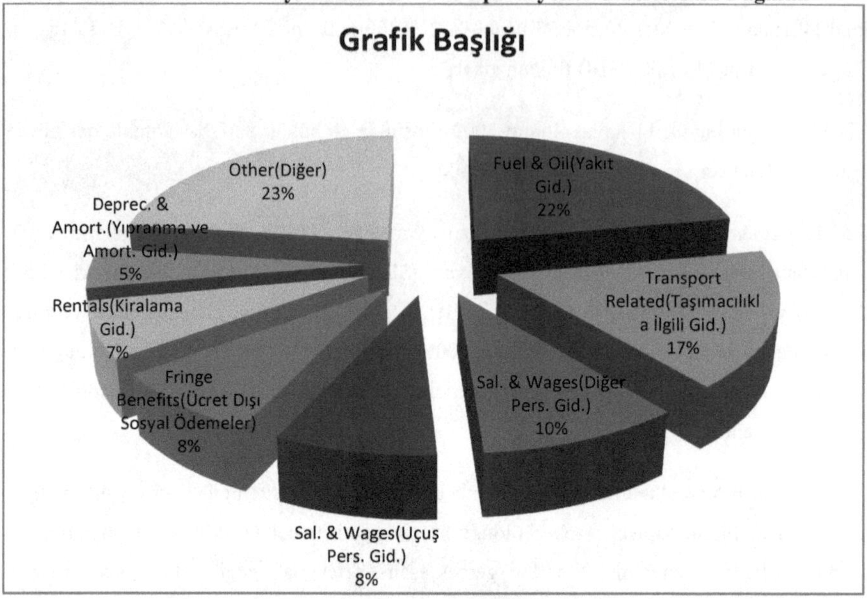

Kaynak:"US DOT Form 41 Airline Operational Cost Analysis Report- March", **IATA**, 2001, p.2.

Form 41'in 2007 verileri 2009 verileriyle paralellik gösterirken, ilgili yılda maliyetlerin fonksiyonel esasa göre sınıflandırması yapıldığında, uçuş operasyon maliyetlerinin(uçuş faaliyeti, bakım-onarım ve amortisman gid.) toplam içindeki payının, %53,1, yer operasyon maliyetlerinin(uçak ve trafik hizm.-%14,2+ tanıtım ve satış dağıtım kanalları-%6,3) toplam içindeki payının, %20,5 ve sistem işletme maliyetlerinin(genel yönetimsel- %6,7 + taşımacılıkla ilgili- %13,7) toplam içindeki payının ise, %26,4 olduğu görülür.[230] Uçuş operasyon maliyetlerinin, yakıt fiyatlarındaki dalgalanmalara göre senelik olarak değişiklik gösterirken, ortalama olarak bir havayolunun işletme maliyetlerinin yarısını oluşturduğu söylenebilir. Taşımacılıkla ilgili maliyetler, geleneksel havayollarının bağlantılı yolcuları için genellikle bölgesel havayollarından satın aldığı koltuk maliyetlerini yansıtırken,bu maliyetlerin toplam içindeki oranı, bölgesel havayolu işletmelerinin yerleşik havayollarıyla artan işbirliklerine bağlı olarak, yıllar itibariye artış göstermektedir. Önceki senelere göre düşüş gösteren tanıtım ve satış dağıtım kanalları maliyetinin seyrini, internet üzerinden direkt satışların artmasıyla acentelere ödenen komisyonlardaki düşüşe bağlamak mümkündür.

---

[230]Belobaba, p.120.

4.3.2. Havacılık Sektörü Maliyet Çalışmaları

Havacılık sektöründe gerçekleşen deregülasyon çalışmalarının zamanla sektördeki kısıtlamaları kaldırmış olması ve artan rekabetin havayolu pazarına etkileri, havayolu karlılığında operasyonel maliyetlerin kontrolünü ve üretkenliğin arttırılmasını kritik hale getirdi. Düşük maliyetli havayollarının ortaya çıkışı ve hızla büyümelerini ve geleneksel yerleşik havayollarına karşı kazandıkları üstünlüklerini, büyük ölçüde, düşük işletme maliyetlerinin avantajlarını fiyatlarına yansıtabilme ve görece yüksek verimlilik düzeyinde çalışabilme kabiliyetlerine bağlamak gerekir.[231] Buna karşılık, yerleşik havayolları, işletme maliyetlerini azaltmak ve uçak ve personel kullanım oranlarını(ütilizasyon) arttırmak için yeni yollar bulmak zorundalar.

Amerikan Ulaştırma Bakanlığı'nın yaptığı(U.S. Department of Transportation -US DOT-) Form 41çalışması dışında havayolu işletme maliyetlerinin belirli bir sistem içerisinde ve detaylı olarak düzenlenerek kamu ile paylaşıldığı başka ülkeler de yok denecek derecedir. Dünya havayolu işletme maliyet bilgilerinin işlendiği, içinde ICAO'nun yıllık düzenlediği "F serisi" finansal veri raporlarının da yer aldığı bazı kamu kaynakları da mevcuttur. Ancak Form 41 dahi, kendi kuruluşundan buyana sarf ettiği çabalarına ve Civil Aeronautics Board(Sivil Havacılık Kuruşu)'un1942'deki "hesapların tekdüzen sistem" de raporlanması dayatmasına rağmen, bu amaca ulaşılamadı.[232]Sonuç olarak, havayolu işletme maliyetlerinin uluslararası raporlamalardaki ayrışık yapıyı, yıllık eğilimlerdekifarklılıkları, maliyet muhasebesi kurallarındaki ayrımlara ya da işletme maliyet performanslarındaki gerçek farklarla açıklamak gerekir.

Havayolu işletme maliyetleri dört temel kategoriye ayrılabilir, bunlar: uçak işletme(operasyon) maliyetleri, uçak bakım onarım maliyetleri, yer operasyonmaliyetleri ve işletim(sistem işletim) maliyetleri. Bu dört ana maliyeti aşağıdaki gibi kendi içinde sınıflandırmak da mümkündür:[233]

<u>Uçakla İlgili Giderler:</u>

- **Uçak operasyon maliyetleri**: Bu maliyet kalemleri, uçuş operasyon giderleri, yakıt, uçak sahiplik, uçak iniş ücretleri ve diğer uçak işletme giderlerini içerir.

---

[231]Belobaba, p.113.
[232]Belobaba, p.114.
[233]"US DOT Form 41 Airline Operational Cost Analysis Report", **IATA**, March 2011, p.14.

- **Uçak bakım onarım maliyetleri**: Uçuş ekipmanlarının bakım onarım maliyetlerini ve bu ekipmanların yıpranma giderlerini içerir.
- **Yer operasyonmaliyetleri**: Uçağa uçuşu için yerde verilen hizmetlerin maliyetlerini içerir.

Havayoluyla İlgili Giderler:

- **İşletim(sistem işletim) maliyetleri**: Havayolu işletmekle ilgili olan yolcu hizmetleri, satış kanalları, operasyon maliyetleri(genel giderler), reklam, pazarlama ve tanıtım gibi giderlerdir.

IATA'nın Mart 2011 "US DOT Form 41 Airline Operational Cost Analysis Report" yayınında adı geçen 10 büyük Amerikan Havayolu'nun 2008 yılındaki toplam işletme maliyetleri, 132,7 milyar USD, 2009'da ise 107,6 milyar USD'dir.[234] 10 büyük Amerikan Havayolunun 2008 ve 2009 yıllarına ait maliyet bilgilerinin sınıflandırılması aşağıdaki Tablo 22'de verilmiştir.

Tablo 22: 10 Büyük Amerikan Havayolu 2008-2009 İşletme Maliyetleri Analizi

Havayolu İşletme Maliyetleri	**2008**		**2009**	
Uçak Operasyon Maliyetleri	65,7 Milyar $	%49	48,0 Milyar $	%45
Uçak Bakım Onarım Maliyetleri	10,2 Milyar $	%8	10,1 Milyar $	%9
Yer Operasyon Maliyetleri	16,8 Milyar $	%13	15,9 Milyar $	%15
İşletim(sistem işletim) Maliyetleri	40,0 Milyar $	%30	33,6 Milyar $	%31

Kaynak:"US DOT Form 41 Airline Operational Cost Analysis Report", **IATA**, March 2011, p.14 ve p.15'deki veriler yardımıyla düzenlenmiştir.

Tablo 22'de temel başlıklar altında toplanan maliyet kalemlerinin açılımı, aşağıda Tablo 23'de detaylarıyla gösterilmiştir:

---

[234] "US DOT Form 41 Airline Operational Cost Analysis Report", **IATA**, March 2011, p.14-15.

Tablo 23: 10 Büyük Amerikan Havayolu 2008-2009 İşletme Maliyetlerinin Sınıflandırması(Tablo 23 uzunluğu sebebiyle iki parça halinde gösterilecektir.)

2008-2009 Dönemi 10 Büyük Amerikan Havayolu İşletme Maliyetleri				
Uçak OperasyonMaliyetleri	**2008**		**2009**	
Yakıt Maliyeti	42 Milyar $	%64	24,5 Milyar $	%51
Uçak Sahiplik Maliyeti	6,7 Milyar $	%10	6,2 Milyar $	%13
Pilot ve Ko-pilot Maliyeti	5,9 Milyar $	%9	6,2 Milyar $	%13
Kabin Ekipleri Maliyeti	5,3 Milyar $	%8	5,3 Milyar $	%11
Diğer Uçuş Opr. Maliyeti	3,9 Milyar $	%6	3,4 Milyar $	%7
Uçak İniş Ücretleri	2,0 Milyar $	%3	2,4 Milyar $	%5
Toplam	**67,7 Milyar $**	%100	**48,0 Miyar $**	%100
Uçak Bakım Onarım Maliyetleri	**2008**		**2009**	
Taşeron Hizm. Alımı	4,4 Milyar $	%43	4,04 Milyar $	%40
Genel Giderler	2,8 Milyar $	%28	2,9 Milyar $	%29
Malzeme	1,3 Milyar $	%13	1,4 Milyar $	%14
Emek	1,2 Milyar $	%12	1,3 Milyar $	%13
Diğer Bakım-Onarım	0,4 Milyar $	%4	0,4 Milyar $	%4
Toplam	**10,2 Milyar $**	%100	**10,1 Miyar $**	%100
Yer Operasyon Maliyetleri	**2008**		**2009**	
Trafik Hizmetleri	11,0 Milyar $	%66	10,1 Milyar $	%66
Hat Bakım	1,9 Milyar $	%11	1,8 Milyar $	%11
Kontrol	1,7 Milyar $	%10	1,6 Milyar $	%10
Teçhizat Bakım ve Yıpr.	1,6 Milyar $	%9	1,6 Milyar $	%10
Uçuş Ekip Dışı Amort.	0,7 Milyar $	%4	0,5 Milyar $	%3
Toplam	**16,8 Milyar $**	%100	**15,9 Miyar $**	%100
İşletim(sistem işletim) maliyetleri	**2008**		**2009**	
Taşımacılık Hizm. İlgili	20,0 Milyar $	%52	16,5 Milyar $	%50
Genel&Yönetimsel	8,8 Milyar $	%22	7,4 Milyar $	%22
Satış Kanalları	6,8 Milyar $	%17	5,7 Milyar $	%17
İkram	2,0 Milyar $	%5	1,7 Milyar $	%5

Tablo 23'ün Devamı				
Reklam&Tanıtım	0,8 Milyar $	%2	1,0 Milyar $	%3
Diğer Kabin İçi Hizm.	0,8 Milyar $	%2	1,0 Milyar $	%3
Toplam	**40,0 Milyar $**	%100	**33,6 Miyar $**	%100

Kaynak:"US DOT Form 41 Airline Operational Cost Analysis Report", **IATA**, March 2011, p.14 ve p.15'deki veriler yardımıyla düzenlenmiştir.

Havayolları, 2001 yılından bu yana artan yakıt maliyetlerinin üzerlerinde yarattığı finansal baskıya karşı, yakıt etkin gelişkin uçaklarla verimliliği arttırarak ve yakıt dışı maliyet merkezlerine odaklanarak karşılık vermeye çalıştılar. İlgili dönemde özellikle emek verimliliği(arz edilen ton/km olarak personel başına kapasite), %42'lik gelişme gösterdi. Sonuç olarak, emek maliyetinin toplam işletme maliyetleri içindeki payı, 2001'de %28,3 iken; 2008 yılında %20,1'e düştü. Satış kanalları gibi diğer maliyet kalemlerinde de çeşitli yöntemlerle tasarruf sağlanmaya çalışıldı.[235]

Tablo 22'de 2008-2009 yılları arasında 10 Büyük Havayolu işletmesi için yapılan maliyet analizine benzer, fakat konu aldığı havayolunun(British Midland Airways) karakteristik özellikleri sebebiyle farklılık gösteren başka bir çalışmanın sonuçları Tablo 24'deki gibidir.

[235]"Airline Fuel and Labour Cost Share", **IATA Economic Briefing**, February 2010, (www.iata.org/economics)

Tablo 24: British Midland Airways – Maliyet Yapısı: Finansal Yıl 2003/04

Maliyet Kategorisi	%
Uçak İniş ve Yolcu Biniş Ücretleri	17,6
Uçak Amortisman ve Kiralama	14,5
Handling, Park ve İstasyon Maliyetleri	10,8
Yakıt	10,5
Bakım-Onarım Maliyeti	10,3
Pilot&Ko-pilot Maliyeti	6,7
Genel&Yönetimsel	5,8
Navigasyon&Yol Boyu Yükümlülükler	5,0
Yolcu Hizmetleri	3,8
Kabin Ekipleri Maliyeti	3,6
Rezervasyon Sistem Maliyeti	3,5
Komisyon	2,9
Reklam&Tanıtım	2,8
Özel Kargo Maliyetleri	1,3
Sigorta	0,8
Satışlar	0,8
Diğer	0
Toplam	100

Kaynak: Stephan Shaw, **Airline Marketing and Management**, Sixth Edition, Ashgate Publishing Limited, Burlington USA, 2007, p.95.

British Midland Airways, İngiltere'de geleneksel hizmet anlayışıyla içhatlar ve bölgesel uçuşlar yapan kısa mesafeli bir havayolu şirketidir. Havayolu'ndan departmanlara göre edinilen maliyet bilgileri, uçak iniş ücretleri ve yolcu biniş ücretlerinin toplam içerisinde %18'lik pay ile ilk sırada yer aldığını göstermektedir. Dolayısıyla bu maliyet kaleminde tasarruf yaratarak ilgili havayolunun rakiplerine karşı maliyet avantaj sağlayacağı aşikârdır. Özellikle, düşük maliyetli havayolları için etki edilebilir en büyük maliyet kalemi olan uçak iniş ve yolcu biniş ücretlerinde tasarruf sağlamanın birinci yolu, ilgili havayolunun atıl kapasitesi yüksek olan havalimanlarını tercih ederek bu havalimanlarıyla yapacağı özel indirim anlaşmalarıyla maliyet avantajı sağlanması şeklinde karşımıza çıkmaktadır. Havalimanı işletmelerinin havayollarına özel indirim yaparak atıl kapasitesini doldurmalarındaki ticari beklentileri ise, havalimanına giriş çıkış yapacak ilave yolcuların arz edilen hizmetlere(otopark, restoranlar, free shop vb.) karşı gösterecekleri talep beklentisidir.

Havayolu işletmelerinde de maliyet liderliği pozisyonu için olmazsa olmaz, yalın bir iş modeli geliştirmektir. Bu temel gereksinimi akılda tutarak, havayolu işletmesinde maliyet liderliği için gerekli olan stratejik adımları aşağıdaki gibi özetlemek mümkündür:[236]

1. **Düşük maliyetli filo seçimi:**
   Tek tip ve yakıt etkin yeni nesil uçak tercih edilerek filonun oluşturulması yoluyla, bakım onarım, pilot ve kabin ekibi eğitim gibi maliyet kalemlerinde sağlanacak tasarrufun yanısıra, operasyonel süreçte sağlanacak esneklik(uçak swaplamak-değiştirme yoluyla gecikmelerin azaltılması) ile de ek maliyetlerden kurtulmak stratejisidir. Günümüz havayolları için tercih edilen uçak tipi genellikle Boeing 737 ve akabinde Airbus A319 ailesidir.
2. **Alternatif havalimanları seçimi:**
   Atıl havalimanlarının ana istasyon olarak seçilmesiyle uçak iniş ücretleri ve yolcu biniş ücretlerinde tasarruf sağlanmasıdır.
3. **Düşük turnaround/yüksek uçak ütilizasyonu:**
   Bir uçağın iki uçuşu arasında yerde geçirdiği sürelerin çeşitli yollarla(hızlı temizlik, yükleme, boşaltma, ekip değiştirmeden seferin icrası, gecikme halinde, uygun uçakların arasında değiştirilmesi vb.) düşük tutularak uçak ütilizasyonunun arttırılması yoluyla uçağın sabit giderlere olan katkısının arttırılması stratejisidir.
4. **Kabin içi hizmetlerin sınırlandırılması:**
   Kabin içi hizmetlerin başında gelen ikram hizmetinin, uçak içerisinde ikramların muhafaza edildiği galleylerin kaldırılmasının yakıt, temizlik ve hazırlık maliyetlerini de azalttığı göz önüne alınarak, özellikle kısa uçuşlardaki birim maliyete olan etkisinin azaltılması için azaltılması/kaldırılması veya ücrete tabi edilmesiyle gelir kalemi haline getirilmesi stratejisidir.
5. **Noktadan noktaya direkt transfer:**
   Transfer yolcu taşımacılığının getirdiği ilave maliyetler(ara noktada verilen ilave konaklama, ikram, transfer aksaklığından kaynaklanan hizmet maliyetleri vb.) ve transfer yolcular için cazibe yaratmak amacıyla transfer ürünün düşük

[236]Shaw, p.93-100.

fiyatlandırılmasından kaynaklanan potansiyel gelir kayıplarının engellenmesi adına, noktadan noktaya direkt uçuşların sağlanmaya çalışılmasıdır.

6. **Yalın ücret tarifesi:**

Maliyet lideri havayolları belirli zaman dilimleri için, geleneksel havayollarının aksine, müşterilerine tek bir fiyat teklifinde bulunarak karmaşık ücret tarifelerine alternatif olma yolunu seçerler.

7. **Düşük maliyetli satış dağıtım kanalları:**

1990'lı yılların sonunda geleneksel havayollarının genelinin toplam maliyetleri içerisindeki %12 ile %14'lük payın satış acentelerine ödenen komisyonlar olduğu göz önüne alındığında, bir havayolunun bu maliyetlerden kurtulmasının maliyet avantajı sağlamakta ne derece önemli bir adım attığı daha iyi anlaşılır. Global satış dağıtım sistemleri olarak bilinen(global distribution systems-GDS) sistemleri kullanma karşılığı ödenen rezervasyon ücretleri, maliyet lideri havayolu işletmeleri için daha yüksek oranlarda maliyet anlamına gelmektedir. GDS'ler rezervasyon başına sabit bir rakam üzerinden çalışır ve günümüzde bu tutarın ortalama olarak 4,5 $ olduğu söylenebilir. 4,5 $ nin, 3000 $'lik bir business class bilet içindeki payı düşük olsa da bu rakamın 50 $'lık bir ekonomik bilet içindeki payının yüksekliği ortadadır. Sorunun çözümü, tabii ki, internet tabanlı direkt satış yönteminin kullanımıdır. Formülün öncüsü İngiliz Easyjet Havayolları olmuştur. Easyjet kuruluşu olan 1995 yılından bu güne kadar hiçbir seyahat acentesine komisyon ve dolayısıyla da hiçbir GDS işletmesine rezervasyon ücreti ödemenin verdiği maliyet avantajını kullanarak büyümüştür.

8. **İadesiz bilet:**

Maliyet lideri olan havayolları, hangi sınıftan olursa olsun, satışlarında iadesiz bilet satmayı tercih ederler. İadesiz biletlerin rezervasyonları belirli bir ücret karşılığında değiştirilebilirken(bu ücret İngiltere'de ortalama 25 Euro+ biletin sınıfı ile yeni rezervasyon sınıfı arasındaki fark şeklindedir.), para iadesi hiçbir şekilde yapılmaz. Bu yöntem havayollarına daha net ve fazla nakit akışı sağlarken, finansal fırsat maliyetini de önlemiş olur.

Yukarıda sayılan özellikleriyle maliyet liderliğini elinde bulunduran düşük maliyetli havayollarının son yıllarda hava taşımacılığının tartışmasız kazanı oldukları söylenebilir. Düşük maliyetlerle sağlanan fiyat avantajı, pazara yeni müşteriler kazandırırken, aynı zamanda yaşanan finansal krizler nedeniyle de tercihleri değişebilen kaliteli hizmet müşterilerine dönem dönem alternatif olabilmektedir. Ancak havayolu işletmelerinin düşük kâr marjlarının yanında artan petrol fiyatlarına karşı maliyetlerini sürekli olarak azaltmaları gerektiği de ortadadır. Maliyet yapıları ne olursa olsun, havayolları için doğru maliyet bilgisi ve bu maliyet bilgilerine verilecek tepkiler hayati önem taşır. Havayollarında yapılan maliyet çalışmaları farklılıklar gösterse de, bu konuda havacılık otoritelerinin yol gösterici çalışmaları son yıllarda artış göstermiştir.

IATA Airline Operational Cost Task Force Data Collection(AOCTF), IATA tarafından yapılan bir çalışmadır ve üye havayollarına operasyonel maliyetlerin düzenlenmesi ve raporlanmasında yol haritası sunmaya çalışır. Mecburi olmayan ve "Havayolları işletme maliyetleri taslağı" olarak adlandırabileceğimiz bu çalışma ile üye havayollarından hava taşımacılık ana faaliyetlerini kapsayan trafik, kapasite, gider, gelir, karlılık, yatırım getirisi ve bilanço istatistik bilgileri toplanır. Bu yıllık veri toplama faaliyeti iki senelik bir dönemi kapsar. Veriler her bir uçak tipi ve uçulan hat için toplanır. Havayolu taşımacılığı dışında havayolu tarafından icra edilen herhangi ikincil faaliyet alanlarına ait gelir ve maliyet bilgileri raporlamalara dâhil edilmez.

AOCTF veri toplama çalışmasının amaçları aşağıdaki gibi sıralanabilir:[237]

- Sektör bazında finansal ve operasyonel bilgilerden(gelirler, giderler, trafik, kapasite, filo vb.) faydalanılması,
- Operasyonel performans ve oranların değerlendirilmesi,
- Operasyon maliyetlerinin(uçuş, yer ve sistemsel) yapısal analizinin yapılması,
- Sektörel yönelimlerin ve maliyet etkenlerinin tanımlanması.

AOCTF, işletme maliyetlerini üç kategoride toplar. Bunlar:

1. **<u>Uçuş İşletme Maliyetleri</u>:** Uçuş ekipleri, yakıt, uçuş ekipmanları ve seyrüsefer(seyre yardımcı olan araç ve gereçler) gibi uçak ya da uçağa ait uçuş faaliyetleri ile direkt ilişkilendirilebilen direkt işletme maliyetlerindirler.
2. **<u>Yer İşletme Maliyetleri</u>**: Uçağa ait bakım ve revizyon, havaalanı ücretleri, istasyon ve yer gibi yer faaliyetleri ile direkt ilişkilendirilebilen direkt işletme maliyetleridirler.

[237] "Airline Operational Cost Task Force Data Collection: 2008 Data Collection for year 2007 and year 2008", **IATA**, 2009, p.6.

3. **Sistem İşletim Maliyetleri:** Genel giderlerdir ve endirekttirler. Uçuş operasyon ya da yer operasyon maliyetleriyle direkt ilişkileri yoktur. Kabin ve yolcu hizmetleri, sigorta, biletleme, satış ve promosyon, genel yönetimsel maliyetleri içerir.

AOCTF, üye havayollarından gerekli bilgileri edindikten sonra herbir üyeye başka bir yerde yayınlanmayan yıllık bir rapor gönderir. Birçok havayolunu hakkında nitelikli bilgiler ihtiva etmesi açısından finansal ve operasyonael olarak üye havayollarına kıyaslama imkânı sunan bu rapor;[238]

- Üye havayollarının filo büyüklükleri, filo çeşitleri ve operasyonel bilgilerini,
- Finansal performanslarının üst seviyede analizini,
- Operasyonel bilgileri ile maliyet yapısını gösteren birim maliyet ya da birim gelir gibi birçok anahtar performans göstergesini,
- Uçak tiplerine göre maliyet bilgilerini,
- Hatlar bazında maliyet,

bilgileriniiçerir. AOCTF aynı zamanda ticari havayollarında maliyetlerin raporlanmasını standardize edilmesini hedeflemektedir. AOCTF üyeleri, tarihi bilgilerle kıyaslama yaparken, sektördeki maliyet performans, maliyet izleme ve maliyet yönetimi eğilimlerini kolayca analiz edebilir, en iyi uygulamaları sektördeki uzmanlarla kendi koşullarına göre uyumlaştırabilir. AOCTF, giderlerin dağılımı konusunda üye havayollarının içsel yöntemlerine alternatif olarak Tablo 25'deki gider sınıflandırması ve dağıtımını önermektedir.

---

[238] "Airline Maintenance Cost Executive Commentary-January 2011", **IATA**, 2011, p.16.

Tablo 25: AOCTF'ye Göre Maliyetlerin Dağılımı

Maliyet Kalemi	Dağıtım Anahtarı
Uçuş Ekibi Maliyetleri	Uçak uçuş saatleri- block saat ve ekip rotasyon
Yakıt Maliyetleri	Uçak uçuş saatleri- block saat
Uçuş Ekipmaları Sigorta Maliyeti	Uçak uçuş saatleri- block saatler ve inişler
Bakım ve Onarım	Uçak uçuş saatleri- block saat
Uçuş Ekipmanları Amortisman	Uçak uçuş saatleri- block saat
Kiralama Giderleri	Uçak uçuş saatleri- block saat
İstasyon ve Yer	Payload ile ölçülen uçak hareketleri
Kabin Ekibi	Kabin ekibi uçulan block saat ve ekip rotasyonu
Yolcu Hizmetleri	Sağlanan hizmet sınıfına göre yolcu kilometre
Yolcu ve Yük Sigortası	Yolcu tone kilometre ve yük ton kilometre
Biletleme, Satış ve Pazarlama	-Acente yoluyla kazanılan yolcu ve kargo gelirleriyle ilişkili komisyonlar -Toplam gelirin elde edilmesinde havayolu acentelerine düşen payı karşılamak üzere katlanılan maliyet
Genel ve Yönetimsel	Amortisman ve ATK(arz edilen ton kilometre) dışında kalan diğer operasyonel maliyetler

Kaynak:"Airline Operational Cost Task Force Data Collection: 2008 Data Collection for year 2007 and year 2008",**IATA**, 2009, p.7.

AOCTF çalışmasında üyelerinden üç çeşit formatta raporlama yapmalarını önerir:

- **Form 1:** Üye havayollarının her birinden bilanço, özsermaye, sermaye yükümlülükleri, istihdam, fiyat sapmaları(yakıt fiyatı enflasyonu) ve iki seneye ait USD kur bilgilerinin belirlenen formatta düzenlenmesi istenir.

- **Form 2:** Her bir uçak tipi için iki seneye ait giderler, kapasite, trafik ve yakıt sarfiyat bilgilerinin belirlenen formatta düzenlenmesi istenir.

- **Form 3:** Uçulan her hat için iki seneye ait gelir, gider, trafik, kapasite ve yakıt tüketim bilgilerinin belirlenen formatta düzenlenmesi istenir.

Form 1'de gösterilmesi istenen iki seneye ait bilanço, özsermaye, sermaye yükümlülükleri, istihdam, fiyat sapmaları(yakıt fiyatı enflasyonu) ve Form 3 ve Form 4'te raporlanan havayolu hava taşımacılık gelir ve maliyet bilgileri arasında direk ilişki kurularak ilgili gelir ve maliyetin oluşmasında kullanılan toplam varlıklar karşılaştırabilir. Operasyonel sonuçlarla ana iş olan hava taşımacılığında kullanılan toplam varlıkların karşılaştırılması ise, sermaye karlılık analizi sağlaması yoluyla geniş açıdan havayollarının ekonomik performanslarının kıyaslanmasına olanak sağlamış olur.

Havayolu işletme maliyetlerinin sınıflandırılmasında alternatif yaklaşım, havayolu işletmesinde fonksiyonel maliyet kategorilerini tanımlayarak maliyetlerin öncelikle faaliyetlere yüklenmesidir. US DOT Form 41 ve AOCTF'nin uygulamasıyla paralellik gösteren sınıflandırmasında havayolları için tanımlanabilecek üç ana fonksiyonel maliyet kategorisi, uçuş operasyon maliyetleri, yer operasyon maliyetleri ve sistem işletim maliyetleridir:[239]

Uçuş Operasyon Maliyetleri: Bu maliyetler yazında, uçuş faaliyeti içinde uçak işletmek için gerekli tüm giderleri içerdiği için, "uçak işletme giderleri" ya da "direkt işletme maliyetleri"(DOC- direct operating costs) şeklinde de kullanılır. Direkt işletme maliyetleri, ortalama olarak tüm işletme maliyetlerinin yarısını temsil eder ve bu kategorinintüm bileşenleri, uçağın doğrudan kullanım süresiyle ilişkili olduğundan, genellikle havayolu filosunun block saatleri kullanılarak dağıtılır. Form 41'de bu maliyetlerin uçağın uçuş faaliyeti içinde direkt olarak ortaya çıkan giderler olduğu vurgulanmıştır:

- **Uçuş giderleri:** Uçuş ekibi ve yakıtla ilgili tüm giderlerdir.
- **Bakım-onarım:** Bakım ve onarımla ilgili direkt ve endirekt tanımlanabilir olan tüm giderlerdir. Bu unsur, emek yoğun kullanımı ve yedek parça tüketimiyle, rutin bakım ve daha kapsamlı büyük kontrolleri de içerir.
- **Amortisman ve yıpranma giderleri:** Havayolu varlıklarının-özellikle uçakların-maliyetlerinin beklenen faydalı ömürleri boyunca sermaye maliyetlerinin yayılmasıdır.

Yer Operasyon Maliyetleri: Yolcu, kargo ve uçakların handling işlemleriyle, rezervasyon veya bilet satış işlemleri ve doğrudan müşteriye ulaşım işlemlerine ait maliyetlerdir. Yer operasyon maliyetlerinin üç ana bileşeni vardır:

- **Uçak servis maliyetleri:** Uçağın handling hizmetleriyle iniş ücretlerini içerir. Bu maliyetler genellikle, her bir kalkış öncesi yapılan hazırlıklar(temizlik, yakıt alımı vb.) olduğundan uçak kalkışına göre yüklenirler.

---

[239]Belobaba, p.115.

* **Trafik hizmet maliyetleri:** Yolcu, bagaj ve kargonun havalimanında gördüğü işlemlerin maliyetleridir. Bu maliyetler genellikle, işlem gören yolcu sayısına göre yüklenirler.
* **Tanıtım ve satış maliyetleri:** Seyahat acentesikomisyonlarıve dağıtım sistemiücretleri dâhiluçak rezervasyonlarımerkezleri vebiletofisleriile ilişkilimaliyetlerdir.

Sistem İşletim Maliyetleri: Yer operasyon maliyetleri çıkarıldıktan sonra geriye kalan endirekt işletme maliyetleridir. Taşımacılık hizmetinin kendisiyle direkt ilişki kurulamayan kurumsal genel giderlerdir. Örneğin, reklam maliyeti işletme gelirlerini arttırıcı bir faaliyetken, kabin içi yolcu hizmetleri, ikram, eğlence ve kabin personelinin maliyetlerini içerir. İdari giderler(bakım-onarım yönetimi hariç) tüm havayolu için genel yönetim ve kurumsal nitelikte olanlardır.Sistem işletimmaliyetlerininanabileşenleri aşağıdakişekilde özetlenebilir:

* **Yolcu hizmetleri maliyetleri:** İkram dâhil, kabin görevlileri ve kabin içi hizmetlerin maliyetleridir. Yolcu hizmetleri maliyetleri genellikle, daha uzun mesafeler içindaha fazla mal olacakgerçeğiniyansıtan, gelir yolcukilometreye(ÜYK) göre yüklenirler.
* **Reklam ve tanıtım giderleri:** Bu maliyet kategorisi,havayolu gelirlerinindoğuşundan doğrudan sorumluolduğu göz önüne alındığında, genellikle gelirlerininyüzdesine göre yüklenmektedir.
* **Genel yönetimsel giderler:** Havayolu'nun genelini ilgilendirirken, taşımacılık hizmetiyle doğrudan ilişki kurulamayan maliyetlerdir. Bu giderlerin dağıtımındaki zorluklar göz önüne alınarak, genellikle toplam işletme giderlerinin yüzdesiyle yüklenmesi tercih edilmektedir.
* **Taşımacılık hizmeti ilişkili:** ulaşımla ilgili gelirlerin elde edilmesinde katlanılan maliyetlerdir. Bölgesel havayolu ortaklarına ödenen hizmet bedelleri, fazla bagaj ödemeleri ve diğer çeşitli genel giderleri de içerir.

Havayoluişletme giderlerinin fonksiyonel olarak dağılımı,herkategoriyedâhiledilecekmaliyet unsurların belirli tanımlarının yapılmasınabağlıdır. Farklı kurumların yaptığı maliyet sınıflandırmaları, kurumların bakış açıları ve geleneklerine göre farklılık gösterebilir. ICAO'nun üyelerinden yıllık raporlarında geleneksel olarak istediği standart çalışmalarında kullandığı maliyet sınıflandırmasının, birçok açıdan dünya geneli için uluslararası kullanıma uygun olduğu söylenebilir. Zira ICAO'nun havayolu işletme maliyetleri sınıflandırması, ülkelerin, havayollarının ve US Form 41'in kullandığı sınıflandırmalara birçok açıdan paralellik gösterir. Fakat ICAO ve diğer kurum ve ülkelerin maliyet sınıflandırmaları aralarındaki yakınlık derecesinin yüksekliğine rağmen, göze çarpan farklılıklar da mevcuttur.

US Form 41, birçok durumda havayollarından daha ayrıntılı raporlama yapmasını ister. Form 41, "bakım-onarım" maliyetlerini, "direkt gövde bakım," "direkt motor bakım" ve "genel giderler" olarak üç alt kategoriye ayırmayı tercih eder. ICAO'un uygulamasındaki durum, tüm bu bakım onarım giderlerin tek bir maliyet sınıfı altında değerlendirilmesi şeklinde farklılık gösterir. Böylece,ABD veABD dışındakihavayolubakım maliyetleri arasındaki bir karşılaştırma, sadece daha genel bir seviyesindeyapılabilir. ICAO'nun 1992 ile 2005 yılları arasında yaptığı dünya havayollarının işletme maliyetlerinin sınıflandırması Tablo 26'daki gibidir.

Tablo65: ICAO Sınıflandırması, DünyaHavayoluMaliyetDağıtımları 1992-2005

HAVAYOLU İŞLETME MALİYETLERİ, ICAO SINIFLANDIRMASI	**1992**	**2002**	**2005**
Direkt İşletme(Uçak) Maliyetleri	**44,0**	**49,1**	**54,0**
Uçuş Operasyon(Toplam)	26,1	30,7	37,7
Kokpit Ekibi(kaptanlar)	7,2	9,0	7,8
Yakıt	12,2	13,0	21,9
Diğer	6,7	8,7	8,0
Bakım Onarım	10,9	11,3	10,2
Amortisman ve Yıpranma	7,0	7,1	6,1
Endirekt İşletme Maliyetleri	**56,0**	**50,9**	**46,0**
KullanıcıÜcretleri ve İstasyonGiderleri(Toplam)	17,2	17,0	16,2
İniş ve İlişkiliHavaalanıÜcretleri	3,9	4,0	3,8
Diğer	13,3	13,0	12,4
Yolcu Hizmetleri	10,8	10,3	9,3
Biletleme, Satış ve Tanıtım	16,4	10,7	9,1
Genel Yönetimsel ve Diğer	11,6	12,9	11,4

Kaynak: Peter Belobaba, Amedeo Odoni, Cynthia Barnhart, **The Global Airline Industry**, John Wiley& Sons Ltd., United Kingdom, 2009, p.122.

ICAO'nun çalışmasında tanımlanan "direkt işletme(uçak) maliyetleri," US DOT Form 41 ve AOCTF'nin sınıflandırmasında tanımlanan fonksiyonel maliyet kategorilerinden, "uçuş operasyon maliyetleri" ile makul bir şekilde karşılaştırılabilir, ancak ICAO'nun sınıflandırması daha genel olma özelliğini burada da gösterir. ICAO, sınıflandırmasındaki "istasyon giderleri," fonksiyonel sınıflandırmanın aksine, "uçak servis giderleri" ve "trafik hizmetleri giderleri" olarak ikiye ayrılmamıştır. ICAO, "iniş ücretleri" ve "havalimanı ücretlerini", "istasyon giderleri" içerisinde birlikte gösterilmesine benzer bir durum, "iniş ücretleri"nin, US Form 41'de uçak servis giderleri" içine dâhil edilmesinde görülüyor. Bu sınıflandırmalar birçok havayolunun uygulamasıyla paralellik gösterirken, bazı havayolları(özellikle büyük Avrupalı havayolları için) uygulamalarında iniş ücretleri, uçuş operasyon maliyetlerine dâhil edilmektedir, zira bir uçuş faaliyetinin gerçekleşmesi için uçağın havalimanına inmiş olması gerekir.[240]

ICAO uygulamasında birlikte bir sınıf altında toplanan "Biletleme, Satış ve Tanıtım" giderleri, US FORM 41, dağıtım kanalları(rezervasyon,bilet, dağıtım sistemiücretleri) maliyetinden gelen reklambileşenleriniayırır. İki uygulamada da kabin görevlilerinin maliyeti, "yolcu hizmetleri giderleri" içerisine alınmıştır. Çünkü minimum uçuş güvenliği için gerekli kabin görevlisi sayısının üzerindeki çalıştırılan görevli sayıları havayollarına göre farklılıklar gösterdiği bilinmektedir. Kabin görevlilerinin giderlerinin, "uçuş operasyon maliyetleri" içerisinde gösterilmemesinin mantığı, uçak tipine bağlı maliyet karşılaştırmalarının sağlıklı yapılabilmesidir.[241] Sonuç olarak, havayolları için operasyonel maliyetlerin sınıflandırılmasının farklı uygulamalar ve yorumlar sebebiyle zor olduğu, US FORM 41'in daha ayrıntılı bir sınıflandırma yaptığı ve ICAO'nun yalın sınıflandırmasının ise, uluslararası uygulama için uygun olduğu söylenebilir.

[240]Belobaba, p.118.
[241]Belobaba, p. 118-119.

5. HAVACILIK SEKTÖRÜNDE ZAMAN ETKENLİ FAALİYET TABANLI MALİYET SİSTEMİ UYGULAMASI

Havacılık sektöründe gerek kullanılan maliyet sistemlerinin hâlihazırdaki durumunu gerek FTMS'nin sektördeki kullanım şekilleri ve ideal maliyet sistemi kurgusunu ifade edebilecek ya da diğer bir deyişle, yol gösterici kabul edilebilecek bir rol model oluşturulmuş değildir. Çalışmamızın bu son bölümünde özellikle havayolları olmak üzere hizmet sektörü işletmeleri için örnek bir maliyet sistemi modeli önerilmeye çalışılacaktır.

Çalışmamızın Üçüncü Bölümü'nde de görüldüğü gibi, IATA ve ICAO gibi çeşitli kurumların önerdiği maliyet sistemleri, havayolu operasyonu oluşturan ve havayolu masraflarına katkıda bulunan genel giderlerin sınıflandırılmasını, detaylandırılmadan, ana hatlarıyla yaptığı için belirli faaliyetlerinin daha ayrıntılıanalizlerine izin vermez. Bu noktada, bilgi kaynağı havayollarının maliyet sistemlerinin sınırlaması ya da havayolları ve raporlama yapan kurumların çeşitli kaygıları sebebiyle ayrıntı vermekten çekiniyor olmaları olasılıkları değerlendirilebilir. Ancak, havacılık sektöründeki günümüz yüksek rekabet ortamında sektörün karşı karşıya bulunduğu düşük kâr marjı göz önüne alınarak etki edilebilir maliyetlerinden toplam işletme maliyetleri içinde en yüksek paya sahip olan genel giderlerin, raporlamada ayrıntılandırılması ve en büyüklerinden başlayarak azaltılmasının yollarının aranmasının bir zorunluluk olduğu açıktır.

Çalışmamızın dördüncü ve son bölümünün ilerleyen kısmında, temel olarak,"ABC Havayolları" ismini vererek kurgulayacağımız yerleşik tabir edilen büyük bir geleneksel havayolu işletmesinde ZETFMS modeli uygulayarak toplam maliyetleri içerisinde %15-25 bandında orana sahip olan genel giderlerinin(endirekt maliyetlerinin) yeniden değerlendirilmesine ve ürünlere yüklenmesinin ardından ürün maliyetlerinin geleneksel hacim tabanlı maliyet sisteminden elde edilen sonuçlarıyla kıyaslaması yapılacaktır.

5.1.Havacılık Sektöründe Yeni Maliyet Sistemlerine Duyulan İhtiyaç

Son on yıl içerisinde havacılık sektörü gelirlerinin, ikiye katlanarak 598 Milyar $ olarak gerçekleştiğini görmekteyiz. Ancak sektörün kârlılığının aynı derecede etkileyici olduğu söylenemez. Son kırk yılın sektör net kâr marjı % 0,1'dir ve hatta son on yıldan sektör için en iyi olan 2010 senesindeki endüstrinin 18 Milyar $'lik kârı, % 7-8 sermaye maliyetini karşılamazken, sadece %3,2 olarak gerçekleşti. Sektörün tarihsel karakteristiği olan düşük kâr marjı özelliğinin yanı sıra, gelirlerin arttırılmasına yönelik çalışmalar kadar maliyetlerin sağlıklı bir şekilde izlenmesi, kontrolü ve yönetilmesinin de büyük önem arz ettiği açıktır. Sektörün maliyet yapısına bakıldığında;

- Maliyetlerin direkt ve endirekt olarak sınıflandırıldığı,
- Direkt giderlerden yakıt maliyetinin genel içinde %20-35 aralığındaki oranıyla özellikle son yıllarda en büyük maliyet kalemi olduğu,
- Endirekt giderlerin, sistem işletim giderleri olarak adlandırılırken, toplam maliyetler içerisindeki payının, özellikle yakıt fiyatlarındaki dalgalanmalara duyarlı olarak %15-25 aralığında değiştiği,
- Sektörde kullanımı yaygınlaşmış ve otoritelerce desteklenen standart bir maliyet sistemi ya da anlayışının henüz geliştirilmemiş olduğu

görülmektedir. Yakıt ve ikram gibi direkt maliyetlerin, ürünlere(hatlara) yüklenmeleri, genel itibariyle objektif ve doğruya yakın şekilde kolayca yapılabilen veri maliyetler oldukları kabul edildiğinde, odaklanılması gereken maliyetlerin üretimle direkt ilişki kurulamayan endirekt maliyetler olduğu ortaya çıkacaktır.

Havayollarının maliyet kalemlerinde tasarruf sağlama çalışmalarındaki en büyük dayanakları departmanlara göre doğru maliyet bilgisi üreten, işleyen bir maliyet sistemlerinin varlığı ve elde edilen bilgilerden hareketle, başta tasarruf edilebilir veya ortadan kaldırılabilecek en büyük maliyet merkezlerinin izlenmesi olmalıdır. Direkt maliyetler çok büyük ölçüde işletmelerin etki alanı içersinde yer almadıkları halde, endirekt maliyetlerin etki alanı içerisinde, müdahale edilebilir kalemler olduğundan bahsedilebilir. Bu bağlamda, doğruya en yakın maliyet bilgisiyle hareket ederek maliyet liderliğini ele geçirme stratejisi, havayolu işletmelerine fiyat avantajıyla pazar paylarını arttırma imkânı sağlayacaktır.

Devam eden hızlı büyüme ve değişim, havayolu yöneticileriiçin karmaşıkbir dizi sorunlarla mücadele etme zorunluluklarının ortaya çıkmasıyla sonuçlandı. Havayolları için operasyon, emniyet ve mali performansların önemi uzun zamandır bilinmektedir. Bu temelinde altyapı, güvenlik ve sürdürülebilirlik sorunları, karşılaşılan çevresel vetoplumsal engeller, havaalanı vehava trafiğinin özelleştirilmesi ve ticarileştirilmesi, ittifaklar vehavayollarıarasındaki birleşmeler, piyasaların serbestleştirilmesi, yeni ve daha büyük uçakların ve düşük maliyetlitaşıyıcılarınsürekli artış göstermesi havayollu işletmelerinin performansları üzerinde baskı kurmaktadır.[242]Bu tür baskılar, havayolu yöneticilerini, planlamacılarını ve düzenleyicilerini, havayolu işletme performansını ölçmek veyönetmek için çeşitli performans yönetim teknikleri kullanmaya itmiştir. Performans ölçüm tekniklerinin havayolları tarafından kullanılma yüzdeleri Tablo 27'de verilmiştir.

Tablo 27: Bölgeye Göre Performans Ölçüm Tekniklerin Kullanım Yüzdesi

Kullanılan Performans Ölçüm Tekniği	Avrupa	Kuzey Amerika	Asya/ Pasifik	Latin Amerika	Afrika/ Ortado ğu	Genel Toplam
Kıyaslama(Benchmarking)	%95	%86	%86	%67	%67	%88
Kalite Yönetim Sistemleri(Örneğin: ISO9000/BS5750)	%65	%29	%57	%33	%50	%54
Dengeli Puan Tablosu(Balanced Scorecard)	%45	%29	%42	%50	%67	%44
İş Sürecinin Yeniden Yapılanması	%25	%57	%57	%33	%50	%39
Faaliyet Tabanlı Maliyet Sistemi	%40	%29	%29	%0	%50	%34
Toplam Kalite Yönetimi	%20	%0	%43	%0	%50	%22
Çevre Yönetimi Sistemleri(Örneğin: ISO14000)	%20	%0	%29	%0	%25	%17
Değer Tabanlı Yönetim	%20	%0	%14	%33	%0	%15
İş Mükemmelliği Modeli	%15	%0	%0	%0	%0	%7

Kaynak: Graham Francis, Ian Humphreys, Jackie Fry, The Nature And Prevalence of The Use of Performance Measurement Techniques by Airlines, **Journal of Air Transport Management**,11, 2005,p.211.

[242]Graham Francis, Ian Humphreys, Jackie Fry, "The Nature and Prevalence of The Use of Performance Measurement Techniques by Airlines", **Journal of Air Transport Management**, 2005, Vol: 11, p. 207.

Kıyaslama en çok kullanılan performans geliştirme tekniğidir. Havayolu ittifaklarınadoğru eğilimin sektörde artmış olması, kıyaslamaya taraf olan ortaklarındurumu kolaylaştırmış olup, birbirinden öğrenmek adına ittifak üyesi olmak avantajlar sağlamaktadır. Yapılan araştırmadan FTMS tekniğinin kullanımı oranının, % 34 olduğu görülmektedir. Sektördeki uygulamalardan bir tanesi de Lufthansa örneğidir. Lufthansa'nın FTMS uygulamasıyla ilgili yorum içeren bir makaleden yapılan alıntı aşağıdadır.

"1990'ların başları havayolları endüstrisi için zorlu dönemlerdi ve Lufthansa da bir istisna değildi. 1991'de belirtilen 444 milyon Alman Markı zarardan sonra Lufthansa, rekabetçi gücünü yeniden kazanmak ve sürdürebilmek için bir takım çabalar sarf etmeye başladı. Havayolu 1992'de 48.000 olan çalışan sayısını, 1994'de 40.000'e düşürmek zorunda kalmıştı. 1995'te Lufthansa, pazarlama, satış ve operasyonu da kapsayan birçok işletme faaliyetinde yeniden yapılandırma projeleri başlattı. Lufthansa' nın yeniden yapılandırma çalışmalarının bir bölümü de muhasebe alanında gerçekleşti. Muhasebe bölümü özerkleştirildi ve en modern yazılım programlarına kavuşturuldu. 1995 in üçüncü çeyreğinde kurulmuş olan pilot bir faaliyet tabanlı maliyet sistemi programı, ilgili yılda hedeflenen birçok finansal muhasebe görevi için sonuçlar ortaya çıkardı. Lufthansa'nın yeniden yapılandırma ve FTMS faaliyetleri direktörü Lothar Berens, FTMS'nin gerçek değerinin, yalnızca bir seferlik maliyet tasarrufu ölçümüyle değil, devamlı bir performans ölçümüyle geleceğini de belirtmekteydi. "Asıl olan, FTMS'yi özdevimli bir şekilde raporlar haline getirmektir". Örnek olarak, çalışanların faturalama zamanlarını not almaları yerine, FTMS'nde hedef bir dönemde elde tutulan faturalar ve işlem sistemiyle ilgili maliyetler çıkartılarak basitçe toplanmalıdır."[243]

5.2.Uçuş Saati Bazında ve Uçak Tiplerine Göre Sektör Maliyetleri

Uçuş operasyon maliyetlerinin, yakıt fiyatlarının piyasada belirleniyor olması, uçak tiplerine göre bakım ve sahiplik maliyetlerinin de benzerlik göstermesi bakımından havayolları arasında da benzerlik göstereceği düşünülebilir. Ancak havayollarının, özellikle son yıllarda başvurdukları hedge yöntemiyle yakıt fiyatlarındaki dalgalanmalardan korunma eğilimleri nedeniyle yakıt maliyetlerinin değişkenlik gösterebileceği, uçak ütilizasyonları arasındaki farklar nedeniyle blok saat başına düşen bakım onarım ve sahiplik gibi maliyetlerinin değişebilmesi ve farklı personel ücret politikalarının kaptan ve teknisyen maaşlarında yarattığı farkların uçuş

---

[243] İsimsiz, The Lufthansa Pilot, **Global Finance**, Vol: 10, Mar 1996, p.41.

operasyon maliyetlerinde önemli sapmalar yaratabileceği de unutulmamalıdır. Anılan bu etkenler sebebiyle oluşan farkların, US Form 41'den alınan verilere göre, havayollarına yansımasını gösteren Tablo 28 aşağıdadır:

Tablo 28: A320 Tipi Uçağın Block Saat Uçuş Operasyon Maliyetleri, 2005 Yılı

Havayolu	Kokpit ekibi	Yakıt	Bakım onarım	Sahiplik	Toplam
Nortwest	$750	$1.256	$597	$613	$3.214
United	$478	$1.241	$539	$436	$2.694
Jetblue	$362	$1.159	$358	$486	$2.365

Kaynak: US DOT Form 41 Peter Belobaba, Amedeo Odoni and Cynthia Barnhart, **The Global Airline Industry**, John Wiley& Sons Ltd., United Kingdom, 2009, p.133.

Amerikan havayollarının, farklı uçak tiplerinin bir saatlik uçuşunun 2008-2009 yılları ortalama uçuş operasyon maliyetlerinin karşılaştırıldığı Tablo 29 aşağıdaki gibidir:

Tablo 29: Amerikan Havayollarının Farklı Uçak Tiplerinin 2008-2009 Yılları Ortalama Uçuş Operasyon Maliyetleri(block saat)

Uçak Tipi	Uçuş Operasyon Maliyetleri(block saat)		
	2008	**2009**	**Değişim**
A320 Ailesi	$4.125	$2.790	%-32
B717-200	$3.852	$2.853	%-26
B737 Klasik	$3.654	$3.108	%-17
B737(yeni jenr.)	$3.307	$2.709	%-18
B757	$5.002	$3.601	%-28
B767	$6.715	$5,029	%-25
B777	$9,187	$5.946	%-35
DC9	$4.882	$3.096	%-37
EMB190	$3.246	$2.460	%-24
MD80	$4.459	$3.530	%-21

Kaynak: US DOT Form 41 Airline Operational Cost Analysis Report, IATA, March 2011, p.16.

Uçuş operasyon maliyetleri, havayolunun personel ücret politikası, network yapısı ya da uçak filosu gibi yapısal etkenler sebebiyle uçak tipine göre farklılıklar gösterir. Havayolları arasındaki bu yapısal farkları göz ardı eder ve eşit sayarsak, geniş uçakların uçuş maliyetlerinin daha yüksek olduğunu söyleyebiliriz. Gerçi uçak tipinin büyüklüğüyle kazanılan bazı maliyet avantajları vardır: Örneğin, 100 yolculu bir uçakta da 400 yolculu bir başka uçakta da durumsal olarak iki pilotun görevlendirilmesiyle uçuş ekibi koltuk başı maliyetinin büyük uçakta düşük olacağı ya da mesafe uzunluğuna bağlı olarak, taksi, kalkış ve iniş süreçleriyle ilgili sabit maliyetlerin uzun uçuşlarda mesafeye dağıldığı söylenebilir.Ancak uçak büyüklüğüne ya da mesafeye bağlı olacağı düşünülen kazanımların, pratikte gerçekleşmediği durumlar da vardır: Bu durumlara örnek vermek gerekirse, büyük uçaklarda görevli kaptanlar, kıdemli olmaları sebebiyle daha yüksek ücretler alabilir veya maliyet etkin yeni teknoloji bir küçük uçağın koltuk başı yakıt maliyeti büyük fakat eski teknolojiye sahip bir uçağın maliyetinden düşük olabilir. Uçuş operasyon maliyetlerinin block saat başı payına dağılımına etki eden en önemli faktör, uçak ütilizasyonudur.[244]

Geleneksel yerleşik havayollarının, düşük maliyetli ve bölgesel havayollarının yükselen pazar payları ve rekabet avantajları karşısında atması gereken ilk adım, esnek ve ekonomik olmak şartıyla, doğruya en yakın bilgiyi veren maliyet bilgi sistemleri geliştirmek olmalıdır. Bu bölümde sayısal bir örnekle bir geleneksel yerleşik havayolu işletmesinde, daha önceki bölümlerde açıklanmaya çalışılan ZEFTMS'nin uygulanmasına dair bir önerme yapılacaktır.Amerikan havayollarının Airbus A320 tipi uçağının(ortalama 150 koltuk kapasiteli) bir saatlik uçuşunun 2005 yılı için uçuş operasyon maliyetinin ortalaması 2891 USD'dir. Hesaplanan 2891 USD uçuş operasyon maliyeti, sektör ortalaması olan 1139 mil ya da 1834 km mesafenin, yine ortalama günlük 11,6 block saat ütilizasyonla çalıştığı düşünülen A320 tipi uçağa olan maliyetidir. 2005 yılı için Form 41 raporundan alınan ortalama maliyetin detayları aşağıdaki gibidir:[245]

- Kokpit ekibi $470
- Yakıt $1327
- Bakım onarım $524
- Sahiplik $570
- **TOPLAM FOC $2891**

5.3.Bir Havayolu Şirketinde Zaman Etkenli Maliyet Sistemi Uygulaması

Örnek işletmemizde yapılan anket ve gözlem çalışmalarından hareketle USDOT Form 41'den elde edilen 11 Büyük Havayolu İşletmesi'ne ait verilerden kurgulanan Uluslararası ölçekte

[244]Belobaba, p.135.
[245]Belobaba, p.132.

ortalama büyük bir havayolu işletmesi olabilecek ABC Havayolu İşletmesine uyarlanan ZEFTMS Modeli, çalışmamızın uygulama kısmına konu olacaktır.

5.3.1. ABC Havayoluna Ait Temel Bilgiler

ABC Havayolları,31.550 çalışanı ve 300 uçaklık filosuyla toplamda 265 noktaya(210 dışhat+55içhat) tarifeli sefer yapan, network taşıyıcı geleneksel yerleşik bir havayolu işletmesidir.2011 senesinde 196.312 içhatlar, 291.884 dışhatlar olmak üzere toplamda 488.196 sefer icra eden ABC Havayollarının filosunda, 240 adet dar gövdeli, 60 adet geniş gövdeli olmak üzere 300 uçak bulunmaktadır. Genç bir filoya sahip olan ABC Havayollarının filo yaş ortalaması, 8,1 dir.Uçak ütilizasyonu günlük 9,8 saattir. 2011 yılı ABC Havayolları personel verimliliği(AKM/Personel Sayısı), 2,6 milyondur. ABC Havayollarının 2011 Yılı kapasite bilgileri Tablo 30'daki gibidir.

Tablo30: ABC Havayollarının 2011 Yılı Kapasite Bilgileri

Kapasite Değişkenleri	Miktar
Block Saat (block time)	1.313.450
Uçuş Süresi(flight time)	1.116.432
Konma Sayısı	488.196
Uçulan Km	823.258.364
Arz Edilen Koltuk	87.047.549
AKK	161.558.249.403
ÜYK	118.374.996.009
Yolcu (First Class)	2.402
Yolcu (Business Class)	3.693.764
Yolcu (Comfort Class)	940.869
Yolcu (Economy Class)	63.008.569
Toplam Yolcu Sayısı	67.645.604
Transit Yolcu Sayısı	20.796.580

5.3.2. ABC Havayollarının Maliyetleri ve Maliyet Sistemi Bilgileri

5.3.2.1.ABC Havayollarının 2011 Yılı Maliyet Bilgileri

ABC Havayollarının 2011 yılı için bir senelik yakıt sarfiyatı 1,1 milyar galon (yaklaşık olarak 4,18 milyar lt.) ve buna bağlı katlandığı 2011 yılı yakıt gideri 4,3 Milyar USD'dir. Yakıt maliyetlerinin toplam işletme maliyetleri içerisindeki payı % 33'tür. Yazında "sistem işletim maliyetleri" olarak da isimlendirilen GÜG'ün, toplam işletme maliyetleri içerisindeki payı ise, %

23'tür. Bakım onarım giderleri % 11, uçak sahiplik giderleri % 10(uçak amortisman gid. %6 + uçak kiralama gid. % 4), Satış dağıtım kanalları giderleri % 8, yolcu hizmetleri giderleri % 8, yükümlülükler % 7'dir.

ABC Havayolu'nun için, işletme giderlerinin, ATK(arz edilen yolcu+kargo ton kilometre, mil)'ya bölünmesiyle bulunan birim maliyet ise, 2011 yılında 1,02 $/ATK olarak gerçekleşmiştir.Anahtar performans ölçütleriyle ABC Havayolunun 2011 Yılı analizi Tablo 31'deki gibidir.

Tablo 31: Anahtar Performans Ölçütleriyle ABC Havayolunun 2011 Yılı Analizi(Tablo 31 uzunluğu sebebiyle iki parça şeklinde gösterilecektir.)

ANAHTAR PERFORMANS ÖLÇÜTLERİYLE YAPILAN ANALİZLER			
Çeşitli Anahtar Performans Ölçütleri	**2010**	**2011**	**Değişim(%)**
Yolcu Doluluk Oranı(PLF)	%70	%73	-%5
Genel Doluluk Oranı(WLF)	%49	%51	-%5
Günlük Ütilizasyon(saat)	8,87	9,8	%10
Toplam Uçuş Süresi(saat)	1,16 Milyon	1,3 Milyon	%12
Toplam Giderler İçinde Yakıt Giderinin Payı	%25	%33	%32
Finansal Performans Ölçütleri	**2010**	**2011**	**Değişim(%)**
Toplam Gelirler	11,8 Milyar $	12,6 Milyar $	%6,7
Toplam Giderler	11,7 Milyar $	13Milyar $	%11
Kar/Zarar	0,1 Milyar $	-0,433 Milyar $	-% 500
Arz Edilen Koltuk Başına Gelir	7,9	7,77	%5
Birim Maliyet(Toplam gider US Cents /Arz koltuk mil)	7,8	8,03	%15
Kar Marjı	%0,7	-%3,4	-%500
Maliyet Analizi	**2010**	**2011**	**Değişim(%)**
Uçuş Süresine Göre Ortalama Maliyet(1 saat)	10.086 $	10.559 $	%4,6
Uçuş Süresine Göre Ortalama Uçak Operasyon Maliyeti(1 s.)	4.653 $	5,825 $	%25

Tablo 31'in Devamı			
Uçuş Saatine Başına Ortalama Yakıt Maliyeti	2.372 $	3.297 $	%39
Ortalama Yakıt Fiyatı(galon olarak- 1galon = 3,8 lt.)	2,32 $	3,07 $	%32
Uçuş Saati Başına Ortalama Yakıt Sarfiyatı(galon olarak)	1.174(4.461 lt.)	1.178(4.476 lt.)	%0,3
Uçuş Saatine Düşen Ortalama Bakım-Onarım Maliyeti	910 $	892 $	-%2
Uçuş Saatine Düşen Ortalama Personel Maaşları ve Sosyal Ödemeler	2.230 $	2.140 $	-%5

Havayolu işletmeciliği sabit maliyetli ve aynı zamanda dönemsel bir iş olduğu için özellikle yerleşik havayollarının karlılıklarını refah dönemleriyle özdeşleştirmek gerekir. Ekonomik olarak kötü zamanlarından biri sayılan 2011 yılı için yüksek getirili first ve business class hizmette yaşanan talep daralmaları sebebiyle sektörün yaşadığı dönemsel dar boğazdan ABC Havayolu İşletmesi de olumsuz etkilenmiş ve 2011 yılında 433 Milyon USD zarar açıklamıştır.Kötü dönemlerinde maliyet kontrolüyle zararını azaltmak isteyen havayollarının başvurduğu bir yöntem, kapasite azaltmak ise de; ABC Havayolları, önceden vermiş olduğu, özellikle geniş gövde uçak siparişlerini teslim almaya ve öngördüğü kapasite artışına, zararına rağmen, devam ederek, network genişleme politikasından ve yeni ürünlerinin(hatlarının) yakın gelecekteki muhtemel getirilerinden(katkılarından) vazgeçmemiştir. Kapasiteazaltılmasınınayrıcaişçilik, yakıt ve bakımgibideğişken maliyetleriazaltmasına karşın, finansal kiralama ve diğer sabit maliyetlerini ütilizasyon artışıyla dengelemek durumunda olan havayolları için kapasite azaltmak sorunu çözmekte yeterli olmayacağı havayolu yönetimi tarafından karar aşamasında hesaba katılmıştır.

5.3.2.2.Havayollarının Maliyet Sistemi Bilgileri

ABC Havayolları, gelirlerini Tablo 32'deki gibi sınıflandırmaktadır:

Tablo 32: ABC Havayolları Gelirlerin Sınıflandırması

GELİRLERİN SINIFLANDIRMASI	
Yolcu ve Fazla Bagaj Gelirleri	Hat bazında prorasyonu (yarı hatlara mesafesi oranında dağıtımı) yapılmış gelirler muhasebeye göre oran orantı yöntemi ile dağıtılır.
Kargo ve Posta Geliri	Gelirler muhasebeye göre oran orantı yöntemi ile dağıtılır.
Mil Geliri	FFP Yolcusu olan hatlar km ile çarpılarak hatların mil geliri oluşur.
Yakıt Harcı	Tüm iç ve dış hat uçuşlarında uygulanan, bilet üzerinden tahsil edilen gelirdir.
Diğer Gelirler	İptal geliri, kâğıt bilet harcı, ceza MCO geliri, Tax geliri, no-show ve diğer MCO gelirleri yolcu gelirine göre dağıtılır. Ambar ve Ordino geliri kargo geliri oranında, kalan meblağ endirekt gider oranında hatlara dağıtılır. Kargo ordino ücreti, yurtdışından gelen kargolar için alınan terminal hizmet ücretidir. Kargo ambar ücreti ise, kargonun ambarda bekleme suresine bağlı olarak alınan hizmet ücretidir.
Service Charge	Tüm iç ve dış hat uçuşlarında uygulanan yolcudan bilet başına tahsil edilen bir biletleme ücretidir. Prorasyona göre hatlara dağılır.

ABC Havayolları, giderlerini Tablo 33'deki gibi sınıflandırmaktadır:

Tablo 33: ABC Havayolları Giderlerin Sınıflandırması

GİDERLERİN SINIFLANDIRMASI		
Endirekt Giderler	**Direkt Giderler**	
	Direkt Değişken Giderler	**Direkt Sabit Giderler**
Yer İşletme	Akaryakıt(Uçak Operasyon Mal.)	Uçak sigorta(Uçak Operasyon Mal.)
Yolcu Büro(Taşımacılık Hizm. İlgili)	Değişken teknik giderler, büyük bakım (Uçak Bakım Onarım Mal.)	Lease(Uçak Operasyon Mal.)
Yolcu Merkez(Taşımacılık Hizm. İlgili)	Üstgeçiş, hava emniyet(Uçak Operasyon Mal.)	Uçak amortismanı(Uçak Operasyon Mal.)
Kargo Büro(Taşımacılık Hizm. İlgili)	Handling, kargo handling, köprü, konma(Yer Operasyon Mal.)	Büyük bakım gideri(Uçak Bakım Onarım Mal.)
Kargo Merkez(Taşımacılık Hizm. İlgili)	İkram(Yolcu Hizm. Sistem işletim)	Pilot ücreti, pilot eğitim(Uçak Operasyon Mal.)
Sita, Muhabere	Yatı	Kabin memuru ücreti(Uçak Operasyon Mal)
Reklam	Yolcu hizmet ücreti, cute ,inkıtaa(Sistem işletim)	Uçak bakım(Uçak Bakım Onarım Mal.)
Genel İdari	Komisyonlar (yolcu + kargo kom.), royalty, acente teşvik gideri, kredi kartı kom.	Uçuş işletme diğer(Sistem işletim)
	Rezervasyon gideri(Sistem işletim)	Riskli bölge sigorta gideri
	Uçak kirası(Uçak Operasyon Mal.)	

Direkt Değişken Giderler ve Dağıtım Anahtarları;

- **Akaryakıt:** Sarflar, bacak bazında son 12 ayın ortalaması alınarak Hat Maliyet Sistemi(HMS) beslenir.Yakıt sarfı ve birim fiyatın çarpımı ile hattın akaryakıt giderine ulaşılır.

- **Değişken Teknik Giderler:**Power by Cycle, Power by Day ve Power by Hour uçak tipine göre hesaplanır ve hatlara block saate göre dağıtılır.

- **Üst Geçiş Hava Emniyet:**Üstünden geçilecek ülkeler ve bu ülke üzerinde uçulacak mesafeleri belirlenir. IATA tarafından yayınlanan birim ücretler ve formüllere göre üstgeçiş hesaplanır. Bazı ülkeler üstgeçiş bazı ülkeler ise hava emniyete tabidir. (Hava emniyet formülü: MTOW/50 (Karekökü) * UNIT RATE(birim ücret) * DISTANCE(mesafe) /100)

- **Handling, Konma, Köprü, Cute, Yolcu Hizmet Ücreti:** Hattın CUTE(Common Used Terminal Equipment-terminalde ortak kullanımda olan hat için yolcu başına ödenen hizmet bedelidir) ve YHÜ(Yolcu Hizm. Ücreti) maliyeti hesaplanırken o hatta uçmuş olan yolcu sayısı ile çarpılmaktadır.

- **İnkıtaa:** Hizmet aksaklıklarında yolcuya verilen ilave hizmetler için katlanılan giderleri ifade eder. Hattın inkıtaa gideri o hatta uçan ücretli yolcu adedi ile yolcu başına düşen birim çarpılarak bulunur.

- **İkram:**İlgili hatta ait bacak bazında kişi başı ikram maliyeti (y class, c class ve ikram handling gideri), HMS de o hatta ait taşınacak yolcu sayısı ile çarpılarak hattın ikram maliyetine ulaşılır.

- **Yatı:**Hatlara dağılımında kabin yatı için = kabin ekibi adedi * uçuş saati, kokpit ekibi yatı için: kokpit ekip adedi * uçuş saati anahtarı kullanılır.

- **Komisyonlar:**Satış teşvik gideri, Kredi kartı komisyonu, Royalty yolcu geliri oranında hatlara dağıtılır.

- **Büyük Bakım Rezervi:** Uçak tipine göre yapılan tüm komponentleri içeren kapsamlı bakım ve test giderlerinden oluşur.Tüm hatlara uçak tipi bağımsız olarak arzedilen koltuk km oranında dağılır.

- **Rezervasyon Sistem Gideri(CRS-Computer reservations system-bilgisayar destekli rezervasyon sistemleri, satış dağıtım kanalları gideri):** Sistem verilerine göre direkt yüklenir.

- **Uçak Kirası:**Başka havayollarından saat başına kiralanan uçak kirası ve koltuk kirası şeklinde tanımlanır. Uçak kirası uçulan saate göre çarpılarak koltuk kirası ise, koltuk adedi ile çarpılarak maliyet oluşur.

Direkt Sabit Giderler ve Dağıtım Anahtarları;

- **Pilot Ücreti:** Birim saat ücreti * uçaktaki kokpit adedi * ilgili uçağın uçtuğu block saat çarpılarak her uçak tipi için bir anahtar oluşturulur. Muhasebeden pilot ücret gideri hesaplanır. Uçak tipi ayrımı yukarıda belirtilen anahtara göre yapılır. Her uçak tipine düşen rakam ilgili uçağın uçtuğu hatta block süresine göre dağıtılır.

- **Pilot Eğitim:** Pilot eğitim gideri hatlara block saat oranında dağıtılır.

- **Kabin Memuru Ücreti:** Kabin adedi * block saat oranında hatlara dağıtılır.

- **Uçuş İşletme Diğer:** Uçuş İşletme'nin pilot ücret, eğitim, kabin memuru ücreti, haberleşme ve tüm değişken kalemleri hariç kalan sabit giderleridir. Hatlara block saat anahtarıyla dağıtılır.

- **Mali Mesuliyet Sigortası:** İşletme filosunda bulunan uçakların kaza yapması halinde üçüncü şahıslara verilen zararı teminat altına alan mali mesuliyet sigorta prim tutarıdır.Hatta ait ücretli yolcu adedi ile çarpılarak mali mesuliyet sigorta gideri bulunur.

- **Riskli Bölge Sigorta Gideri:**İlgili seferlere block saat oranında dağıtılır.

Endirekt Giderler ve Dağıtım Anahtarları;

- **Yer İşletme:** Her limana ait gider ayrı ayrı hesaplanarak o hattın yerişletme giderini oluşturur. Örneğin Ankara limanında hesaplanan yer işletme gideri sadece Ankara çıkışlı hatlara verilir. Hatlara dağılımda kullanılan anahtar arz edilen koltuktur.

- **Yolcu Büro:**Yolcu büro da yer işletme gideri gibi yurt içi ve yurt dışı büroların sabit giderleri ilgili büronun hattına dağıtılır. Arzedilen koltuk anahtarı kullanılır.

- **Yolcu Taşımacılık Hizmetiyle İlişkili:** ulaşımla ilgili gelirlerin elde edilmesinde katlanılan maliyetlerdir.Pazarlama satış, üretim planlama, gelir yönetimi, araştırma-geliştirme, call center e-ticketing, uluslararası anlaşmalar ve satış arttırma gibi faaliyetleri yerine getiren birimlerin sabit giderleri, genel idari gideri gibi hattın toplam giderine göre hatlara dağıtılır. Bölgesel havayolu ortaklarına ödenen hizmet bedelleri, fazla bagaj ödemeleri ve diğer çeşitli genel giderleri de içerir.Arzedilen koltuk anahtarı kullanılır.

- **Kargo Büro:** Yurtiçi ve yurt dışı büroların sabit giderleri ilgili büronun hattına dağıtılır. Ücretli kargo ton anahtarı kullanılır.

- **Kargo Taşımacılık Hizmetiyle İlişkili:** Kargo ile ilgili gelirlerin elde edilmesinde merkezde katlanılan maliyetlerdir. Merkez sabit giderleri, ücretli kargo ton anahtarıyla hatlara dağıtılır.

- **Genel Yönetimsel Giderler:** Havayolunun genelini ilgilendirirken, taşımacılık hizmetiyle doğrudan ilişki kurulamayan giderlerdir. Bu giderlerin dağıtımındaki zorluklar göz önüne alınarak, hatlara her hattın AKK'si baz alınarak dağıtılır.

ABC Havayolları, kısmen değişken maliyet sistemini benimseyerek ürünlerinin karlılığını analiz eder ve fiyatlandırır. Değişken maliyet sisteminde değerlendirilmesi gereken ölçü, satış hâsılatı ile toplam maliyetler arasındaki fark değil, sadece katkı payının yüksekliğidir. Katkı payı; satış hâsılatının değişken maliyetleri aşan kısmıdır. Bu tutar ne kadar yüksek olursa,ilgili ürünün üretim ve satışının o ölçüde teşvik edilmesi gerekir. Çünkü söz konusu ürün, katkı payının yüksekliği ölçüsünde sabit maliyetlerin karşılanmasına ve kar sağlanmasına hizmet edecektir.Değişken maliyet sisteminde her ürün için ayrı ayrı değişken maliyetler hesaplanmaktadır. Dolayısıyla bu sistemde ürünler bazında karlılık hesapları yapılabilmektedir. Başka bir ifadeyle, değişken maliyet sisteminde, her ürüne o ürünle ilgili değişken maliyetler yüklenmektedir. Ürünün satış fiyatıyla o ürünün değişken maliyetleri arasındaki fark "katkı payı" olarak adlandırılmaktadır. Birim katkı payının dönemin satış miktarı ile çarpılması sonucu toplam katkı payı elde edilmektedir. Hesaplanan toplam katkı payından dönemin sabit maliyetleri düşülerek dönem karı bulunur.[246](KP1x satış mik. 1 + KP2 x satış mik. 2 + KP3x satış mik3…)– sabit maliyetler = dönem kârı)

ABC Havayollarının kullandığı formüller aşağıdaki gibidir:

Formüller:

Katkı 1: Toplam Gelir – Değişken Direkt Giderler

Katkı 2 (Op.Katkı): Toplam Gelir – (Değ.+Sbt) Direkt Gid.

Kâr / Zarar: Toplam Gelir – Toplam Gider

ABC Havayollarının ürünlerinin analiz ederek fiyatlandırmasının ardından, toplam kar/zararını hesaplarken direkt ve endirekt giderlerinin tamamını değerlendirerek hesapladığı görülmektedir.

Değişken maliyet sistemi kar planlaması ve faaliyet sonuçlarının değerlendirilmesinde, tam maliyet sistemine göre üstünlükler taşımamaktadır. Bu sistemin tam maliyet sistemine göre, fiyatın alt sınırının hesaplanmasında(fiyatlandırma kararlarında), üretim ve satın alma kararlarında ve diğer birçok konuda üstünlükleri vardır. Başka bir ifade ile değişken maliyet sistemi, karar almaya yönelik bir maliyet sistemidir. Değişken maliyet sisteminde kararlar ürünlerin birim katkı paylarına göre verilir. Ayrıca değişken maliyet fikri, sabit maliyetlere de gereken önemin verilmemesine de neden olabilmektedir.[247]

5.3.3. ABC Havayolu'nun Kullandığı Hacim Tabanlı Maliyet Sisteminde Örnek Ürünlerinin(Hatlarının) Maliyetleri

ABC Havayollarının 2011 yılı toplam maliyeti,12.987.567.852 USD iken; toplam gelirleri,12.554.434.203USD olarak gerçekleşmiştir. ABC Havayollarının 2011 yılı zararı ise 433 Milyon USD olarak hesaplanmıştır.ABC Havayollarının 2011 yılı toplamgelir ve maliyetinin dağılımı Tablo33'deki gibidir:

[246]Haftacı, s.483.
[247]Haftacı, s.484.

Tablo 34: ABC Havayollarının 2011 Yılı Toplam Gelir ve Maliyetinin Dağılımı(Tablo 34, uzunluğu sebebiyle iki parça halinde gösterilecektir.)

ABC Havayollarının 2011 Yılı Toplam Gelirlerinin Dağılımı			
Tür	**Tutar(USD)**	**%**	**Toplamda %**
Net Yolcu Gelir (C Cabin)	1.196.573.279	13	10
Net Yolcu Gelir (U Cabin)	547.687.657	6	4
Net Yolcu Gelir (Y Cabin)	7.122.104.669	80	57
Net Yolcu Gelir (Net)	**8.866.365.605**	**100**	**71**
BlockedSpace Geliri	115.265.542		1
Yakıt Harcı	1.960.450.349		16
Service Charge (Du)	74.778.885		1
Acente Komisyon	189.006.672		2
Mil Geliri	105.673.758		1
Fazla Bg. Geliri Net	110.108.303		1
Brüt Yolcu Gelir	**11.421.649.114**		**91**
Posta Gelir	25.668.156		0,1
Kargo Gelir	882.336.412		7
Kargo Komisyon	14.552.116		0,1
Diğer Kargo Gelir	65.225.147		1
Diğer Gelir	145.003.258		1
TOPLAM BRÜT GELİR	**12.554.434.203**		**100**
ABC Havayollarının 2011 Yılı Toplam Maliyetlerinin Dağılımı			
Toplam Akaryakıt	4.711.236.978	55	36
Yakıt Hedge	-402.930.124	-5	-3
Üst Geçiş	206.454.085	2	2
Hava Emniyet	435.680.601	5	3
Ekip Yatı	31.220.574	0	0
Kabin Yatı	80.226.978	1	1
Konma	378.662.277	4	3
Köprü	74.871.573	1	1
Toplam Handling	767.473.491	9	6
Kargo Handling	71.722.260	1	1
Toplam İkram Gideri	541.590.689	6	4
Inkitaa	17.479.280	0	0
Cute	5.803.777	0	0
Yolcu Çıkış	17.487.263	0	0
Kredi Kartı Komisyonu	65.430.615	1	1
Acente ve Satış Teşvik	155.283.779	2	1
Kargo Komisyon	14.755.178	0	0
Yolcu Komisyon	208.475.931	2	2
Rezervasyon Sistem Gideri	277.393.989	3	2

Tablo 34'ün devamıdır.			
Uçak Kira	18.933.022	0	0
Teknik Değişken Bakım Giderleri	912.324.228	11	7
Değişken Direkt Giderler	**8.589.576.444**	**100**	**66**
Uçuş İşletme Diğer	112.048.639	4	1
Uçak Sigorta + Riskli Bölgeler Harp Sigortası	36.403.781	1	0
Mali Mes. Sig.	30.039.076	1	0
Uçak Amortismanı	622.778.055	22	5
Kabin Ücreti	629.603.006	23	5
Lease	493.957.074	18	4
Pilot Eğitim	12.251.407	0	0
Pilot Ücreti	663.333.006	24	5
Teknik Sabit Bakım Giderleri	192.932.271	7	1
Sabit Direkt Giderler	**2.793.346.315**	**100**	**22**
Reklam	283.362.322	18	2
Genel İdari	418.496.259	26	3
Yer İşletme	167.930.767	10	1
SITA	10.097.859	1	0
Kargo Taşımacılık Hizmetiyle İlişkili	28.798.811	2	0
Yolcu Taşımacılık Hizmetiyle İlişkili	176.581.604	11	1
Kargo Büro	41.727.626	3	0
Yolcu Büro	477.649.845	30	4
ENDİREKT GİDERLER	**1.604.645.093**	**100**	**12**
TOPLAM GİDER	**12.987.567.852**		
L/F(ÜYK/AKK*100)	73		
RASK(Toplam Brüt Gelir/AKK*100)	7,77		
CASK(Toplam Gider/AKK*100)	8,03		
KATKI 1(Toplam Brüt Gelir – Değişken Direkt Giderler)	3.964.857.759		
KATKI 2(Toplam Brüt Gelir – (Değişken Direkt Giderler + Sabit Direkt Giderler))	1.171.511.444		
KAR-ZARAR(Toplam Brüt Gelir – Toplam Gider)	-433.133.649		
KATKI 1 MARJI(Katkı1/ Toplam Brüt Gelir)	0,31		
KAR MARJI(Kar-Zarar/ Toplam Brüt Gelir)%	-% 3,4		

ICAO ve US FORM 41 ve IATA uygulamalarında kabin görevlilerinin maliyeti, "yolcu hizmetleri giderleri" içerisine dâhil edilmiş ve endirekt maliyetler kategorisinde değerlendirilmişken, ABC Havayollarının bu maliyetleri direkt maliyetler kapsamında değerlendirdiği görülmektedir. Kabin ekibi maliyetleri, ICAO ve US FORM 41'de ayrı kategorilerde değerlendirilse de, ABC Havayolları sınıflandırmasındasabit direkt giderler içerisinde değerlendirilerek block saat hesabıyla hatlara dağıtılmaktadır. Aynı durum ikram maliyetlerinin değerlendirilmesinde de görülmektedir. İkram maliyetlerinin de sınıflandırmadaki ayrımıyla hatlara direkt olarak yüklenebildiği belirtilmelidir.

İşlem gören yolcu sayısı gibi, sebep sonuç ilişkisi yüksek dağıtım anahtarlarıyla ürünlere yüklenebilen yer işletme maliyetlerinin, US FORM 41 uygulamasında endirekt kapsamında olan sistem işletim maliyetlerinden ayrı değerlendirilerek yer operasyon giderleri kategorisine alınmış olmasına karşın, ABC Havayolları uygulamasında endirekt maliyetler içerisine alındığı görülmektedir.

Yine ICAO ve US FORM 41 ve IATA uygulamalarında endirekt ya da yer operasyon giderleri sınıfına alınan "uçuş işletme diğer" şeklinde isimlendirilen bazı giderlerin, ABC Havayolları maliyet sisteminde direkt sabit maliyetler sınıfına dâhil edildiği görülmektedir. Bu farklı hesaplamalar neticesinde ABC Havayollarının endirekt maliyetlerinin toplam maliyetleri içerisindeki payının %12 ile uluslar arası ortalamanın altında raporlandığı görülmektedir.

Sonuç olarak, yakıt maliyetinin toplam maliyetler içerisindeki payının % 36 olduğu görülen ABC Havayollarının maliyet yapısının, yerleşik havayollarının maliyet yapısı ile uyum gösterdiği söylenebilir.

ABC Havayolları 2011 Yılı İstanbul-Medine(IST-MED) Hattı Maliyet Analizi

Uçak Tipi Boeing 777, Uçuş Süresi: 2 saat 55 dakika iken; ABC Havayolları 2011 Yılı İstanbul-Medine(IST-MED) Hattı maliyet analizi Tablo 35'deki gibidir.

Tablo 35: ABC Havayollarının 2011 Yılı İstanbul-Medine(IST-MED) Hattı Maliyet Analizi(Tablo 35, uzunluğu sebebiyle iki parça halinde gösterilecektir.)

ABC Havayollarının 2011 Yılı İstanbul-Medine(IST-MED)Hattı Gelirlerinin Dağılımı				
Gelirler	Tutar(USD)	%	Genel&Hat Yüzdesel Karşılaştırması	
			Hat Baz%	Genel %
Net Yolcu Gelir (C Cabin)	4.520	8	7	10
Net Yolcu Gelir (U Cabin)	11.400	21	18	4
Net Yolcu Gelir (Y Cabin)	39.680	71	61	57
Net Yolcu Gelir (Net)	**55.600**	**100**	**86**	**71**
BlockedSpace Geliri	0		0	1
Yakıt Harcı	8.110		12	16
Service Charge (Du)	50		0	1
Acente Komisyon	480		1	2
Mil Geliri	310		0	1
Fazla Bg. Geliri Net	50		0	1
Brüt Yolcu Gelir	**64.600**		**99**	**91**
Posta Gelir	0		0	0,1
Kargo Gelir	0		0	7
Kargo Komisyon	0		0	0,1
Diğer Kargo Gelir	0		0	1
Diğer Gelir	340		1	1
TOPLAM BRÜT GELİR	**64.940**		**100**	**100**

ABC Havayollarının 2011 Yılı İstanbul-Medine(IST-MED)Hattı Maliyetlerinin Dağılımı				
Giderler	Tutar(USD)	%	Genel&Hat Yüzdesel Karşılaştırma	
			Hat Baz%	Genel %
Toplam Akaryakıt	21.332	60	39	36
Yakıt Hedge	-1.984	-6	-4	-3
Üst Geçiş	1.120	3	2	2
Hava Emniyet	1.310	4	2	3
Ekip Yatı	230	1	0	0
Kabin Yatı	668	2	1	1
Konma	428	1	1	3
Köprü	320	1	1	1
Toplam Handling	3.010	8	6	6
Kargo Handling	0	0	0	1
Toplam İkram Gideri	2.560	7	5	4
Inkitaa	62	0	0	0
Cute	0	0	0	0
Yolcu Çıkış	0	0	0	0

Tablo 35'in devamıdır.

Kredi Kartı Komisyonu	186	1	0	1
Acente ve Satış Teşvik	1.125	3	2	1
Kargo Komisyon	0	0	0	0
Yolcu Komisyon	570	2	1	2
Rezervasyon Sistem Gideri	268	1	0	2
Uçak Kira	0	0	0	0
Teknik Değişken Bakım Giderleri	4.420	12	8	7
Değişken Direkt Giderler	**35.625**	**100**	**66**	**66**
Uçuş İşletme Diğer	220	2	0	1
Uçak Sigorta + Riskli Bölgeler Harp Sigortası	142	1	0	0
Mali Mes. Sig.	150	1	0	0
Uçak Amortismanı	4.080	31	8	5
Kabin Ücreti	3.930	30	7	5
Lease	2.480	19	5	4
Pilot Eğitim	52	0	0	0
Pilot Ücreti	1.460	11	3	5
Teknik Sabit Bakım Giderleri	468	4	1	1
Sabit Direkt Giderler	**12.982**	**100**	**24**	**22**
Reklam	1.112	21	2	2
Genel İdari	2.230	41	4	3
Yer İşletme	930	17	2	1
SITA	19	0	0	0
Kargo Taşımacılık Hizmetiyle İlişkili	0	0	0	0
Yolcu Taşımacılık Hizmetiyle İlişkili	824	15	2	1
Kargo Büro	0	0	0	0
Yolcu Büro	294	5	1	4
ENDİREKT GİDERLER	**5.409**	**100**	**10**	**12**
TOPLAM GİDER	**54.016**			
L/F(ÜYK/AKK*100)	74			
RASK(Toplam Brüt Gelir/AKK*100)	9,35			
CASK(Toplam Gider/AKK*100)	7,25			
KATKI 1(Toplam Brüt Gelir – Değişken Direkt Giderler)	29.315			
KATKI 2(Toplam Brüt Gelir – (Değişken Direkt Giderler + Sabit Direkt Giderler))	16.333			
KAR-ZARAR(Toplam Brüt Gelir – Toplam Gider)	10.924			
KATKI 1 MARJI(Katkı1/ Toplam Brüt Gelir)	0,45			
KAR MARJI(Kar-Zarar/ Toplam Brüt Gelir)%	% 16,8			

ABC Havayollarının IST-MED Hattı gelir dağılımına baktığımızda, Comfort Class gelirlerinin, işletme ortalaması olan % 4'ün üzerinde %18 lik bir pay aldığı; buna karşın, Business Class gelirlerinin oranında, birebir olmasa da, kısmi bir düşüş olduğu görülmekte.

ABC Havayollarının IST-MED Hattımaliyet dağılımına baktığımızda ise, değişken direkt giderlerin, %66 ile işletme ortalamasıyla aynı payı aldığı,endirekt giderlerin, ortalamanın altına inerek %10'luk pay aldığı görülmekte, buna mukabil, sabit direkt giderlerin ortalamasınınise, %24 lük pay alarak şirket ortalamasının 2 puan üzerine çıktığı görülmekte.

ABC Havayolları 2011 Yılı İstanbul-Londra(IST-LHR) Hattı Maliyet Analizi

Uçak Tipi Boeing 777, Uçuş Süresi: 3 saat 40 dakika iken; ABC Havayolları 2011 Yılı İstanbul-Londra(IST-LHR) Hattı maliyet analizi Tablo 36'daki gibidir.

Tablo 36: ABC Havayollarının 2011 Yılı İstanbul-Londra(IST-LHR) Hattı Maliyet Analizi(Tablo 36, uzunluğu sebebiyle iki parça halinde gösterilecektir.)

ABC Havayollarının 2011 Yılı İstanbul-Londra(IST-LHR) Hattı Gelirlerinin Dağılımı				
Gelirler	**Tutar(USD)**		**Genel&Hat Yüzdesel Karşılaştırması**	
		%	**Hat Baz%**	**Genel %**
Net Yolcu Gelir (C Cabin)	7.520	12	9	10
Net Yolcu Gelir (U Cabin)	15.400	24	18	4
Net Yolcu Gelir (Y Cabin)	41.680	64	50	57
Net Yolcu Gelir (Net)	**64.600**	**100**	**77**	**71**
BlockedSpace Geliri	33		0	1
Yakıt Harcı	9.080		11	16
Service Charge (Du)	510		1	1
Acente Komisyon	871		1	2
Mil Geliri	710		1	1
Fazla Bg. Geliri Net	450		1	1
Brüt Yolcu Gelir	**76.254**		**91**	**91**
Posta Gelir	70		0,1	0,1
Kargo Gelir	5.890		7	7
Kargo Komisyon	112		0,1	0,1
Diğer Kargo Gelir	680		1	1
Diğer Gelir	540		1	1
TOPLAM BRÜT GELİR	**83.546**		**100**	**100**

ABC Havayollarının 2011 Yılı İstanbul-Londra(IST-LHR) Hattı Maliyetlerinin Dağılımı				
Giderler	**Tutar(USD)**		**Genel&Hat Yüzdesel Karşılaştırma**	
		%	**Hat Baz%**	**Genel %**
Toplam Akaryakıt	31.102	54	40	36
Yakıt Hedge	-2.084	-4	-3	-3
Üst Geçiş	567	1	1	2
Hava Emniyet	6.116	11	8	3
Ekip Yatı	280	0	0	0
Kabin Yatı	698	1	1	1
Konma	3.524	6	5	3
Köprü	316	1	0	1
Toplam Handling	5.011	9	6	6
Kargo Handling	1.128	2	1	1
Toplam İkram Gideri	2.856	5	4	4
Inkitaa	66	0	0	0
Cute	0	0	0	0
Yolcu Çıkış	0	0	0	0
Kredi Kartı Komisyonu	256	0	0	1

Tablo 36'nın Devamıdır.				
Acente ve Satış Teşvik	821	1	1	1
Kargo Komisyon	231	0	0	0
Yolcu Komisyon	871	2	1	2
Rezervasyon Sistem Gideri	1.008	2	1	2
Uçak Kira	0	0	0	0
Teknik Değişken Bakım Giderleri	4.685	8	6	7
Değişken Direkt Giderler	**57.452**	**100**	**74**	**66**
Uçuş İşletme Diğer	259	2	0	1
Uçak Sigorta + Riskli Bölgeler Harp Sigortası	184	1	0	0
Mali Mes. Sig.	98	1	0	0
Uçak Amortismanı	4.255	31	5	5
Kabin Ücreti	4.125	30	5	5
Lease	2.582	19	3	4
Pilot Eğitim	71	1	0	0
Pilot Ücreti	1.829	13	2	5
Teknik Sabit Bakım Giderleri	568	4	1	1
Sabit Direkt Giderler	**13.771**	**100**	**18**	**22**
Reklam	1.012	15	1	2
Genel İdari	2.136	32	3	3
Yer İşletme	915	14	1	1
SITA	21	0	0	0
Kargo Taşımacılık Hizmetiyle İlişkili	415	6	1	0
Yolcu Taşımacılık Hizmetiyle İlişkili	906	13	1	1
Kargo Büro	951	14	1	0
Yolcu Büro	365	5	0	4
ENDİREKT GİDERLER	**6.721**	**100**	**9**	**12**
TOPLAM GİDER	**77.944**			
L/F(ÜYK/AKK*100)	83			
RASK(Toplam Brüt Gelir/AKK*100)	9,07			
CASK(Toplam Gider/AKK*100)	8,43			
KATKI 1(Toplam Brüt Gelir – Değişken Direkt Giderler)	26.094			
KATKI 2(Toplam Brüt Gelir – (Değişken Direkt Giderler + Sabit Direkt Giderler))	12.323			
KAR-ZARAR(Toplam Brüt Gelir – Toplam Gider)	5.602			
KATKI 1 MARJI(Katkı1/ Toplam Brüt Gelir)	0,31			
KAR MARJI(Kar-Zarar/ Toplam Brüt Gelir)%	% 6,7			

ABC Havayollarının IST-LHR Hattı gelir dağılımına baktığımızda, Comfort Class gelirlerinin, işletme ortalaması olan % 4'ün üzerinde %18'lik bir pay aldığı; buna karşın, Economy Class ve Business Class gelirlerinde birebir olmasa da, kısmi bir düşüş olduğu görülmekte.

ABC Havayollarının IST-LHR Hattı maliyet dağılımına baktığımızda ise, değişken direkt giderlerin, %74 pay alarak işletme ortalaması olan %66'nın üzerinde olduğu bunun yanında, sabit direkt giderlerin ortalamanın altına inerek %18, endirekt giderlerin ise, ortalamanın altına inerek %9'luk pay aldığı görülmekte.

ABC Havayolları 2011 Yılı İstanbul-Newyork(IST-JFK) Hattı Maliyet Analizi

Uçak Tipi Boeing 777, Uçuş Süresi: 10 saat 15 dakika iken; ABC Havayolları 2011 Yılı İstanbul-Newyork(IST-JFK) Hattı maliyet analizi Tablo 37'deki gibidir.

Tablo 37: ABC Havayollarının 2011 Yılı İstanbul-Newyork(IST-JFK) Hattı Maliyet Analizi(Tablo 37, uzunluğu sebebiyle iki parça halinde gösterilecektir.)

ABC Havayollarının 2011 Yılı İstanbul-Newyork(IST-JFK)Hattı Gelirlerinin Dağılımı				
Gelirler	**Tutar(USD)**		**Genel&Hat Yüzdesel Karşılaştırması**	
		%	**Hat Baz%**	**Genel %**
Net Yolcu Gelir (C Cabin)	14.320	11	8	10
Net Yolcu Gelir (U Cabin)	35.150	27	20	4
Net Yolcu Gelir (Y Cabin)	82.680	63	47	57
Net Yolcu Gelir (Net)	**132.150**	**100**	**75**	**71**
BlockedSpace Geliri	233		0	1
Yakıt Harcı	24.110		14	16
Service Charge (Du)	210		0	1
Acente Komisyon	1.871		1	2
Mil Geliri	1.710		1	1
Fazla Bg. Geliri Net	750		0	1
Brüt Yolcu Gelir	**161.034**		**91**	**91**
Posta Gelir	770		0	0,1
Kargo Gelir	12.440		7	7
Kargo Komisyon	188		0	0,1
Diğer Kargo Gelir	1580		1	1
Diğer Gelir	1140		1	1
TOPLAM BRÜT GELİR	**177.152**		**100**	**100**
ABC Havayollarının 2011 Yılı İstanbul-Newyork(IST-JFK)Hattı Maliyetlerinin Dağılımı				
Giderler	**Tutar(USD)**		**Genel&Hat Yüzdesel Karşılaştırma**	
		%	**Hat Baz%**	**Genel %**
Toplam Akaryakıt	87.050	64	45	36
Yakıt Hedge	-8.124	-6	-4	-3
Üst Geçiş	817	1	0	2

Tablo 37'nin Devamıdır.

Hava Emniyet	9.120	7	5	3
Ekip Yatı	1.480	1	1	0
Kabin Yatı	5.158	4	3	1
Konma	4.324	3	2	3
Köprü	342	0	0	1
Toplam Handling	9.240	7	5	6
Kargo Handling	1.210	1	1	1
Toplam İkram Gideri	8.410	6	4	4
Inkitaa	94	0	0	0
Cute	0	0	0	0
Yolcu Çıkış	0	0	0	0
Kredi Kartı Komisyonu	412	0	0	1
Acente ve Satış Teşvik	1825	1	1	1
Kargo Komisyon	410	0	0	0
Yolcu Komisyon	3560	3	2	2
Rezervasyon Sistem Gideri	1.110	1	1	2
Uçak Kira	0	0	0	0
Teknik Değişken Bakım Giderleri	9.130	7	5	7
Değişken Direkt Giderler	**135.568**	**100**	**71**	**66**
Uçuş İşletme Diğer	920	2	0	1
Uçak Sigorta + Riskli Bölgeler Harp Sigortası	484	1	0	0
Mali Mes. Sig.	110	0	0	0
Uçak Amortismanı	14.020	34	7	5
Kabin Ücreti	12.080	29	6	5
Lease	5.210	13	3	4
Pilot Eğitim	110	0	0	0
Pilot Ücreti	5.810	14	3	5
Teknik Sabit Bakım Giderleri	2.220	5	1	1
Sabit Direkt Giderler	**40.964**	**100**	**21**	**22**
Reklam	3.260	21	2	2
Genel İdari	6.210	41	3	3
Yer İşletme	880	6	0	1
SITA	11	0	0	0
Kargo Taşımacılık Hizmetiyle İlişkili	520	3	0	0
Yolcu Taşımacılık Hizmetiyle İlişkili	3150	21	2	1
Kargo Büro	850	6	0	0
Yolcu Büro	310	2	0	4
ENDİREKT GİDERLER	**15.191**	**100**	**8**	**12**
TOPLAM GİDER	**191.723**			
L/F(ÜYK/AKK*100)	76			
RASK(Toplam Brüt Gelir/AKK*100)	6,75			
CASK(Toplam Gider/AKK*100)	7,15			

Tablo 37'nin Devamıdır.				
KATKI 1(Toplam Brüt Gelir – Değişken Direkt Giderler)	41.584			
KATKI 2(Toplam Brüt Gelir – (Değişken Direkt Giderler + Sabit Direkt Giderler))	620			
KAR-ZARAR(Toplam Brüt Gelir – Toplam Gider)	-14571			
KATKI 1 MARJI(Katkı1/ Toplam Brüt Gelir)	0,23			
KAR MARJI(Kar-Zarar/ Toplam Brüt Gelir)%	-% 8,2			

ABC Havayollarının IST-JFK Hattı gelir dağılımına baktığımızda, bu hatta da Comfort Class uygulamasın meyvesini aldığı ve gelirlerinin, işletme ortalaması olan % 4'ün çok üzerinde %20'lik bir pay aldığı; buna karşın, Economy Class ve Business Class gelirlerinde, birebir olmasa da, kısmi bir düşüş yaşandığı görülmekte.

ABC Havayollarının IST-JFK Hattı maliyet dağılımına baktığımızda ise, değişken direkt giderlerin, %71 pay alarak işletme ortalaması olan %66'nın üzerinde olduğu bunun yanında, endirekt giderlerin, %8'lik paya tekabül ederken, işletme ortalaması olan %12'lik orandan düşük olduğu görülmekte. Bunun yanında sabit direkt maliyetlerin, toplam içindeki payının işletme ortalamasına eşit olduğu görülmekte.

ABC Havayolları 2011 Yılı İstanbul-İzmir(IST-ADB) Hattı Maliyet Analizi

Uçak Tipi Airbus 320, Uçuş Süresi: 45 dakika iken; ABC Havayolları 2011 Yılı İstanbul-İzmir(IST-ADB) Hattı maliyet analizi Tablo 38'daki gibidir.

Tablo 38: ABC Havayollarının 2011 Yılı İstanbul-İzmir(IST-ADB) Hattı Maliyet Analizi(Tablo 38, uzunluğu sebebiyle iki parça olarak gösterilecektir.)

ABC Havayollarının 2011 Yılı İstanbul-İzmir(IST-ADB)Hattı Gelirlerinin Dağılımı				
Gelirler	**Tutar(USD)**		**Genel&Hat Yüzdesel Karşılaştırması**	
		%	**Hat Baz%**	**Genel %**
Net Yolcu Gelir (C Cabin)	960	16	11	10
Net Yolcu Gelir (U Cabin)	0	0	0	4
Net Yolcu Gelir (Y Cabin)	5.100	100	59	57
Net Yolcu Gelir (Net)	**6.060**	**100**	**71**	**71**
BlockedSpace Geliri	0		0	1
Yakıt Harcı	1.550		18	16
Service Charge (Du)	165		2	1
Acente Komisyon	60		1	2
Mil Geliri	85		1	1
Fazla Bg. Geliri Net	25		0	1
Brüt Yolcu Gelir	**7.945**		**93**	**91**
Posta Gelir	35		0	0,1
Kargo Gelir	450		5	7
Kargo Komisyon	10		0	0,1
Diğer Kargo Gelir	48		1	1
Diğer Gelir	98		1	1
TOPLAM BRÜT GELİR	**8.586**		**100**	**100**

ABC Havayollarının 2011 Yılı İstanbul-İzmir(IST-ADB)Hattı Maliyetlerinin Dağılımı				
Giderler	**Tutar(USD)**		**Genel&Hat Yüzdesel Karşılaştırma**	
		%	**Hat Baz%**	**Genel %**
Toplam Akaryakıt	2.720	53	34	36
Yakıt Hedge	-220	-4	-3	-3
Üst Geçiş	0	0	0	2
Hava Emniyet	205	4	3	3
Ekip Yatı	56	1	1	0
Kabin Yatı	88	2	1	1
Konma	48	1	1	3
Köprü	55	1	1	1
Toplam Handling	840	16	10	6
Kargo Handling	44	1	1	1
Toplam İkram Gideri	510	10	6	4
Inkitaa	30	1	0	0
Cute	0	0	0	0
Yolcu Çıkış	0	0	0	0

Tablo 38'in Devamı				
Kredi Kartı Komisyonu	32	1	0	1
Acente ve Satış Teşvik	0	0	0	1
Kargo Komisyon	12	0	0	0
Yolcu Komisyon	36	1	0	2
Rezervasyon Sistem Gideri	140	3	2	2
Uçak Kira	0	0	0	0
Teknik Değişken Bakım Giderleri	568	11	7	7
Değişken Direkt Giderler	**5.164**	**100**	**64**	**66**
Uçuş İşletme Diğer	120	7	1	1
Uçak Sigorta + Riskli Bölgeler Harp Sigortası	26	1	0	0
Mali Mes. Sig.	66	4	1	0
Uçak Amortismanı	160	9	2	5
Kabin Ücreti	360	20	4	5
Lease	386	21	5	4
Pilot Eğitim	10	1	0	0
Pilot Ücreti	480	26	6	5
Teknik Sabit Bakım Giderleri	210	12	3	1
Sabit Direkt Giderler	**1.818**	**100**	**23**	**22**
Reklam	60	6	1	2
Genel İdari	140	13	2	3
Yer İşletme	460	44	6	1
SITA	11	1	0	0
Kargo Taşımacılık Hizmetiyle İlişkili	75	7	1	0
Yolcu Taşımacılık Hizmetiyle İlişkili	60	6	1	1
Kargo Büro	106	10	1	0
Yolcu Büro	135	13	2	4
ENDİREKT GİDERLER	**1.047**	**100**	**12**	**12**
TOPLAM GİDER	**8.029**			
L/F(ÜYK/AKK*100)	77			
RASK(Toplam Brüt Gelir/AKK*100)	17,50			
CASK(Toplam Gider/AKK*100)	16,52			
KATKI 1(Toplam Brüt Gelir – Değişken Direkt Giderler)	3.422			
KATKI 2(Toplam Brüt Gelir – (Değişken Direkt Giderler + Sabit Direkt Giderler))	1.604			
KAR-ZARAR(Toplam Brüt Gelir – Toplam Gider)	557			
KATKI 1 MARJI(Katkı1/ Toplam Brüt Gelir)	0,39			
KAR MARJI(Kar-Zarar/ Toplam Brüt Gelir)%	% 6			

ABC Havayollarının IST-ADB Hattı gelir dağılımına baktığımızda, yolcu gelirleri içerisinde Business Class gelirlerinin şirket ortalamasının bir puan üzerinde %11 ortalamaya sahip olduğunu, toplam yolcu gelirlerinin, %59'luk pay ile şirket ortalamasının iki puan üzerinde olduğu, buna karşılık kargo gelirlerinin %5'lik pay ile şirket ortalamasının iki puan altında seyrettiği görülmekte.

ABC Havayollarının IST-ADB Hattı maliyet dağılımına baktığımızda ise, değişken direkt giderlerin, %64 pay alarak işletme ortalaması olan %66'nın altında olduğu, endirekt giderlerin, işletme ortalamasının bir puan üzerinde %13 pay aldığı, sabit direkt maliyetlerin toplam içindeki payının ise, %23 ile işletme ortalaması %22'nin üzerinde olduğu görülmektedir.

ABC Havayolları 2011 Yılı İstanbul-Sivas(IST-VAS) Hattı Maliyet Analizi

Uçak Tipi Airbus 320, Uçuş Süresi: 1 saat 10 dakika iken; ABC Havayolları 2011 Yılı İstanbul-Sivas(IST-VAS) Hattı maliyet analizi Tablo 39'daki gibidir.

Tablo 39: ABC Havayollarının 2011 Yılı İstanbul-Sivas(IST-VAS) Hattı Maliyet Analizi(Tablo 39, uzunluğu sebebiyle iki parça olarak gösterilecektir.)

ABC Havayollarının 2011 Yılı İstanbul-Sivas(IST-VAS)Hattı Gelirlerinin Dağılımı				
Gelirler	**Tutar(USD)**	**%**	**Genel&Hat Yüzdesel Karşılaştırması**	
			Hat Baz%	**Genel %**
Net Yolcu Gelir (C Cabin)	0	0	0	10
Net Yolcu Gelir (U Cabin)	0	0	0	4
Net Yolcu Gelir (Y Cabin)	6.650	100	100	57
Net Yolcu Gelir (Net)	**6.650**	**100**	**71**	**71**
BlockedSpace Geliri	0	0	0	1
Yakıt Harcı	1.840		20	16
Service Charge (Du)	263		3	1
Acente Komisyon	36		0	2
Mil Geliri	65		1	1
Fazla Bg. Geliri Net	62		1	1
Brüt Yolcu Gelir	**8.916**		**99**	**91**
Posta Gelir	15		0	0,1
Kargo Gelir	250		3	7
Kargo Komisyon	8		0	0,1
Diğer Kargo Gelir	12		0	1
Diğer Gelir	104		1	1
TOPLAM BRÜT GELİR	**9.005**		**100**	**100**

ABC Havayollarının 2011 Yılı İstanbul-Sivas(IST-VAS)Hattı Maliyetlerinin Dağılımı				
Giderler	**Tutar(USD)**	**%**	**Genel&Hat Yüzdesel Karşılaştırma**	
			Hat Baz%	**Genel %**
Toplam Akaryakıt	3.965	63	39	36
Yakıt Hedge	-260	-4	-3	-3
Üst Geçiş	0	0	0	2
Hava Emniyet	340	5	3	3
Ekip Yatı	74	1	1	0
Kabin Yatı	104	2	1	1
Konma	52	1	1	3
Köprü	42	1	0	1
Toplam Handling	868	14	9	6
Kargo Handling	6	0	0	1
Toplam İkram Gideri	304	5	3	4
Inkitaa	30	0	0	0
Cute	0	0	0	0
Yolcu Çıkış	0	0	0	0

Tablo 39'in Devamı				
Kredi Kartı Komisyonu	28	0	0	1
Acente ve Satış Teşvik	0	0	0	1
Kargo Komisyon	4	0	0	0
Yolcu Komisyon	16	0	0	2
Rezervasyon Sistem Gideri	86	1	1	2
Uçak Kira	0	0	0	0
Teknik Değişken Bakım Giderleri	624	10	6	7
Değişken Direkt Giderler	**6.283**	**100**	**62**	**66**
Uçuş İşletme Diğer	164	6	2	1
Uçak Sigorta + Riskli Bölgeler Harp Sigortası	36	1	0	0
Mali Mes. Sig.	65	2	1	0
Uçak Amortismanı	246	9	2	5
Kabin Ücreti	510	19	5	5
Lease	546	21	5	4
Pilot Eğitim	16	1	0	0
Pilot Ücreti	716	27	7	5
Teknik Sabit Bakım Giderleri	325	12	3	1
Sabit Direkt Giderler	**2.624**	**100**	**26**	**22**
Reklam	124	10	1	2
Genel İdari	322	26	3	3
Yer İşletme	496	40	5	1
SITA	11	1	0	0
Kargo Taşımacılık Hizmetiyle İlişkili	12	1	0	0
Yolcu Taşımacılık Hizmetiyle İlişkili	124	10	1	1
Kargo Büro	26	2	0	0
Yolcu Büro	136	11	1	4
ENDİREKT GİDERLER	**1.251**	**100**	**12**	**12**
TOPLAM GİDER	**10.158**			
L/F(ÜYK/AKK*100)	78			
RASK(Toplam Brüt Gelir/AKK*100)	8,12			
CASK(Toplam Gider/AKK*100)	9,28			
KATKI 1(Toplam Brüt Gelir – Değişken Direkt Giderler)	2.722			
KATKI 2(Toplam Brüt Gelir – (Değişken Direkt Giderler + Sabit Direkt Giderler))	98			
KAR-ZARAR(Toplam Brüt Gelir – Toplam Gider)	-1151			
KATKI 1 MARJI(Katkı1/ Toplam Brüt Gelir)	0,30			
KAR MARJI(Kar-Zarar/ Toplam Brüt Gelir)%	-%12,8			

ABC Havayollarının IST-VAS Hattı gelir dağılımına baktığımızda, bu hatta ürün çeşitliliğine gidilmediği ve dolayısıyla yolcu gelirlerinin tamamının Economy Class yer satışından elde edildiği ve kargo gelirlerinin, %7 olan şirket ortalamasının altında %3 olarak gerçekleştiği görülmekte.

ABC Havayollarının IST-KSY Hattı maliyet dağılımına baktığımızda ise, değişken direkt giderlerin, %62 pay alarak işletme ortalaması olan %66'nın altında olduğu, endirekt giderlerin, işletme ortalamasında(%12) pay aldığı, sabit direkt maliyetlerin toplam içindeki payının ise, %26 ile işletme ortalaması %22'nin üzerinde olduğu görülmekte.

ABC Havayolları 2011 Yılı İstanbul-Kars(IST-KSY) Hattı Maliyet Analizi

Uçak Tipi Airbus 320, Uçuş Süresi: 1 saat 55 dakika iken; ABC Havayolları 2011 Yılı İstanbul-Kars(IST-KSY) Hattı maliyet analizi Tablo 40'daki gibidir.

Tablo40: ABC Havayollarının 2011 Yılı İstanbul-Kars(IST-KSY) Hattı Maliyet Analizi(Tablo 40, uzunluğu sebebiyle iki parça olarak gösterilecektir.)

ABC Havayollarının 2011 Yılı İstanbul-Kars(IST-KSY)Hattı Gelirlerinin Dağılımı				
Gelirler	**Tutar(USD)**	**%**	**Genel&Hat Yüzdesel Karşılaştırması**	
			Hat Baz%	**Genel %**
Net Yolcu Gelir (C Cabin)	0	0	0	10
Net Yolcu Gelir (U Cabin)	0	0	0	4
Net Yolcu Gelir (Y Cabin)	9.820	100	100	57
Net Yolcu Gelir (Net)	**9.820**	**100**	**80**	**71**
BlockedSpace Geliri	0		0	1
Yakıt Harcı	2.010		16	16
Service Charge (Du)	210		2	1
Acente Komisyon	4		0	2
Mil Geliri	20		0	1
Fazla Bg. Geliri Net	50		0	1
Brüt Yolcu Gelir	**12.114**		**98**	**91**
Posta Gelir	25		0	0,1
Kargo Gelir	64		1	7
Kargo Komisyon	2		0	0,1
Diğer Kargo Gelir	4		0	1
Diğer Gelir	130		1	1
TOPLAM BRÜT GELİR	**12.339**		**100**	**100**
ABC Havayollarının 2011 Yılı İstanbul-Kars(IST-KSY) Hattı Maliyetlerinin Dağılımı				
Giderler	**Tutar(USD)**	**%**	**Genel&Hat Yüzdesel Karşılaştırma**	
			Hat Baz%	**Genel %**
Toplam Akaryakıt	5.710	67	41	36
Yakıt Hedge	-410	-5	-3	-3
Üst Geçiş	0	0	0	2
Hava Emniyet	560	7	4	3
Ekip Yatı	86	1	1	0
Kabin Yatı	140	2	1	1
Konma	48	1	0	3
Köprü	41	0	0	1
Toplam Handling	640	8	5	6
Kargo Handling	4	0	0	1
Toplam İkram Gideri	350	4	3	4
Inkitaa	38	0	0	0
Cute	0	0	0	0
Yolcu Çıkış	0	0	0	0

Tablo 40'ın Devamı				
Kredi Kartı Komisyonu	52	1	0	1
Acente ve Satış Teşvik	0	0	0	1
Kargo Komisyon	4	0	0	0
Yolcu Komisyon	2	0	0	2
Rezervasyon Sistem Gideri	40	0	0	2
Uçak Kira	0	0	0	0
Teknik Değişken Bakım Giderleri	1.210	14	9	7
Değişken Direkt Giderler	**8.515**	**100**	**61**	**66**
Uçuş İşletme Diğer	220	6	2	1
Uçak Sigorta + Riskli Bölgeler Harp Sigortası	50	1	0	0
Mali Mes. Sig.	70	2	1	0
Uçak Amortismanı	460	12	3	5
Kabin Ücreti	710	19	5	5
Lease	840	23	6	4
Pilot Eğitim	16	0	0	0
Pilot Ücreti	940	25	7	5
Teknik Sabit Bakım Giderleri	420	11	3	1
Sabit Direkt Giderler	**3.726**	**100**	**27**	**22**
Reklam	260	15	2	2
Genel İdari	610	35	4	3
Yer İşletme	480	28	3	1
SITA	11	1	0	0
Kargo Taşımacılık Hizmetiyle İlişkili	5	0	0	0
Yolcu Taşımacılık Hizmetiyle İlişkili	210	12	2	1
Kargo Büro	16	1	0	0
Yolcu Büro	140	8	1	4
ENDİREKT GİDERLER	**1.732**	**100**	**12**	**12**
TOPLAM GİDER	**13.973**			
L/F(ÜYK/AKK*100)	79			
RASK(Toplam Brüt Gelir/AKK*100)	6,15			
CASK(Toplam Gider/AKK*100)	7,05			
KATKI 1(Toplam Brüt Gelir – Değişken Direkt Giderler)	3.824			
KATKI 2(Toplam Brüt Gelir – (Değişken Direkt Giderler + Sabit Direkt Giderler))	98			
KAR-ZARAR(Toplam Brüt Gelir – Toplam Gider)	-1.634			
KATKI 1 MARJI(Katkı1/ Toplam Brüt Gelir)	0,23			
KAR MARJI(Kar-Zarar/ Toplam Brüt Gelir)%	-% 13,2			

ABC Havayollarının IST-KSY Hattı gelir dağılımına baktığımızda, bu hatta ürün çeşitliliğine gidilmediği ve dolayısıyla yolcu gelirlerinin tamamının Economy Class yer satışından elde edildiği ve kargo gelirlerinin %7 olan şirket ortalamasının oldukça altında %1 olarak gerçekleştiği görülmekte.

ABC Havayollarının IST-KSY Hattı maliyet dağılımına baktığımızda ise, değişken direkt giderlerin, %61 pay alarak işletme ortalaması olan %66'nın altında olduğu, endirekt giderlerin, işletme ortalamasında(%12)pay aldığı, sabit direkt maliyetlerin toplam içindeki payının ise,%27 ile işletme ortalaması %22'nin üzerinde olduğu görülmekte.

ABC Havayollarının hâlihazırda kullanmakta olduğu maliyet sistemi aracılığıyla belirlediği IST-MED, IST-LHR, IST-JFK, IST-ADB, IST-VAS ve IST-KYS hatları maliyetler dağılımlarının karşılaştırıldığı Tablo 41'deki gibidir.

Tablo 41: ABC Havayolları Hacim Tabanlı Maliyet Sistemi Hat Maliyetleri Kıyaslaması

MALİYET	DIŞ HATLAR			İÇ HATLAR		
	IST-MED	IST-LHR	IST-JFK	IST-ADB	IST-VAS	IST-KSY
Yakıt	21.332	31.102	87.050	2.720	3.965	5.710
Toplam Değişken Direkt	35.625	57.452	135.568	5.164	6.283	8.515
Toplam Sabit Direkt	12.982	13.771	40.964	1.818	2.624	3.726
Toplam Endirekt	*5.409*	*6.721*	*15.191*	*1.047*	*1.251*	*1.732*
% Endirekt Mal. /Top. Mal.	*10%*	*9%*	*8%*	*13%*	*12%*	*12%*
Toplam Maliyet	*54.016*	*77.944*	*191.723*	*8.029*	*10.158*	*13.973*
% Kâr-Zarar	*17%*	*7%*	*-8%*	*6%*	*-13%*	*-13%*

ABC Havayollarının hâlihazırdaki maliyet sistemine göre belirlenen ürün maliyetlerinin karşılaştırıldığında;

- Değişken direkt giderlerin, sistemden alınan verilerle direkt olarak, hattın mesafesi ya da uçuş süresi gibi hacim tabanlı dağıtım anahtarlarıyla ürünlere yüklenebildiği,

- Sabit direkt giderlerin de değişken direkt giderler gibi hatlara yüklendiği, ancak "uçuş işletme diğer giderleri" gibi giderlerin endirekt olarak değerlendirilmesi gerekirken, bu kategoride değerlendirilerek yine hat mesafesi ya da uçuş süresine bağlı olarak hacim tabanlı yüklemeye tabi tutulduğu,

- Hizmet verilen yolcu sayısı gibi objektif büyük nispette direkt olarak yüklenebilen yer işletme giderlerinin ise, uluslar arası uygulamaların aksine, endirekt maliyetler sınıfına dâhil edildiği görülmektedir.

- Endirekt maliyetlerin dağıtımda ürünlerin aldığı payların, hatların mesafeleri ya da uçuş süreleri ile ilişkilendirildiği hacim farklılıklarına göre belirlendiği hacim tabanlı maliyet sisteminde,

- İç hatlarda 1.634 USD zarar ettiği raporlanan IST-KSY hattının, nispi mesafe uzunluğu ya da uçuş süreninin uzunluğu sebebiyle endirekt maliyetlerden 1.732 USD pay aldığı, buna karşın, 557 USD kar ettiği raporlanan IST-ADB hattının, nispi mesafe kısalığı ya da uçuş süresinin azlığı sebebiyle endirekt maliyetlerden 1.047 USD pay aldığı,

- Dış hatlarda 14.571 USD zarar ettiği raporlanan IST-JFK hattının, nispi mesafe uzunluğu ya da uçuş süreninin uzunluğu sebebiyle endirekt maliyetlerden 15.191 USD pay aldığı, buna karşın, 10.924 USD kar ettiği raporlanan IST-MED hattının, nispi mesafe kısalığı ya da uçuş süresinin azlığı sebebiyle endirekt maliyetlerden 5.409 USD pay aldığı,

- Dolayısıyla maliyet etkenlerinin neden-sonuç ilişkisi bakımından gerçeği yansıtmaktan uzak olması sebebiyle hacim tabanlı maliyet sisteminin, sistematik olarak doğrudan uzak maliyet bilgisi raporladığını söylemek yanlış olmayacaktır. Sektörün düşük kar marjı gerçeğiyle birlikte düşünüldüğünde endirekt maliyetlerin hatlara hacim tabanlı maliyet sistemiyle yüklenmesinin ya da yüklenmemesinin, network taşıyıcısı havayollarının hatları ile ilgili ve sonuç itibariyle devamlılıklarıyla ilgili olarak alacakları kararları birebir etkileyeceği açıktır.

5.3.4. ZEFTMS Model Kurma ve Maliyet Etkenlerinin Belirlenmesi

Uygulama bölümünde incelenen ABC Havayollarının giderleri, ICAO uygulamasındaki gibi direkt ve endirekt olarak iki sınıfa ayrılacak olup, endirekt giderlerin dağıtımı üzerinde durulacaktır. Belirlenen endirekt maliyetler maliyetlerin üretildiği maliyet merkezleri olan departmanlar bazında hesaplanacak, departmanlarda yapılan mülakat ve anketlerle maliyet etkenleri belirlenecektir.

Uygulamada, yapılan anket ve mülakatlar sonucunda, endirekt maliyet üreten departmanlar bazında maliyetler belirlenmiş, departmanlara bağlı müdürlükler bazında yürütülen faaliyet maliyetleri ise, faaliyetlerin personel adam/saat sarfiyatı oranı dikkate alınarak belirlenmiştir.

Çalışmamızda faaliyetlere ait adam/saat sarfiyatı oranları, özellikle standart faaliyet döngü zamanları belirlenmeden, tamamen yapılan anket ve mülakatların neticesinde üzerinde fikir birliği sağlanan oranların doğru kabul edilmesiyle belirlenmiştir. Faaliyet döngü zamanlarının belirlenmesi tekniğinin kullanılmamasında amaç, çalışanların sisteme karşı tepki vermelerinin önlenmesinin yanında sisteme katkılarının azami düzeye çekilmesidir.

Çalışmamızda ABC Havayollarının mevcut maliyet sisteminden alınan verilerle belirlenen departman maliyetleri, önce alt birimlere dağıtılmış daha sonra belirlenen müdürlük maliyetleri ile faaliyetlere ait adam/saat sarfiyat oranları çarpılarak faaliyet maliyetlerine ulaşılmaya çalışılmıştır. Faaliyet maliyetlerinin ürünlere yüklenmesi aşamasında ise, yine yapılan anket ve mülakat çalışmaları sonucu üzerinde fikir birliğine varılan maliyet etkenleri kullanılarak faaliyet maliyetleri, ürünler tarafından tüketilmeleri nispetinde ürünlere yüklenerek doğruya en yakın ürün maliyetleri bulunmaya çalışılmıştır.

ZEFTMS'nin ABC Havayollarında uygulanmasını şematize eden Şekil 14 aşağıdaki gibidir.

Şekil14: ABC Havayolları ZEFTMS Modeli İşleyişi

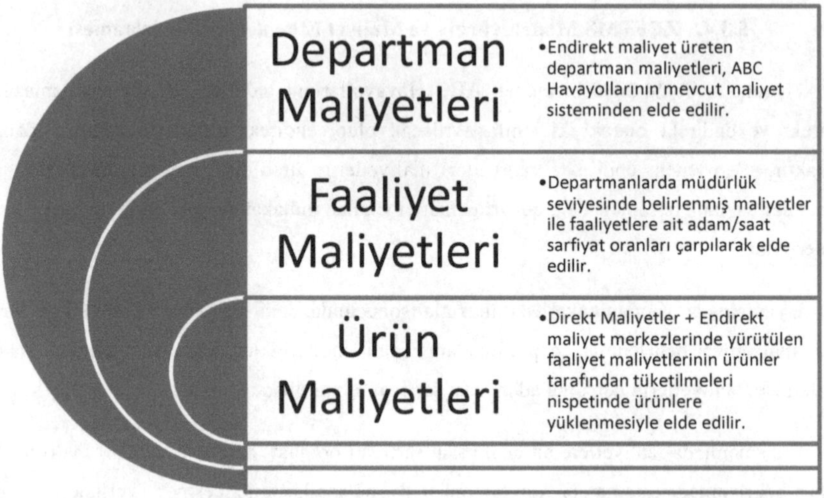

ABC Havayolları ZEFTMS Model çalışmasında kullanılan formüller aşağıdaki gibidir.

- **Faaliyet Adam-Saat Sarfiyat Oranı**= Faaliyet Adam-Saat Sarfiyatı/ Toplam Adam-Saat Sarfiyatı(Anket ve mülakatlarla belirlenir.)
- **Faaliyet Maliyeti**= Faaliyet Adam-Saat Sarfiyat Oranı * Departman Maliyeti
- **Ürün Maliyeti**= Direkt Maliyetler + (Endirekt maliyet merkezleri faaliyet maliyetleri * ZEFTMS Faaliyet Maliyet Etkenleri)

5.3.4.1.ZEFTMS Model Kurma

ZEFTMS ile ilgili olarak geliştirilen modeller ve modelin uygulanacağı ABC Havayollarının organizasyon ve maliyet yapıları dikkate alınarak tasarlanan ZEFTMS modelimizi 7 aşamalı bir uygulama akışına sahiptir. Bu aşamalar aşağıdaki gibidir:

- **Birinci Aşama;**

Giderlerin Ayrımı: Giderlerin ayrımı, uluslar arası uygulamalarla paralellik gösterirken, aşağıdaki şekilde özetlenmiştir.

Şekil 15:ABC Havayolları ZEFTMS Modeli Giderlerin Dağılımı

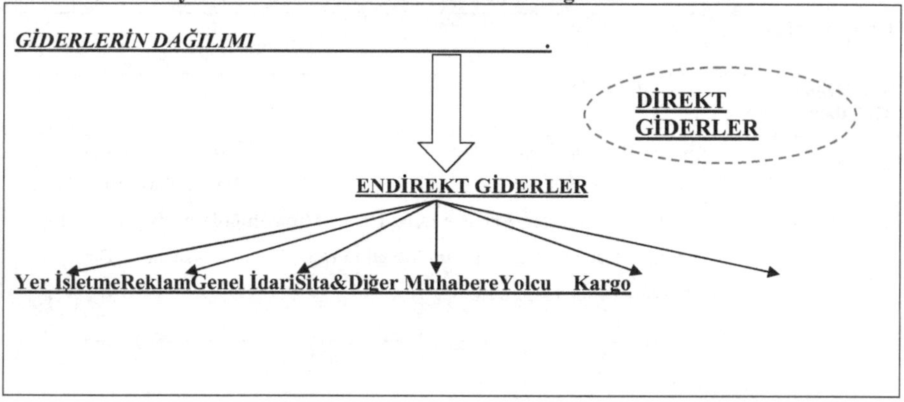

- **İkinci Aşama;**

Endirekt Giderlerin Departmanlar Bazında Sınıflandırılması: Endirekt maliyet üreten departmanların açılımı Tablo 42'dedir.

Tablo 42: ABC Havayolları Endirekt Maliyet Merkezleri

Yer İşletme	Yer İşletme'ye Bağlı Tüm İstasyonlar
Reklam	Tanıtma ve Halkla İlişkiler Dep. Tanıtma Temsilcilikler
Yolcu Büro	Yurt İçi ve Yurt Dışı Bürolar
Yolcu Merkez	Pazarlama Satış Dep., Üretim Planlama Dep., Gelir Yönetimi Dep., Ar-ge Dep., Müşteri Tutundurma Dep., Uluslar arası İlişkiler ve İttifaklar Dep., Bölgesel Uçuşlar Dep.,
Kargo Büro	Yurt İçi ve Yurt Dışı Bürolar
Kargo Merkez	Kargo Merkez
Sıta&Diğer Muhabere	Haberleşme Dep., İstasyonlar
Genel İdari	Muhasebe Dep.,Bilgi Teknolojileri Dep., Sosyal ve İdari İşler Dep., Eğitim Dep., Finansman Dep., Personel Dep., Teknik Dep., Havayolları İttifak Dep., Protokol Dep., Uçuş Emniyet Dep., Hukuk Müşavirliği Dep., Toplam Kalite Dep., İç Denetim Dep. Yatırım Yönetimi Dep., Basın Danışmanlığı Dep., Müşteri Tutundurma Dep.

- **Üçüncü Aşama;**

Endirekt maliyet üreten departmanların faaliyet düzeyleri itibariyle sınıflandırılması:

ABC Havayollarının "uçuş işletme diğer" başlığı altına alarak direkt sabit giderleri arasına dâhil ettiği giderler, çalışmamızda endirekt giderler kategorisine alınmıştır. ABC Havayolları faaliyet düzeyleri itibariyle departmanların sınıflandırması Tablo 43'dedir.

Tablo 43: ABC Havayolları Faaliyet Düzeyleri İtibariyle Departmanların Sınıflandırması(Tablo 43 uzunluğu sebebiyle iki parça olarak gösterilecektir.)

Faaliyet Düzeyi	**Departman**	**Hacim Tabanlı Maliyet Etkeni**
Birim Düzeyinde	SITA	Konma Sayısı
	Yer İşletme	Çıkış yapan Hatlara Arz Edilen Koltuk
	Operasyon Koordinasyon Dep.	Block Saat
Parti Düzeyinde	Gelir Yönetimi Dep.	AKK Nispetinde
	Yer İşletme	Çıkış yapan Hatlara Arz Edilen Koltuk
	Kargo Dep.	Ücretli Kargo Ton
	Üretim Planlama Dep.	AKK Nispetinde
Mamul Düzeyinde	Teknik Dep.	AKK Nispetinde
	Ar-ge Dep.	Arz Edilen Koltuk
	Kargo Dep.	Ücretli Kargo Ton
	Pazarlama ve Satış Dep.	AKK Nispetinde
	Gelir Yönetimi Dep.	AKK Nispetinde
	Bölgesel Uçuşlar Dep.	Bölgesel Uçuşlara AKK Nispetinde
	Ulusl.İlişk.ve İttifaklar Dep.	AKK Nispetinde
	Kargo Büro	Ücretli Kargo Ton
	Yolcu Büro	Çıkış yapan Hatlara Arz Edilen Koltuk
İşletme Düzeyinde	Kabin Hizmetleri Dep.	Block Saat
	Uçuş İşletme Merkez	Block Saat
	Pilotlar(İdari Görev)	Block Saat
	Uçuş İşletme Dep.(baş pilot)	Block Saat
	Operasyon Koordinasyon Dep. Merkez	Block Saat
	Uçuş Eğitim Dep.	Block Saat
	Muhasebe Dep.	AKK Nispetinde
	Reklam ve Tanıtma Dep.	Hat Geliri Nispetinde
	Pazarlama Temsilcilikler	Hat Geliri Nispetinde
	Bilgi Teknolojileri Dep.	AKK Nispetinde
	Sosyal ve İdari İşler Dep.	AKK Nispetinde
	Eğitim Dep.	AKK Nispetinde
	Finansman Dep.	AKK Nispetinde

Tablo 43'ün Devamı		
	Personel Dep.	AKK Nispetinde
	Havayolları İttifak Dep.	AKK Nispetinde
	Protokol Dep.	AKK Nispetinde
	Uçuş Emniyet Dep.	AKK Nispetinde
	Hukuk Müşavirliği Dep.	AKK Nispetinde
	Toplam Kalite Dep.	AKK Nispetinde
	İç Denetim Dep.	AKK Nispetinde
	Yatırım Yönetimi Dep.	AKK Nispetinde
	Basın Danışmanlığı Dep.	AKK Nispetinde
	Müşteri Tutundurma Dep.	Arz Edilen Koltuk

Faaliyet düzeyleri itibariyle sınıflandırması yapılan departmanlardan birim düzeyinde ve işletme düzeyinde olanlara ait maliyetlerin ürünlere dağıtımında hem nesnel hem de makul olabilecek hacim tabanlı maliyet etkenlerinin kullanılabileceği için çalışmamızda özellikle parti ve mamul düzeyindeki faaliyetlerin gerçekleştirildiği departmanlara odaklanılacaktır. Bu tarz bir sınıflandırma ve sonrasındaki çalışmaların anılan düzeydeki sınıflarda olan departmanlarda yoğunlaştırılmasının bir diğer amacı ise, çalışmamızın fayda-maliyet oranının yükseltilmesidir.

- **Dördüncü Aşama;**

<u>Birimlerde Mülakat ve Anket Yapılması Suretiyle Faaliyetlerin Belirlenmesi</u>:

Departmanlara ait faaliyetlerin belirlenmesi, faaliyetlere ayrılan işgücü, zaman, yatırım payı vs. belirlenmesi için departmanlarda mülakat ve anketlerin yapıldığı, faaliyetlere ait maliyet etkenlerinin ortak akıl ile belirlendiği ve departmanlara ait maliyetlerin faaliyetlere dağıtıldığı aşamadır. Bu aşamada uygulanan anket örneği çalışmamızın ekindedir.

- **Beşinci Aşama;**

<u>Birimlerin ZEFTMS Sorumlularının Seçilmesi ve ZEFTMS Ara Program Hazırlanması</u>:

Yapılan mülakat ve anket çalışmaları sırasında ZEFTMS birim sorumluları belirlenir. ZEFTMS sorumlularının seçimi, kişilerin eğitim durumları, ZEFTMS'nin kişi tarafından anlaşılmış ve benimsenmiş olma dereceleri, takım çalışmasına yatkınlık düzeyleri göz önüne alınarak birim yöneticileriyle birlikte yapılır.

Ara program hazırlanacak, birim faaliyetleri FTM sorumlusunun yönetiminde, birim çalışanlarının katılımı ile aylık olarak analiz edilir. Yazılım yalın ve güncellemeye açık olacak, birimlere özgü özellikler taşıyacak şekilde dizayn edilir.

- **Altıncı Aşama;**

ZEFTMS Sorumluları ve Ara Yüz Programından Akan Verilerin İşlenmesi:

ZEFTMS sorumlularının denetiminde çalışan ara program ile birim çalışanlarından aylık olarak birim faaliyetlerine ayrılan işgücü, zaman, yatırım payı vs. incelenecek, faaliyet maliyet etkenleri irdelenecek ve değişiklik ihtiyacına göre merkez ile iletişime geçilir. Maliyet etkenlerinin belirlenmesi ile birim maliyetleri, birim bazında aylık olarak faaliyetlere, faaliyet maliyetleri, faaliyet maliyet etkenleri kullanılarak mamullere ve maliyet taşıyıcılarına yüklenmeye çalışılır.

- **Yedinci Aşama;**

ZEFTMS İle Ürün Maliyet-Fiyat ve Yönetim Raporları Hazırlamak:

Sırasıyla faaliyet ve ürün maliyetlerinin belirlenmesi, ürün fiyatlaması, katma değer analizleri ile ve maliyetlerden yola çıkarak sorunların ortaya konulması ve departmanların ortak sorumluluk alanına giren faaliyetlerin belirlenmesi ileFTY'e geçilmesi.

Çalışmamızda modelimizin beşinci aşamasına gelinmiş olup, sistemin verilerinin işlenerek merkeze aktarılmasını sağlayacak programın yazılım çalışmalarına devam edilmekte olup, direkt maliyetlerin dağıtımında ABC Havayollarının hâlihazırda kullanmakta olduğu Hat Maliyet Sistemi(HMS)'nin çalışmamıza uyumlaştırması gözden geçirilmektedir.

5.3.4.2.ZEFTMS Maliyet Etkenlerinin Belirlenmesi

Çalışmamızda karşılaştırma imkânının ortadan kalkmaması adına ABC Havayollarının endirekt gider sınıflandırması içerisinde yer alan üniteleri incelenecek olup, bu maliyetlere sadece Uçuş İşletme'nin pilot ücret, eğitim, kabin memuru ücreti, haberleşme ve tüm değişken kalemleri hariç kalan sabit giderleri olan "uçuş işletme diğer" sınıfı ilave edilecektir. Direkt sabit gider kategorisine dâhil edilerek, hatlara block saat anahtarıyla dağıtılan uçuş işletme diğer gider kaleminin ZEFTMS modeli ile ürünlere dağıtımı yapıldıktan sonra karşılaştırma adına, gider dağıtım tablosundaki yerinde belirtilerek gösterimi yapılacaktır. ABC Havayollarının 2011 yılı endirekt maliyetlerinin maliyet merkezlerine dağılımı Tablo 44'deki gibidir.

Tablo 44: ABC Havayollarının 2011 Yılı Endirekt Maliyetlerinin Maliyet Merkezlerine Dağılımı(Tablo 44, uzunluğu sebebiyle iki parça halinde gösterilecektir.)

ABC Havayollarının 2011 Yılı Endirekt Maliyetlerinin Maliyet Merkezlerine Dağılımı			
Tür	**Tutar(USD)**	**%**	**Toplamda %**
Uçuş İşletme Diğer	112.048.639	7	1
Reklam	283.362.322	18	2
Genel İdari	418.496.259	26	3
Yer İşletme	167.930.767	10	1
SITA	10.097.859	1	0
Kargo Taşımacılık Hizmetiyle İlişkili	28.798.811	2	0
Yolcu Taşımacılık Hizmetiyle İlişkili	176.581.604	11	1
Kargo Büro	41.727.626	3	0
Yolcu Büro	477.649.845	30	4
ENDİREKT GİDERLER	**1.716.693.732**	**100**	**13**
TOPLAM GİDER	**12.987.567.852**		
Uçuş İşletme Diğer	**112.048.639**	**100**	7
Kabin Hizmetleri Dep.	4.223.465	4	0
Uçuş İşletme Merkez	19.242.605	17	1
Pilotlar(İdari Görev)	2.711.140	2	0
Uçuş İşletme Baş pilotluk	9.861.723	9	1
Operasyon Koordinasyon Dep.	40.520.369	36	2
Uçuş Eğitim Dep.	35.489.337	32	2
Reklam	**283.362.322**	**100**	**17**
Reklam ve Tanıtma Dep.	130.346.668	46	8
Pazarlama Temsilcilikleri	153.015.634	54	9
Genel İdari	**418.496.259**	**100**	**24**
Muhasebe Dep.	128.604.846	31	7
Bilgi Teknolojileri Dep.	79.006.097	19	5
Sosyal ve İdari İşler Dep.	44.974.557	11	3
Eğitim Dep.	34.100.433	8	2
Finansman Dep.	28.578.944	7	2
Personel Dep.	24.865.571	6	1
Teknik Dep.	23.762.250	6	1
Havayolları İttifak Dep.	12.308.365	3	1
Protokol Dep.	9.640.662	2	1

Tablo 44'ün Devamıdır.			
Uçuş Emniyet Dep.	8.536.284	2	0
Hukuk Müşavirliği Dep.	6.731.658	2	0
Toplam Kalite Dep.	6.037.790	1	0
İç Denetim Dep.	5.795.414	1	0
Yatırım Yönetimi Dep.	3.779.744	1	0
Basın Danışmanlığı Dep.	1.773.646	0	0
Yer İşletme	**167.930.767**	**100**	**10**
SITA	**10.097.859**	**100**	**1**
Haberleşme Dep.	7.425.869	74	0
İstasyonlar	2.671.990	26	0
Kargo Taşımacılık Hizmetiyle İlişkili	**28.798.811**	**100**	**2**
Kargo Dep.	28.798.811	100	2
Yolcu Taşımacılık Hizmetiyle İlişkili	**176.581.604**	**100**	**10**
Pazarlama ve Satış Dep.	49.614.441	28	3
Gelir Yönetimi Dep.	38.400.134	22	2
Ar-ge Dep.	35.716.588	20	2
Müşteri Tutundurma Dep.	33.434.198	19	2
Üretim Planlama Dep.	12.991.980	7	1
Bölgesel Uçuşlar Dep.	3.528.129	2	0
Ulusl. İlişk. Ve İttifaklar Dep.	2.896.134	2	0
Kargo Büro	**41.727.626**	**100**	**2**
İstasyonlar	41.727.626	100	2
Yolcu Büro	**477.649.845**	**100**	**28**
İstasyonlar	477.649.845	100	28

Departmanların farklı faaliyet düzeyleri itibariyle sınıflandırılması, farklı maliyet etkenleri (anahtarları) kullanımını gerektirdiği için mamul maliyetlerinin izlenmesinde önem taşımaktadır. Üretim sürecinde her bir çıktı birimi açısından tekrarlanan birim düzeyindeki ve faaliyetlere göre ayrıştırılamayan, fakat üretimin devamlılığını sağlamak için yapılan işletme düzeyindeki faaliyet düzeyinde değerlendirilen departmanlara ait maliyet etkenlerinin belirlenmesi parti ve ürün düzeyindeki faaliyetlerin yapıldığı departmanlarından farklı değerlendirilecektir. Çünkü birim ve işletme düzeyindeki faaliyetlerin gerçekleştirildiği birimlerin belirlenmesiyle faaliyet maliyet etkenleri üzerinde fikir birliğine kolaylıkla varılabilmiştir.

ABC Havayollarının endirekt maliyetlerinin maliyet merkezleri olan departmanlarının maliyetlerin belirlenmesinin ardından, ünitelerde yapılan anket ve mülakat çalışmaları sonuçları göz önüne alınarak endirekt maliyet üreten departmanların faaliyet düzeyleri itibariyle sınıflandırılması yapılmıştır. Faaliyet düzeylerinin bilinmesi ise, daha önceki bölümlerde belirtildiği gibi, ürünler tarafından tüketilen faaliyetlere ilişkin temel etkenlerin belirlenmesinde yardımcı olacaktır. ABC Havayollarının ZEFTMS'ne göre belirlenen maliyet etkenleri Tablo 45'deki gibidir.

Tablo 45: ABC Havayolları Endirekt Maliyet Merkezlerinin Faaliyet Düzeyleri İtibariyle Sınıflandırılması ve ZEFTMS Maliyet Etkenleri(Tablo 45, uzunluğu sebebiyle üç parça halinde gösterilecektir.)

Faaliyet Düzeyi	Departman	Maliyeti	Hacim Tabanlı Maliyet Etkeni	ZEFTMS Maliyet Etkeni
Birim Düzeyinde	SITA	10.097.859	Konma Sayısı	Konma Sayısı
	Yer İşletme	96.236.874	Çıkış yapan Hatlara Arz Edilen Koltuk	Çıkış yapan Hatlara İşlem Gören Yolcu Sayısı Oranında
	Operasyon Koordinasyon Dep.	30.704.249	Block Saat	Hatlara Eşit
Parti Düzeyinde	Gelir Yönetimi Dep.	18.214.589	AKK Nispetinde	ZEFTMS
	Yer İşletme	71.693.893	Çıkış yapan Hatlara Arz Edilen Koltuk	ZEFTMS
	Kargo Dep.	11.254.258	Ücretli Kargo Ton	ZEFTMS
	Üretim Planlama Dep.	12.991.980	AKK Nispetinde	ZEFTMS
Mamul Düzeyinde	Teknik Dep.	23.762.250	AKK Nispetinde	ZEFTMS
	Ar-ge Dep.	35.716.588	Arz Edilen Koltuk	ZEFTMS
	Kargo Dep.	28.798.811	Ücretli Kargo Ton	ZEFTMS
	Pazarlama ve Satış Dep.	49.614.441	AKK Nispetinde	ZEFTMS
	Gelir Yönetimi Dep.	20.185.545	AKK Nispetinde	ZEFTMS
	Bölgesel Uçuşlar Dep.	3.528.129	Bölgesel Uçuşlara AKK Nispetinde	ZEFTMS
	Ulusl. İlişk. Ve İttifaklar Dep.	2.896.134	AKK Nispetinde	ZEFTMS
	Kargo Büro	30.473.368	Ücretli Kargo	ZEFTMS
	Yolcu Büro	477.649.845	Çıkış yapan Hatlara Arz Edilen Koltuk	ZEFTMS
İşletme Düzeyinde	Kabin Hizmetleri Dep.	4.223.465	Block Saat	ZEFTMS
	Uçuş İşletme Merkez	19.242.605	Block Saat	ZEFTMS

Tablo 45'in Devamıdır.				
	Pilotlar(İdari Görev)	2.711.140	Block Saat	ZEFTMS
	Uçuş İşletme Dep.(baş pilot)	9.861.723	Block Saat	ZEFTMS
	Operasyon Koordinasyon Dep. Merkez	9.816.120	Block Saat	ZEFTMS
	Uçuş Eğitim Dep.	35.489.337	Block Saat	ZEFTMS
	Muhasebe Dep.	128.604.845	AKK Nispetinde	ZEFTMS
	Reklam ve Tanıtma Dep.	130.346.668	Hat Geliri Nispetinde	ZEFTMS
	Pazarlama Temsilcilikler	153.015.634	Hat Geliri Nispetinde	ZEFTMS
	Bilgi Teknolojileri Dep.	79.006.097	AKK Nispetinde	ZEFTMS
	Sosyal ve İdari İşler Dep.	44.974.557	AKK Nispetinde	ZEFTMS
	Eğitim Dep.	34.100.433	AKK Nispetinde	ZEFTMS
	Finansman Dep.	28.578.944	AKK Nispetinde	ZEFTMS
	Personel Dep.	24.865.571	AKK Nispetinde	ZEFTMS
	Havayolları İttifak Dep.	12.308.365	AKK Nispetinde	ZEFTMS
	Protokol Dep.	9.640.662	AKK Nispetinde	ZEFTMS
	Uçuş Emniyet Dep.	8.536.284	AKK Nispetinde	ZEFTMS
	Hukuk Müşavirliği Dep.	6.731.658	AKK Nispetinde	ZEFTMS
	Toplam Kalite Dep.	6.037.790	AKK Nispetinde	ZEFTMS
	İç Denetim Dep.	5.795.414	AKK Nispetinde	ZEFTMS
	Yatırım Yönetimi Dep.	3.779.744	AKK Nispetinde	ZEFTMS
	Basın Danışmanlığı Dep.	1.773.646	AKK Nispetinde	ZEFTMS
	Müşteri Tutundurma Dep.	33.434.198	Arz Edilen Koltuk	ZEFTMS

Yer işletme ile operasyon koordinasyon birimlerinin, bir kısım alt birimlerinde gerçekleştirilen faaliyetlerin birim düzeyinde, bir kısım alt birimlerindeki faaliyetlerinin ise, parti düzeyinde olduğu anlaşıldığından bu birimlerin faaliyet düzeyleri farklı olan alt birimleri ayrı olarak değerlendirilmiştir. Yine gelir yönetimi birimin, farklı faaliyet düzeylerinde değerlendirilen farklı müdürlükleri, parti ve mamul faaliyet düzeylerinde ayrı olarak sınıflandırılmıştır.

Parti ve mamul düzeyindeki faaliyetlerin gerçekleştirildiği departmanların müdürlük seviyesindeki tüm alt birimlerinde yapılan çalışmalarla bu maliyet merkezlerine ait maliyetler ürünlere ayrı ayrı ve özerk bir şekilde yüklenmeye çalışılmıştır. Yapılan anket ve mülakat çalışmaları ile alt birimlerde gerçekleşen faaliyetlerin maliyet etkenlerinin belirlenmesi ve faaliyet maliyetlerinin ürünlere yüklenmesi süreci her alt birimde tekrarlanmış, bu çalışmalar yapılırken, ZEFTMS modelinin sonraki aşamalarına zemin oluşturulmaya(sistem sorumlularının belirlenmesi gibi) çalışılmıştır.

Çalışmamızda ABC Havayollarının birim düzeyindeki faaliyetlerin gerçekleştirildiği departman faaliyet maliyetlerinin ürünlere dağıtımında genel itibariyle bir birim üretimi ifade eden "konma sayısı" maliyet etkeni olarak benimsenmiştir.

İşletme düzeyindeki faaliyetlerin gerçekleştirildiği departmanlarda yapılan çalışmalarda ise, faaliyet maliyetlerinin bölgesel ayrım yapıldıktan sonra hatlara eşit dağıtılması gerektiği sonucuna varılmıştır. Burada ilk ayrımın iç-dış hat şeklinde yapılması gerektiği prensip olarak benimsenmiş, yapılan anket ve mülakat çalışmaları sonucunda içhatlar-dışhatlar ayrımında, departmanların iş yoğunlukları içinde içhatlara düşen ortalama pay (işletme düzeyindeki faaliyetlerin gerçekleştiği departmanların iç hat iş yoğunluk oranları toplamı / departman sayısı = Dep.1+Dep.2+Dep.3...+Dep.n / n), %17olarak hesaplandığı için işletme düzeyinde faaliyetlerin gerçekleştirildiği departman maliyetleri, %17 içhatlara ve %83 dışhatlara olmak üzere ilk ayrımı yapılmıştır.İşletme düzeyindeki faaliyetlerin gerçekleştirildiği departman maliyetlerin, Katkı 2 ve bölgesel olarak rekabet durumları gibi finansal ve finansal olmayan kriterlerin de değerlendirilerek, hatlara dağıtılmadan önce coğrafi pazar bölgelerine dağıtılması gerektiği yaptığımız anket ve mülakat çalışmalarında değerlendirilmiştir. Ancak, modelin karmaşıklaşmaması ve yapılan bu önerinin işletme üst yöneticilerinde değerlendirilmesi gerektiği ve daha sonra da değerlendirilebileceği düşüncesiyle çalışmamızda bu kırılımına yer verilmemiş, işletme düzeyindeki faaliyetlerin gerçekleştiği departman maliyetlerinin hatlara dağıtımı, iç-dış ayrımından sonra, eşit yapılmıştır.

Parti ve ürün düzeylerdeki faaliyetlerin gerçekleştiği departman maliyetleri ise, yapılan anket ve mülakat çalışmalarıyla belirlenen departman faaliyetlerinden, faaliyetleri tüketmeleri oranlarında ürünlere dağıtılmıştır.

5.3.5. ABC Havayolu'nun ZEFTMS Modeli'ni Kullanarak Örnek Ürünlerinin(Hatlarının) Maliyetlerinin Belirlenmesi

Çalışmamızın bu bölümünde artık ABC Havayolları için tamamlanmış olan ZEFTMS Modeli kullanılarak ABC Havayollarının IST-JFK, IST-LHR, IST-MED, IST-ADB, IST-VAS hatlarının maliyet analizleri tekrar yapılacaktır. Hatların maliyet analizi yapılırken direkt giderler mevcut sistemden alınmış, yalnızca sabit direkt giderler içerisinde değerlendirilen "Uçuş İşletme Diğer" adı altındaki maliyetler, ZEFTMS Modeli'nde endirekt giderler içerisinde değerlendirilmiş ve fakat iki sistem arasında kıyaslama yapılabilmesi adına ilgili giderler gösterimde belirtilerek tekrar sabit direkt giderler arasına alınmıştır. ZEFTMS Modeli uygulanmış ve IST-MED Hattı'nın maliyet analizi yeniden yapılmıştır. Yapılan uygulamanın sonuçları aşağıdaki gibidir.

- Uçak Tipi Boeing 777, Uçuş Süresi: 2 saat 55 dakika iken; ABC Havayolları ZEFTMS Modeli 2011 Yılı İstanbul-Medine(IST-MED) Hattı maliyet analizi Tablo 46'daki gibidir.

Tablo 46: ABC Havayolları ZEFTMS Modeli2011 Yılı İstanbul-Medine(IST-MED) Hattı Maliyet Analizi(Tablo 46, uzunluğu sebebiyle üç parça halinde gösterilecektir.)

ABC Havayollarının 2011 Yılı İstanbul-Medine(IST-MED)Hattı Direkt Maliyetlerinin Dağılımı			
Giderler	**Tutar(USD)**	**%**	**Hat Baz%**
Toplam Akaryakıt	21.332	60	39
Yakıt Hedge	-1.984	-6	-4
Üst Geçiş	1.120	3	2
Hava Emniyet	1.310	4	2
Ekip Yatı	230	1	0
Kabin Yatı	668	2	1
Konma	428	1	1
Köprü	320	1	1
Toplam Handling	3.010	8	6
Kargo Handling	0	0	0
Toplam İkram Gideri	2.560	7	5
Inkitaa	62	0	0
Cute	0	0	0
Yolcu Çıkış	0	0	0
Kredi Kartı Komisyonu	186	1	0

Tablo 46'nın Devamı			
Acente ve Satış Teşvik	1.125	3	2
Kargo Komisyon	0	0	0
Yolcu Komisyon	570	2	1
Rezervasyon Sistem Gideri	268	1	0
Uçak Kira	0	0	0
Teknik Değişken Bakım Giderleri	4.420	12	8
Değişken Direkt Giderler	**35.625**	**100**	**66**
Uçuş İşletme Diğer	(307)	(2)	(1)
Uçak Sigorta + Riskli Bölgeler Harp Sigortası	142	1	0
Mali Mes. Sig.	150	1	0
Uçak Amortismanı	4.080	31	8
Kabin Ücreti	3.930	30	7
Lease	2.480	19	5
Pilot Eğitim	52	0	0
Pilot Ücreti	1.460	11	3
Teknik Sabit Bakım Giderleri	468	4	1
Sabit Direkt Giderler	**12.762**	**100**	**24**

ABC Havayolları ZEFTMS Modeli 2011 Yılı İstanbul-Medine(IST-MED)Hattı Endirekt Maliyetlerinin Dağılımı

Endirekt Maliyet Merkezleri	**Tutar**	**%**	**Hat Bazlı %**
SITA	21	0	0
Yer İşletme	264	5	0
Operasyon Koordinasyon	84	2	0
Birim Düzeyinde Endirekt	**369**	7	1
Gelir Yönetimi Dep.	50	1	0
Yer İşletme	196	4	0
Kargo Dep.	5	0	0
Üretim Planlama Dep.	36	1	0
Parti Düzeyinde Endirekt	**287**	5	1
Teknik Dep.	65	1	0
Kargo Dep.	45	0	0
Pazarlama ve Satış Dep.	153	3	0
Gelir Yönetimi Dep.	55	1	0
Bölgesel Uçuşlar Dep.	0	0	0
Ulusl. İlişk. Ve İttifaklar Dep.	14	0	0
Kargo Büro	12	0	0
Ar-ge Dep.	86	2	0
Yolcu Büro	1890	34	3
Temsilcilikler Reklam	789	14	1
Mamul Düzeyinde Endirekt	**3109**	56	6

Tablo 46'nın Devamı

Kabin Hizmetleri Dep.	12	0	0
Uçuş İşletme Merkez	53	1	0
Pilotlar (İdari Görev)	9	0	0
Uçuş İşletme Baş pilotluk	29	1	0
Operasyon Koordinasyon Merkez	28	1	0
Uçuş Eğitim Dep.	117	2	0
Muhasebe Dep.	382	7	1
Reklam ve Tanıtma Dep.	410	7	1
Bilgi Teknolojileri Dep.	230	4	0
Sosyal ve İdari İşler Dep.	125	2	0
Eğitim Dep.	110	2	0
Finansman Dep.	89	2	0
Personel Dep.	64	1	0
Havayollarıİttifak Dep.	38	1	0
Protokol Dep.	20	0	0
Uçuş Emniyet Dep.	23	0	0
Hukuk Müşavirliği Dep.	18	0	0
Toplam Kalite Dep.	17	0	0
İç Denetim Dep.	16	0	0
Yatırım Yön. Dep.	10	0	0
Basın Danışmanlığı Dep.	4	0	0
Müşteri Tutundurma Dep.	104	2	0
İşletme Düzeyinde Endirekt	**1.908**	32	3
ENDİREKT GİDERLER	**5.673**	**100**	**10**
TOPLAM GİDER	**54.060**		
L/F(ÜYK/AKK*100)	**74**		
RASK(Toplam Brüt Gelir/AKK*100)	**9,35**		
CASK(Toplam Gider/AKK*100)	**7,26**		
KATKI 1(Toplam Brüt Gelir – Değişken Direkt Giderler)	**29.315**		
KATKI 2(Toplam Brüt Gelir – (Değişken Direkt Giderler + Sabit Direkt Giderler))	**16.553**		
KAR-ZARAR(Toplam Brüt Gelir – Toplam Gider)	**10.880**		
KATKI 1 MARJI(Katkı1/ Toplam Brüt Gelir)	**0,45**		
KAR MARJI(Kar-Zarar/ Toplam Brüt Gelir)%	**% 16,75**		

ABC Havayolları ZEFTMS Modeli ile hesaplanan endirekt maliyetleri 264 USD artarak 5.673 USD olmuşken, çalışmamızda endirekt maliyetler içerisinde değerlendirilmiş olan uçuş işletme diğer giderlerindeki artışında katkısıyla hattın kârlılığı, neredeyse değişme göstermeyerek, %16,8'den %16,75'e gerilemiştir.

- Uçak Tipi Boeing 777, Uçuş Süresi: 3 saat 40 dakika iken; ABC Havayolları ZEFTMS Modeli 2011 Yılı İstanbul-Londra(IST-LHR) Hattı maliyet analizi Tablo 47'deki gibidir.

Tablo 47: ABC Havayolları ZEFTMS Modeli 2011 Yılı İstanbul-Londra(IST-LHR) Hattı Maliyet Analizi(Tablo 47, uzunluğu sebebiyle üç parça halinde gösterilecektir.)

ABC Havayollarının 2011 Yılı İstanbul-Londra(IST-LHR)Hattı Direkt Maliyetlerinin Dağılımı			
Giderler	**Tutar(USD)**	**%**	**Hat Baz%**
Toplam Akaryakıt	31.102	54	40
Yakıt Hedge	-2.084	-4	-3
Üst Geçiş	567	1	1
Hava Emniyet	6.116	11	8
Ekip Yatı	280	0	0
Kabin Yatı	698	1	1
Konma	3.524	6	5
Köprü	316	1	0
Toplam Handling	5.011	9	6
Kargo Handling	1.128	2	1
Toplam İkram Gideri	2.856	5	4
Inkitaa	66	0	0
Cute	0	0	0
Yolcu Çıkış	0	0	0
Kredi Kartı Komisyonu	256	0	0
Acente ve Satış Teşvik	821	1	1
Kargo Komisyon	231	0	0
Yolcu Komisyon	871	2	1
Rezervasyon Sistem Gideri	1.008	2	1
Uçak Kira	0	0	0
Teknik Değişken Bakım Giderleri	4.685	8	6
Değişken Direkt Giderler	**57.452**	**100**	**74**
Uçuş İşletme Diğer	(310)	(2)	(0)
Uçak Sigorta + Riskli Bölgeler Harp Sigortası	184	1	0
Mali Mes. Sig.	98	1	0
Uçak Amortismanı	4.255	31	5
Kabin Ücreti	4.125	30	5
Lease	2.582	19	3
Pilot Eğitim	71	1	0
Pilot Ücreti	1.829	13	2

Tablo 47'nin Devamı			
Teknik Sabit Bakım Giderleri	568	4	1
Sabit Direkt Giderler	**13.712**	**100**	**18**

ABC Havayolları ZEFMTS Modeli 2011 Yılı İstanbul-Londra(IST-LHR)Hattı Direkt Maliyetlerinin Dağılımı

Endirekt Maliyet Merkezleri	Tutar	%	Hat Bazlı %
SITA	21	0	0
Yer İşletme	304	5	0
İşletme Koordinasyon	84	2	0
Birim Düzeyinde Endirekt	**409**	**6**	**1**
Gelir Yönetimi Dep.	60	1	0
Yer İşletme	205	3	0
Kargo Dep.	75	1	0
Üretim Planlama Dep.	26	0	0
Parti Düzeyinde Endirekt	**366**	**6**	**0**
Teknik Dep.	75	1	0
Kargo Dep.	155	2	0
Pazarlama ve Satış Dep.	198	3	0
Gelir Yönetimi Dep.	75	1	0
Bölgesel Uçuşlar Dep.	0	0	0
Ulusl. İlişk. Ve İttifaklar Dep.	19	0	0
Kargo Büro	82	1	0
Ar-ge Dep.	95	1	0
Yolcu Büro	1910	29	2
Temsilcilikler Reklam	1126	17	1
Mamul Düzeyinde Endirekt	**3735**	**57**	**5**
Kabin Hizmetleri Dep.	12	0	0
Uçuş İşletme Merkez	54	1	0
Pilotlar (İdari Görev)	9	0	0
Uçuş İşletme Baş pilotluk	29	0	0
İşletme Koordinasyon Merkez	28	0	0
Uçuş Eğitim Dep.	117	2	0
Muhasebe Dep.	401	6	1
Reklam ve Tanıtma Dep.	610	9	1
Bilgi Teknolojileri Dep.	232	4	0
Sosyal ve İdari İşler Dep.	121	2	0
Eğitim Dep.	122	2	0
Finansman Dep.	89	1	0
Personel Dep.	69	1	0
Havayollarıİttifak Dep.	45	1	0

Tablo 47'nin Devamı			
Protokol Dep.	30	0	0
Uçuş Emniyet Dep.	33	1	0
Hukuk Müşavirliği Dep.	18	0	0
Toplam Kalite Dep.	23	0	0
İç Denetim Dep.	16	0	0
Yatırım Yön. Dep.	10	0	0
Basın Danışmanlığı Dep.	4	0	0
Müşteri Tutundurma Dep.	112	2	0
İşletme Düzeyinde Endirekt	**2.184**	**31**	**3**
ENDİREKT GİDERLER	**6.694**	**100**	**9**
TOPLAM GİDER	**77.858**		
L/F(ÜYK/AKK*100)	**83**		
RASK(Toplam Brüt Gelir/AKK*100)	**9,07**		
CASK(Toplam Gider/AKK*100)	**8,41**		
KATKI 1(Toplam Brüt Gelir – Değişken Direkt Giderler)	**26.094**		
KATKI 2(Toplam Brüt Gelir – (Değişken Direkt Giderler + Sabit Direkt Giderler))	**12.382**		
KAR-ZARAR(Toplam Brüt Gelir – Toplam Gider)	**5.688**		
KATKI 1 MARJI(Katkı1/ Toplam Brüt Gelir)	**0,31**		
KAR MARJI(Kar-Zarar/ Toplam Brüt Gelir)%	**% 6,80**		

ABC Havayollarının ZEFTMS Modeli ile hesaplanan IST-LHR Hattı endirekt maliyetleri, 27 USD azalarak6.582 USD olmuşken, hattın kârlılığı küçük bir artışla, %6,70 den %6,80'e yükselmiştir.

ABC Havayollarının IST-LHR Hattı'nın ZEFTMS Modeli uygulanarak hesaplanan endirekt maliyetlerinin miktar ve oran olarak hacim tabalı maliyet sistemi sonuçlarından gösterdiği farkın küçüklüğünün, hattın uçuş süresi ve menzilinin ABC Havayolları Network yapısı içerisinde ortalama bir dış hat seferi değerine yakın olmasından kaynaklandığı tarafımızdan mütalaa edilmektedir. Bu savımızın doğruluğu, ABC Havayollarının uçuş süresi ve menzili itibariyle daha yüksek hacimli ürünler kapsamında değerlendirilebilecek IST-JFK Hattında ZEFTMS modelinin uygulanmasıyla sınanmaya çalışılacak olup, yapılan çalışma ve hattın hesaplanan yeni maliyetleri aşağıdaki gibidir:

- Uçak Tipi Boeing 777, Uçuş Süresi: 10 saat 15 dakika iken; ABC Havayolları ZEFTMS Modeli 2011 Yılı İstanbul-Newyork(IST-JFK) Hattı maliyet analizi Tablo 48'deki gibidir.

Tablo 48: ABC Havayolları ZEFTMS Modeli 2011 Yılı İstanbul-Newyork(IST-JFK) Hattı Maliyet Analizi(Tablo 48, uzunluğu sebebiyle üç parça halinde gösterilecektir.)

ABC Havayollarının 2011 Yılı İstanbul-Newyork(IST-JFK) Hattı Direkt Maliyetlerinin Dağılımı			
Giderler	**Tutar(USD)**	**%**	**Hat Baz%**
Toplam Akaryakıt	87.050	64	48
Yakıt Hedge	-8.124	-6	-4
Üst Geçiş	817	1	0
Hava Emniyet	9.120	7	5
Ekip Yatı	1.480	1	1
Kabin Yatı	5.158	4	3
Konma	4.324	3	2
Köprü	342	0	0
Toplam Handling	9.240	7	5
Kargo Handling	1.210	1	1
Toplam İkram Gideri	8.410	6	5
Inkitaa	94	0	0
Cute	0	0	0
Yolcu Çıkış	0	0	0
Kredi Kartı Komisyonu	412	0	0
Acente ve Satış Teşvik	1825	1	1
Kargo Komisyon	410	0	0
Yolcu Komisyon	3560	3	2
Rezervasyon Sistem Gideri	1.110	1	1
Uçak Kira	0	0	0
Teknik Değişken Bakım Giderleri	9.130	7	5
Değişken Direkt Giderler	**135.568**	**100**	**74**
Uçuş İşletme Diğer	(320)	(0)	(0)
Uçak Sigorta + Riskli Bölgeler Harp Sigortası	484	1	0
Mali Mes. Sig.	110	0	0
Uçak Amortismanı	14.020	35	8
Kabin Ücreti	12.080	30	7
Lease	5.210	13	3
Pilot Eğitim	110	0	0
Pilot Ücreti	5.810	14	3
Teknik Sabit Bakım Giderleri	2.220	5	1
Sabit Direkt Giderler	**40.044**	**100**	**22**

Tablo 48'in Devamı			
ABC Havayolları ZEFMTS Modeli 2011 Yılı İstanbul-Newyork(IST-JFK) Hattı Endirekt Maliyetlerinin Dağılımı			
Endirekt Maliyet Merkezleri	**Tutar**	**%**	**Hat Bazlı %**
SITA	21	0	0
Yer İşletme	455	7	0
İşletme Koordinasyon	88	1	0
Birim Düzeyinde Endirekt	**564**	**8**	**1**
Gelir Yönetimi Dep.	58	1	0
Yer İşletme	245	4	0
Kargo Dep.	95	1	0
Üretim Planlama Dep.	22	0	0
Parti Düzeyinde Endirekt	**420**	**6**	**0**
Teknik Dep.	78	1	0
Kargo Dep.	215	3	0
Pazarlama ve Satış Dep.	178	3	0
Gelir Yönetimi Dep.	65	1	0
Bölgesel Uçuşlar Dep.	0	0	0
Ulusl. İlişk. Ve İttifaklar Dep.	16	0	0
Kargo Büro	92	1	0
İş Geliştirme Dep.	92	1	0
Yolcu Büro	1960	29	2
Temsilcilikler Reklam	1020	15	1
Mamul Düzeyinde Endirekt	**3716**	**55**	**2**
Kabin Hizmetleri Dep.	12	0	0
Uçuş İşletme Merkez	54	1	0
Pilotlar (İdari Görev)	9	0	0
Uçuş İşletme Baş pilotluk	29	0	0
İşletme Koordinasyon Merkez	28	0	0
Uçuş Eğitim Dep.	117	2	0
Muhasebe Dep.	401	6	0
Reklam ve Tanıtma Dep.	520	8	0
Bilgi Teknolojileri Dep.	280	4	0
Sosyal ve İdari İşler Dep.	132	2	0
Eğitim Dep.	130	2	0
Finansman Dep.	89	1	0
Personel Dep.	72	1	0
Havayollarıİttifak Dep.	48	1	0
Protokol Dep.	38	1	0
Uçuş Emniyet Dep.	46	1	0

Tablo 48'in Devamı			
Hukuk Müşavirliği Dep.	18	0	0
Toplam Kalite Dep.	23	0	0
İç Denetim Dep.	16	0	0
Yatırım Yön. Dep.	10	0	0
Basın Danışmanlığı Dep.	4	0	0
Müşteri Tutundurma	145	2	0
İşletme Düzeyinde Endirekt	**2.221**	**31**	**1**
ENDİREKT GİDERLER	**6.921**	**100**	**4**
TOPLAM GİDER	**182.553**		
L/F(ÜYK/AKK*100)	**76**		
RASK(Toplam Brüt Gelir/AKK*100)	**6,75**		
CASK(Toplam Gider/AKK*100)	**6,95**		
KATKI 1(Toplam Brüt Gelir – Değişken Direkt Giderler)	**41.584**		
KATKI 2(Toplam Brüt Gelir – (Değişken Direkt Giderler + Sabit Direkt Giderler))	**1.540**		
KAR-ZARAR(Toplam Brüt Gelir – Toplam Gider)	**-5.381**		
KATKI 1 MARJI(Katkı1/ Toplam Brüt Gelir)	**0,31**		
KAR MARJI(Kar-Zarar/ Toplam Brüt Gelir)%	**-3,03%**		

ABC Havayollarının ZEFTMS Modeli ile hesaplanan IST-JFK Hattı endirekt maliyetleri, 8170 USD azalarak 6.921 USD olmuşken, hattın kârlılığında büyük bir artış yaşanmış ve kârlılık %-8,2 den %-3,03'e yükselmiştir. Hattın uçuş süresi ve menzili gibi hacim tabanlı etkenler dışında faaliyet tabanlı maliyet etkenleri kullanılarak hesaplanan endirekt maliyetinin, miktar olarak havayolu dış hatlar ortalamasına yaklaşırken, hattın toplam maliyetleri içindeki payının %8'den %4'e gerilediği dikkat çekmektedir.

İki sistem arasındaki kıyaslamanın pekiştirilmesi adına daha önce ABC Havayollarının mevcut maliyet sisteminde maliyet analizleri yapılan IST-ADB, IST-VAS ve IST-KSY Hatları'nın maliyetleri ZEFTMS Modeli ile tekrar değerlendirilecektir. İlgili hatlarda uygulanan ZEFTMS Modeli çalışmaları ve maliyet sonuçları sırasıyla aşağıdaki gibidir:

- Uçak Tipi Airbus 320, Uçuş Süresi: 45 dakika iken; ABC Havayolları ZEFTMS Modeli 2011 Yılı İstanbul-İzmir(IST-ADB) Hattı maliyet analizi Tablo 49'dadır.

-

Tablo 49: ABC Havayolları ZEFTMS Modeli 2011 Yılı İstanbul-İzmir(IST-ADB) Hattı Maliyet Analizi(Tablo 49, uzunluğu sebebiyle üç parça halinde gösterilecektir.)

ABC Havayollarının 2011 Yılı İstanbul-İzmir(IST-ADB)Hattı Direkt Maliyetlerinin Dağılımı			
Giderler	**Tutar(USD)**	**%**	**Hat Baz%**
Toplam Akaryakıt	2.720	53	34
Yakıt Hedge	-220	-4	-3
Üst Geçiş	0	0	0
Hava Emniyet	205	4	3
Ekip Yatı	56	1	1
Kabin Yatı	88	2	1
Konma	48	1	1
Köprü	55	1	1
Toplam Handling	840	16	10
Kargo Handling	44	1	1
Toplam İkram Gideri	510	10	6
Inkitaa	30	1	0
Cute	0	0	0
Yolcu Çıkış	0	0	0
Kredi Kartı Komisyonu	32	1	0
Acente ve Satış Teşvik	0	0	0
Kargo Komisyon	12	0	0
Yolcu Komisyon	36	1	0
Rezervasyon Sistem Gideri	140	3	2
Uçak Kira	0	0	0
Teknik Değişken Bakım Giderleri	568	11	7
Değişken Direkt Giderler	**5.164**	**100**	**64**
Uçuş İşletme Diğer	(127)	(7)	(2)
Uçak Sigorta + Riskli Bölgeler Harp Sigortası	26	1	0
Mali Mes. Sig.	66	4	1
Uçak Amortismanı	160	9	2
Kabin Ücreti	360	20	4
Lease	386	21	5
Pilot Eğitim	10	1	0
Pilot Ücreti	480	26	6
Teknik Sabit Bakım Giderleri	210	12	3
Sabit Direkt Giderler	**1.698**	**100**	**22**

Tablo 49'un Devamı

ABC Havayolları ZEFTMS Modeli 2011 Yılı İstanbul-İzmir(IST-ADB) Hattı Endirekt Maliyetlerinin Dağılımı

Endirekt Maliyet Merkezleri	Tutar	%	Hat Bazlı %
SITA	20	2	0
Yer İşletme	98	9	1
Operasyon Koordinasyon	31	3	0
Birim Düzeyinde Endirekt	**149**	13	2
Gelir Yönetimi Dep.	19	2	0
Yer İşletme	83	7	1
Kargo Dep.	11	1	0
Üretim Planlama Dep.	13	1	0
Parti Düzeyinde Endirekt	**126**	11	2
Teknik Dep.	24	2	0
Kargo Dep.	29	3	0
Pazarlama ve Satış Dep.	25	2	0
Gelir Yönetimi Dep.	21	2	0
Bölgesel Uçuşlar Dep.	0	0	0
Ulusl. İlişk. Ve İttifaklar Dep.	1	0	0
Kargo Büro	16	1	0
Ar-ge Dep.	31	3	0
Yolcu Büro	132	12	3
Temsilcilikler Reklam	89	8	1
Mamul Düzeyinde Endirekt	**368**	33	5
Kabin Hizmetleri Dep.	4	0	0
Uçuş İşletme Merkez	20	2	0
Pilotlar (İdari Görev)	3	0	0
Uçuş İşletme Baş pilotluk	10	1	0
Operasyon Koordinasyon Merkez	10	1	0
Uçuş Eğitim Dep.	36	3	0
Muhasebe Dep.	25	4	1
Reklam ve Tanıtma Dep.	66	6	1
Bilgi Teknolojileri Dep.	80	7	1
Sosyal ve İdari İşler Dep.	52	5	1
Eğitim Dep.	42	4	1
Finansman Dep.	29	3	0
Personel Dep.	27	2	0
Havayollarıİttifak Dep.	6	1	0
Protokol Dep.	20	2	0
Uçuş Emniyet Dep.	9	1	0

Tablo 49'un Devamı

Hukuk Müşavirliği Dep.	7	1	0
Toplam Kalite Dep.	6	1	0
İç Denetim Dep.	6	1	0
Yatırım Yön. Dep.	4	0	0
Basın Danışmanlığı Dep.	4	0	0
Müşteri Tutundurma	57	5	0
İşletme Düzeyinde Endirekt	**523**	43	6
ENDİREKT GİDERLER	**1.166**	**100**	**14**
TOPLAM GİDER	**8.028**		
L/F(ÜYK/AKK*100)	**77**		
RASK(Toplam Brüt Gelir/AKK*100)	**17,5**		
CASK(Toplam Gider/AKK*100)	**16,65**		
KATKI 1(Toplam Brüt Gelir – Değişken Direkt Giderler)	**3.422**		
KATKI 2(Toplam Brüt Gelir – (Değişken Direkt Giderler + Sabit Direkt Giderler))	**1.724**		
KAR-ZARAR(Toplam Brüt Gelir – Toplam Gider)	**558**		
KATKI 1 MARJI(Katkı1/ Toplam Brüt Gelir)	**0,39**		
KAR MARJI(Kar-Zarar/ Toplam Brüt Gelir)%	**% 6,5**		

ABC Havayollarının ZEFTMS Modeli ile hesaplanan IST-ADB Hattı endirekt maliyetleri, 119 USD artarak, 1.166 USD olmuşken, direkt maliyetlerinde, uçuş işletme diğer maliyetlerinin endirekt maliyetlere dâhil edilmesi oluşan düşüş ile toplam maliyeti düşen hattın kârlılığında büyük bir değişiklik yaşanmamış ve kârlılık %6'dan, %6,5'e yükselmiştir.

- Uçak Tipi Airbus 320, Uçuş Süresi: 1 saat 10 dakika iken; ABC Havayolları ZEFTMS Modeli 2011 Yılı İstanbul-Sivas(IST-VAS) Hattı maliyet analizi Tablo 50'deki gibidir.

Tablo50: ABC Havayolları ZEFTMS Modeli 2011 Yılı İstanbul-Sivas(IST-VAS) Hattı Maliyet Analizi(Tablo 50, uzunluğu sebebiyle üç parça halinde gösterilecektir.)

ABC Havayollarının 2011 Yılı İstanbul-Sivas(IST-VAS) Hattı Direkt Maliyetlerinin Dağılımı			
Giderler	**Tutar(USD)**	**%**	**Hat Baz%**
Toplam Akaryakıt	3.965	63	40
Yakıt Hedge	-260	-4	-3
Üst Geçiş	0	0	0
Hava Emniyet	340	5	3
Ekip Yatı	74	1	1
Kabin Yatı	104	2	1
Konma	52	1	1
Köprü	42	1	0
Toplam Handling	868	14	9
Kargo Handling	6	0	0
Toplam İkram Gideri	304	5	3
Inkitaa	30	0	0
Cute	0	0	0
Yolcu Çıkış	0	0	0
Kredi Kartı Komisyonu	28	0	0
Acente ve Satış Teşvik	0	0	0
Kargo Komisyon	4	0	0
Yolcu Komisyon	16	0	0
Rezervasyon Sistem Gideri	86	1	1
Uçak Kira	0	0	0
Teknik Değişken Bakım Giderleri	624	10	6
Değişken Direkt Giderler	**6.283**	**100**	**63**
Uçuş İşletme Diğer	(127)	(6)	(1)
Uçak Sigorta + Riskli Bölgeler Harp Sigortası	36	1	0
Mali Mes. Sig.	65	2	1
Uçak Amortismanı	246	9	2
Kabin Ücreti	510	19	5
Lease	546	21	6
Pilot Eğitim	16	1	0
Pilot Ücreti	716	27	7
Teknik Sabit Bakım Giderleri	325	12	3
Sabit Direkt Giderler	**2.460**	**100**	**26**

Tablo 50'nin Devamı			
ABC Havayolları ZEFTMS Modeli 2011 Yılı İstanbul-Sivas(IST-VAS) Hattı Endirekt Maliyetlerinin Dağılımı			
Endirekt Maliyet Merkezleri	**Tutar**	**%**	**Hat Bazlı %**
SITA	20	2	0
Yer İşletme	102	9	1
Operasyon Koordinasyon	31	3	0
Birim Düzeyinde Endirekt	**153**	13	2
Gelir Yönetimi Dep.	17	2	0
Yer İşletme	83	7	1
Kargo Dep.	11	1	0
Üretim Planlama Dep.	11	1	0
Parti Düzeyinde Endirekt	**122**	11	1
Teknik Dep.	26	2	0
Kargo Dep.	24	3	0
Pazarlama ve Satış Dep.	21	2	0
Gelir Yönetimi Dep.	20	2	0
Bölgesel Uçuşlar Dep.	0	0	0
Ulusl. İlişk. Ve İttifaklar Dep.	1	0	0
Kargo Büro	15	1	0
İş Geliştirme Dep.	28	3	0
Yolcu Büro	102	12	1
Temsilcilikler Reklam	74	8	1
Mamul Düzeyinde Endirekt	**311**	33	3
Kabin Hizmetleri Dep.	4	0	0
Uçuş İşletme Merkez	20	2	0
Pilotlar (İdari Görev)	3	0	0
Uçuş İşletme Baş pilotluk	10	1	0
Operasyon Koordinasyon Merkez	10	1	0
Uçuş Eğitim Dep.	36	3	0
Muhasebe Dep.	21	4	0
Reklam ve Tanıtma Dep.	64	6	1
Bilgi Teknolojileri Dep.	80	7	1
Sosyal ve İdari İşler Dep.	46	5	0
Eğitim Dep.	38	4	0
Finansman Dep.	29	3	0
Personel Dep.	24	2	0
Havayollarıİttifak Dep.	6	1	0
Protokol Dep.	18	2	0
Uçuş Emniyet Dep.	9	1	0

Tablo 50'nin Devamı			
Hukuk Müşavirliği Dep.	7	1	0
Toplam Kalite Dep.	6	1	0
İç Denetim Dep.	6	1	0
Yatırım Yön. Dep.	4	0	0
Basın Danışmanlığı Dep.	4	0	0
Müşteri Tutundurma Dep.	31	3	0
İşletme Düzeyinde Endirekt	**476**	43	4
ENDİREKT GİDERLER	**1.062**	**100**	**10**
TOPLAM GİDER	**9.805**		
L/F(ÜYK/AKK*100)	**78**		
RASK(Toplam Brüt Gelir/AKK*100)	**8,12**		
CASK(Toplam Gider/AKK*100)	**9,16**		
KATKI 1(Toplam Brüt Gelir – Değişken Direkt Giderler)	**2.722**		
KATKI 2(Toplam Brüt Gelir – (Değişken Direkt Giderler + Sabit Direkt Giderler))	**262**		
KAR-ZARAR(Toplam Brüt Gelir – Toplam Gider)	**-800**		
KATKI 1 MARJI(Katkı1/ Toplam Brüt Gelir)	**0,39**		
KAR MARJI(Kar-Zarar/ Toplam Brüt Gelir)%	**-8,88%**		

ABC Havayollarının ZEFTMS Modeli ile hesaplanan IST-VAS Hattı endirekt maliyetleri, 189 USD azalarak, 1.062 USD olmuşken, hattın kârlılığı -%10'dan, -%8,88'e yükselmiştir.

- Uçak Tipi Airbus 320, Uçuş Süresi: 1 saat 55 dakika iken; ABC Havayolları ZEFTMS Modeli 2011 Yılı İstanbul-Kars(IST-KSY) Hattı maliyet analizi Tablo 51'dedir.

Tablo 51: ABC Havayolları ZEFTMS Modeli 2011 Yılı İstanbul-Kars(IST-KSY) Hattı Maliyet Analizi(Tablo 51, uzunluğu sebebiyle üç parça halinde gösterilecektir.)

ABC Havayollarının 2011 Yılı İstanbul-Kars(IST-KSY) Hattı Direkt Maliyetlerinin Dağılımı			
Giderler	**Tutar(USD)**	**%**	**Hat Baz%**
Toplam Akaryakıt	5.710	67	44
Yakıt Hedge	-410	-5	-3
Üst Geçiş	0	0	0
Hava Emniyet	560	7	4
Ekip Yatı	86	1	1
Kabin Yatı	140	2	1
Konma	48	1	0
Köprü	41	0	0
Toplam Handling	640	8	5
Kargo Handling	4	0	0
Toplam İkram Gideri	350	4	3
Inkitaa	38	0	0
Cute	0	0	0
Yolcu Çıkış	0	0	0
Kredi Kartı Komisyonu	52	1	0
Acente ve Satış Teşvik	0	0	0
Kargo Komisyon	4	0	0
Yolcu Komisyon	2	0	0
Rezervasyon Sistem Gideri	40	0	0
Uçak Kira	0	0	0
Teknik Değişken Bakım Giderleri	1.210	14	9
Değişken Direkt Giderler	**8.515**	**100**	**65**
Uçuş İşletme Diğer	(128)	(4)	(1)
Uçak Sigorta + Riskli Bölgeler Harp Sigortası	50	1	0
Mali Mes. Sig.	70	2	1
Uçak Amortismanı	460	13	3
Kabin Ücreti	710	20	5
Lease	840	23	6
Pilot Eğitim	16	0	0
Pilot Ücreti	940	26	7
Teknik Sabit Bakım Giderleri	420	12	3
Sabit Direkt Giderler	**3.506**	**100**	**28**

Tablo 51'in Devamı			
ABC Havayolları ZEFTMS Modeli 2011 Yılı İstanbul-Kars(IST-KSY) Hattı Endirekt Maliyetlerinin Dağılımı			
Endirekt Maliyet Merkezleri	**Tutar**	**%**	**Hat Bazlı %**
SITA	20	2	0
Yer İşletme	104	11	1
Operasyon Koordinasyon	31	3	0
Birim Düzeyinde Endirekt	**149**	16	1
Gelir Yönetimi Dep.	18	2	0
Yer İşletme	84	9	1
Kargo Dep.	8	1	0
Üretim Planlama Dep.	10	1	0
Parti Düzeyinde Endirekt	**126**	13	1
Teknik Dep.	28	3	0
Kargo Dep.	10	1	0
Pazarlama ve Satış Dep.	19	2	0
Gelir Yönetimi Dep.	19	2	0
Bölgesel Uçuşlar Dep.	0	0	0
Ulusl. İlişk. Ve İttifaklar Dep.	1	0	0
Kargo Büro	8	1	0
Ar-ge Dep.	22	2	0
Yolcu Büro	86	9	1
Temsilcilikler Reklam	62	7	0
Mamul Düzeyinde Endirekt	**255**	27	2
Kabin Hizmetleri Dep.	4	0	0
Uçuş İşletme Merkez	20	2	0
Pilotlar (İdari Görev)	3	0	0
Uçuş İşletme Baş pilotluk	10	1	0
İşletme Koordinasyon Merkez	10	1	0
Uçuş Eğitim Dep.	36	4	0
Muhasebe Dep.	21	2	0
Reklam ve Tanıtma Dep.	58	6	0
Bilgi Teknolojileri Dep.	80	8	1
Sosyal ve İdari İşler Dep.	40	4	0
Eğitim Dep.	32	3	0
Finansman Dep.	29	3	0
Personel Dep.	20	2	0
Havayolları İttifak Dep.	6	1	0
Protokol Dep.	14	1	0
Uçuş Emniyet Dep.	9	1	0
Hukuk Müşavirliği Dep.	7	1	0

Tablo 51'in Devamı			
Toplam Kalite Dep.	6	1	0
İç Denetim Dep.	6	1	0
Yatırım Yön. Dep.	4	0	0
Basın Danışmanlığı Dep.	4	0	0
Müşteri Tutundurma Dep.	29	3	0
İşletme Düzeyinde Endirekt	**448**	44	3
ENDİREKT GİDERLER	**978**	**100**	**7**
TOPLAM GİDER	**12.999**		
L/F(ÜYK/AKK*100)	**79**		
RASK(Toplam Brüt Gelir/AKK*100)	**6,15**		
CASK(Toplam Gider/AKK*100)	**6,76**		
KATKI 1(Toplam Brüt Gelir – Değişken Direkt Giderler)	**3.824**		
KATKI 2(Toplam Brüt Gelir – (Değişken Direkt Giderler + Sabit Direkt Giderler))	**318**		
KAR-ZARAR(Toplam Brüt Gelir – Toplam Gider)	**-660**		
KATKI 1 MARJI(Katkı1/ Toplam Brüt Gelir)	**0,23**		
KAR MARJI(Kar-Zarar/ Toplam Brüt Gelir)%	**-5,34%**		

ABC Havayollarının ZEFTMS Modeli ile hesaplanan IST-KSY Hattı endirekt maliyetleri, % 43 azalarak 978 USD olmuşken, hattın kârlılığında büyük bir artış yaşanmış ve kârlılık, -% 13,2 den %-5,34'e yükselmiştir. Hattın uçuş süresi ve menzili gibi hacim tabanlı etkenler dışında faaliyet tabanlı maliyet etkenleri kullanılarak hesaplanan endirekt maliyetinin, miktar olarak havayolu dış hatlar ortalamasına yaklaşırken, hattın toplam maliyetleri içindeki payının %12'den %7'e gerilediği dikkat çekmektedir.

5.3.6. Sonuçların Fiili Maliyet Sisteminin Verileriyle Karşılaştırılması

ABC Havayollarının ZEFTMS Modeli uygulanarak hesaplanan endirekt maliyetlerinin, geleneksel hacim tabanlı maliyet sisteminden elde ettiği verilerle kıyaslandığında;

- Hacim tabanlı sistemde endirekt giderlerin oran olarak %8 ile %12 arasında küçük değişiklikler gösterirken, hattın uçuş süresi ya da mesafesine bağlı olarak endirekt giderlerin miktarının hem içhatlarda hem de dış hatlarda kendi içinde çok büyük değişiklikler gösterdiği,

- ZEFTMS modeli kullanılarak elde edilen endirekt giderlerin ise, oransal olarak daha büyük farklılık göstererek %4 ile %14 arasında değiştiği ancak hem içhatlar hem de dış hatlarda olmak üzere kendi içinde miktar olarak birbirine çok yakın değerler aldığı,

gözlemlenmiştir. Bu değişimlerin ABC Havayollarının IST-MED, IST-LHR, IST-JFK, IST-ADB, IST-VAS ve IST-KSY hatlarında uygulanan hacim tabanlı ve ZEFTMS modelleri uygulanarak elde edilen sonuçlarının karşılaştırması Tablo 52'de özetlenmeye çalışılmıştır.

Tablo 52: ABC Havayolları Hacim Tabanlı Maliyet Sistemi İle ZEFTMS Modeli Hat Maliyetleri Kıyaslaması

MALİYET	DIŞHATLAR						İÇHATLAR					
	IST-MED		IST-LHR		IST-JFK		IST-ADB		IST-VAS		IST-KSY	
Yakıt	21.332		31.102		87.050		2.720		3.965		5.710	
Toplam Direkt Değişken	35.625		57.452		135.568		5.164		6.283		8.515	
Toplam Sabit Direkt	HT	ZE	HT	ZE	HT	ZE	HT	ZE	HT	ZE	HT	ZE
	12982	13069	13771	13822	40964	40364	1818	1825	2624	2587	3726	3618
Toplam Endirekt	HT	ZE	HT	ZE	HT	ZE	HT	ZE	HT	ZE	HT	ZE
	5409	5569	6721	6582	15191	6776	1047	1129	1251	1031	1732	949
	10%	10%	9%	9%	8%	4%	13%	14%	12%	10%	12%	7%
Kâr-Zarar	HT	ZE	HT	ZE	HT	ZE	HT	ZE	HT	ZE	HT	ZE
	10924	10677	5602	5690	-14571	-5556	557	468	-1151	-896	-1634	-759
	17%	16%	7%	7%	-8%	-3%	6%	5%	-13%	-10%	-13%	-6%

Geleneksel hacim tabanlı maliyet sisteminde endirekt maliyetlerin de, tıpkı diretk maliyetler gibi,temel olarak uçuş süresi ya da mesafesi gibi hacim tabanlı maliyet etkenleri marifetiyle hatlara yüklendiği için yüksek hacimli ürünler olan uzun mesafeli hatların endirekt maliyetlerden sistematik olarak olduğundan yüksek pay aldığını çalışmamızın uygulama kısmındaki ABC Havayolları uygulamasında da açıkça görülmekte. ZEFTMS modelinde her bir departmanda yapılan anket ve mülakat çalışmaları sonucunda faaliyetlerden istifade etmeleri oranında ürünlere yüklendiği için özellikle uçuş süresi ve mesafesi itibariyle yüksek hacimli olan uzun hatlara düşen endirekt maliyet paylarında %50'lere varan dramatik azalmaların, buna karşın, düşük hacimli hatlara düşen endirekt maliyetlerde miktar ve oran olarak artışlar yaşandığı Tablo 51'den anlaşılmaktadır.Örneğin, geleneksel hacim tabanlı maliyet sistemi ile hesaplanan endirekt maliyeti15.191 USD olarak hesaplanan ve endirekt malyetinin toplam maliyetler içerisinden % 8 pay aldığını gördüğümüz IST-JFK hattının, ZEFTMS modeli kullanılarak hesaplanan endirekt maliyetlerinin 6776 USD ile toplam maliyetlerinden % 4 pay aldığını bu şekilde hesaplanan maliyetlerinde düşüş yaşanan IST- JFK hattının karlılığında % 5 artış yaşandığını görüyoruz. Aynı şekilde, geleneksel hacim tabanlı maliyet sistemi ile hesaplanan endirekt maliyeti 1.732 USD olarak hesaplanan ve endirekt malyetinin toplam maliyetler içerisinden % 12 pay aldığını gördüğümüz IST-KSY hattının, ZEFTMS modeli kullanılarak hesaplanan endirekt maliyetlerinin 949 USD ile toplam maliyetlerinden % 7 pay aldığını bu şekilde hesaplanan maliyetlerinde düşüş yaşanan IST-JFK hattının kârlılığında ise % 7 artış yaşandığını görüyoruz.

ABC havayollarında uygulanan hacim tabanlı maliyet sistemi ile ZEFTMS uygulamaları arasında, çalışmamızda uçuş süresi ya da mesafesi olan, üretim hacmi yüksek ve düşük hatların hesaplanan maliyetleri arasındaki farkların yüksek çıktığı, üretim hacmi itibariyle ABC havayollarının ortalamasına yakın olan hatların hesaplanan maliyetlerinin ise, iki sistem arasında birbirine yaklaştığı söylenebilir.

6. SONUÇ

Sürekli büyüme eğilimine sahip olan havacılık sektörü, 11 Eylül 2001 tarihinde Amerika Birleşik Devletleri'nde düzenlenen terör saldırılarından sonra yaklaşık %10'luk bir küçülme yaşamışsa da, takip eden zamanda toparlanarak üç yıl içerisinde tekrar büyüme trendine girmiştir. Özellikle petrol fiyatlarındaki dramatik dalgalanmalar neticesinde yaşanan yükselişlerle sektörde sürekli artan maliyetler, pazardaki yüksek rekabetle birlikte havayolları üzerinde değişimi tetikleyen temel dinamikler olmuştur. Artan maliyetler, havacılık işletmelerini kontrol edebildikleri maliyetleri mümkün olan en düşük seviyeye çekmek ve maliyet sistemlerini şartların gereklerine cevap vermek üzere güncellemek için çeşitli yollar aramaya itmiştir.

Dünyada ve havacılık sektöründe yaşanan gelişmeler, rekabeti arttırmış, fiyatları düşürmüş ve sonuç olarak havayolu işletmelerini belirli bir seviyedeki hizmet kalitesinde maliyet avantajı yakalanması yönünde gelişime yöneltmiştir. Havayolu işletmeleri de diğer işletmeler gibi varlıklarını devam ettirebilmek için verimliliklerini arttırma ve maliyetlerini düşürme konusunda şiddetli baskıya maruz kalmıştır. Tüm bunlara bağlı olarak havacılık sektöründe kullanılan maliyet sistemlerinin ihtiyaçları karşılamak üzere güncellenmesi hususu daha da önem kazanmıştır.

Etkin maliyet sistemlerinin kurulmuş olması, zamanında, yerinde ve doğru karar almak için uygun bilgilerin oluşturulmasını sağlar. Bunun sonucunda da yöneticiler faaliyetlerini kontrol edebilir ve kaynaklarını verimli dağıtabilirler. Özellikle havacılık sektöründeki gibi düşük kâr marjlarıyla çalışan şirketlerde doğruya yakın maliyet bilgilerinin sağlıklı ve zamanında elde edilmesi şirket yönetiminin vereceği stratejik kararlarda ve izlenecek politikalarda etkili olacaktır. Bununla birlikte şirket içinde bölümler arasındaki performanskriterlerinin maliyet bilgileriyle harmanlanması işletmenin toplam performansının değerlendirilerek geliştirilmesine yardımcı olacaktır.

Bahsi geçen değişim ve ihtiyaçlar, havacılıksektöründe deetkin maliyet sistemlerinin kurulması için maliyet muhasebesindeki güncel gelişmelerden ve yaklaşımlardan faydalanılması gereğini ortaya çıkmıştır. ZEFTMS, bu ihtiyacı karşılayacağı ve düşük maliyetlerle yüksek fayda sağlayacağı öngörüsüyle çalışmamıza konu olmuş olup, çalışmamız neticesinde her ne kadar öngörülen faydanın ölçülmesi imkânlı olmasa da, ZEFTMS'nin, havayolu işletmeleri için düşük maliyetlerle, hacim tabanlı geleneksel maliyet sistemlerine göre daha makul sonuçlar verdiği tarafımızdan mütalaa edilmektedir.

Maliyet etkenlerinin belirlenmesinde mükemmellikten söz etmenin mümkün olmadığından ve ZEFTMS'nin çıkışı itibariyle temel hedefinin, doğruya en yakın maliyet bilgisine ulaşırken, değişen şartlara karşı uyumlu ve esnek olabilecek ekonomik bir maliyet sisteminin hedeflendiğinden ve geleneksel maliyet sistemlerinde endirekt maliyetlerle atanan hacim tabanlı maliyet etkenleri arasındaki nedensellik ilişkisi olmaması sebebiyle hacim tabanlı maliyet sistemlerinin sistematik olarak yanlış maliyet sonuçları raporladığından çalışmamızın başında bahsedilmişti.

Uygulanan ZEFTMS Modeli verileriyle ABC Havayollarının fiili maliyet sistemi sonucu elde edilen veriler ve ürün maliyetleri arasında çıkan belirgin farklılıkları, sistemlerin çıkış noktaları itibariyle gösterdikleri mantık nüanslarına bağlamak doğru olacak, farklı bakış açılarıyla yapılan değerlendirmelerin doğruya yaklaşmakta yapılması gereken ilk ödev olduğu genel kabulüyle ZEFTMS'den elde edilen sonuçların da tartışılabilir olmasının karşısında, ZEFTMS'nin, ortak akıl kullanımıyla belirlenen birden çok etken ile endirekt maliyetlerin ürünlerle olan anlamlı ilişkilerinin ortaya çıkarması yönüyle geleneksel hacim tabanlı maliyet sistemlerine üstünlük sağladığını belirtmek gerekir.

Genel olarak havayolları maliyet sistemlerinin uygulamalarında gösterdiği çeşitlilik ve standart ya da ideal olarak nitelendirebileceğimiz bir maliyet sisteminin havayolları için henüz var olmadığı konusunda önceki bölümlerinde yapılan tespitlerin ötesinde, havayolları maliyet yapılarının ve performanslarının anlaşılması için yakıt maliyetlerinin toplam maliyetler içerisindeki payının, uluslar arası ortalamalar ile kıyaslanmasının, genel bir değerlendirme kriteri olabileceği tarafımızdan mütalaa edilmektedir. Havayolu işletmeleri ya da üçüncü kişiler, işletme sınıfındaki yakıt maliyeti ortalaması ile yapacakları mukayese sonrası maliyet yapıları ve performansları hakkında fikir sahibi olabilirler.

ZEFTMS modelini uygulamayı düşünen işletmeler için ZFTMS'nin ABC Havayolları uygulamasında elde edilen tecrübelerden çıkarılan öneriler aşağıdaki gibidir:

- ZEFTMS modeli uygulamasının kabulü ve uygulanması kararı alınırken işletmelerin kullandıkları maliyet sistemlerinin güçlü ve zayıf yönleri ve işletmenin yeni maliyet sisteminden beklentileri çok iyi belirlenmeli,

- Maliyet sisteminin işletmenin beklentilerini karşılayamamasının sebepleri irdelenmeli, mümkün tüm iyileştirmeler yeni bir maliyet sisteminin ihraç edilmesi kararı alınmadan önce yapılmaya çalışılmalı,

- Fiili maliyet sisteminin güçlü ve zayıf yönlerinin belirlenip, sistemde mümkün olan iyileştirmeler yapılıp, yeni maliyet sisteminden beklentiler belirlendikten sonra sistemi uygulayan benzer sektörlerle ya da işletmelerle kıyaslama çalışmaları yapılmalı,

- ZEFTMS'nin temel hedefinin, endirekt maliyetlerle ürünler arasındaki anlamlı ilişkileri ortaya çıkararak endirekt maliyetlerin neticede direkt olarak ürünlere yüklenmesinin sağlanması olduğu göz önüne alınarak işletme bünyesinde direkt maliyetleri ürünlere yüklemek üzere geliştirilen ya da mevcutta kullanılan sistemlerle ZEFTMS'nin geliştirilmesinin her aşamasında eş güdümlü olarak çalışmalarının yolları aranmalı, direkt maliyetlerin dağıtımı yapan sistemlerle ZEFTMS bütünleştirilmeli, (Örneğimizde de, ZEFMS'nin yalınlaştırılarak gelişimi aşamasında direkt maliyetlerin ürünlere yüklenmesinde kullanılan HMS ile uyumlaştırılması hedeflenmişti.)

- İşleyen sistem üzerinde yeni sistemin bina edilmesi olanakları araştırılarak geçiş aşamasında çalışan sistemden sonuna kadar faydalanılmasının planı yapılmalı,

- Yeni maliyet sisteminin dışarıdan bir hizmet veren bir firmadan taşeron hizmet alınır gibi satın alınarak uygulanabilirliğinin denenmesi hatasından kaçınılmalı, sistem hakkında tecrübesi ya da akademik çalışmaları olan işletme çalışanları araştırılıp bulunarak sistemin uyumlaştırması çalışmalarını koordine edecek interaktif bir takım kurulmalı,

- Yeni sistem dışarıdan bir danışmanlık firmasından alınıyorsa, içeriden bir çalışma takımıyla desteklenirken, her aşamadan çalışanların haberdar edilerek katılımları sağlanmalı,

- Yeni sisteme topyekûn bir geçiş kararı alınmadan uygulanabilirliği lokal olarak denenmeli ve fayda maliyet analizi yapıldıktan sonra geçişin önü açılmalı,

- Sisteme geçiş kararı alınırken, sistemin işletmeye uyumluğu ve değişimlere esnekliği konuları da her aşamada değerlendirilmelidir,

Kuşkusuz önerilebilecek başka konular da vardır. Bugün işletmeler maliyet muhasebesi sistemlerini diğer yönetim sistemleriyle koordineli yürütmek ve çağın şartlarına uygun modelleri bünyelerine dâhil etmek durumundadırlar. Ancak işletmelerin, dışarıdan alarak kullanmaya çalıştıkları sistemleri, ihtiyaçları ve iç dinamikleriyle sistemlerin sağlayacaklarını düşündükleri faydalarla buluşturmalarının da en az sistemlerin kendisi kadar önem taşıdığını belirtmek gerekmektedir.

EKLER

Faaliyet Analiz Anketi

1. Giriş Bilgileri:

İsim:	**Unvan:**	**Telefon ve e-mail:**
Bağlı Olunan Departman:		**Tarih:**
Bölüm (Müdürlük):		
Lisans Bilgi:		

2. Lütfen bölümünüzdeki temel faaliyetleri önem derecesine göre sıralayınız.

Faaliyetin Adı:	**Faaliyetin Tanımı:**	**Süreçlere ya da Ürünlere Sağladığı Katma Değere Göre Önem Derecesi** (1 ile 10 arası)
1.		
2.		
3.		
4.		
5.		
6.		

3. Lütfen kaynak kullanımı bakımından ana faaliyetleri yukarıdan aşağı doğru sıralayınız.

Faaliyet	**İş GücüTüketimi** (faaliyet için ayrılan personel sayısı) %	**Zaman Tüketimi** (toplam içindeki pay) %	**Alan Kullanımı** (ayrılan ofis alanı) %
1.)			
2.)			
3.)			
4.)			
5.)			
6.)			

4. Bölümünüze ait maliyetler; halihazırda, hatlara(ürünlerimize) ''... ...''kriteri dikkate alınarak dağıtılmaktadır. Lütfen ünitenizde oluşan maliyetlerin, hatlara daha âdil bir şekilde yüklemesi için tanımladığınız ana faaliyet maliyetlerinin,size göre ürünlere (hatlara) hangi kriter ya da kriterlere (maliyet etkenlerine) göre yüklenmesi (dağıtılması) gerektiğini nedenleriyle açıklayınız.

Faaliyet	**Maliyet Dağıtım Kriteri(ya da yükleme anahtarı)**	**Nedenler ya da Açıklamalar:**
1-)		
2-)		
3-)		
4-)		
5-)		
6-)		

KAYNAKÇA

Kitaplar

ALBRECHT W. Steve,Earl K. Stice,James D. Stice,Monte R. Swain, **Accounting Concepts & Applications,**Eleventh Edition, South-Western Cengage Learning, USA, 2010.

ARZOVA Burak, **Faaliyet Tabanlı Maliyet Yönetimi,**Türkmen Kitabevi, İstanbul, 2002.

BAKER Judith J.,**Activity Based Costing and Activity Based Management for Health Care,** Aspen Publishers, USA, 1998.

BANERJEE Bhabatosh, **Cost Accounting Theory and Practice**, Twelfth Edition, Eastern Economy Edition, India, 2006.

BARRET Richard, **Planning And Budgeting For The Agile Enterprise, A Driver Based Budgeting Toolkit,** Burlington, Elsevier Ltd. USA, 2007.

BELOBABA Peter, Amedeo Odoni, Cynthia Barnhart, **The Global Airline Industry**, John Wiley& Sons Ltd., United Kingdom, 2009, p. 1-2.

BENNET Martin, Jan Jaab Bouma, Teun Wolters, **Environmental Management Accounting: Informational and Institutional Developments**, Kluwer Academic Publishers, Dordrecht, The Netherlands, 2002.

BERG Jeroen P. Van Den, **Integral Warehouse Management: The Next Generation in Transparency, Collaboration and Warehouse Management Systems**, Manegement Outlook Publications, The Netherlands, 2007.

BLOCHER Edward J., Kung H. Chen, Thomas W. Lin, **Cost Management: A Strategic Emphasis,** Mc Graw-Hill, Boston, 2002.

BOYNE Wolter J.,**Air Warfare: An International Encyclopedia**, ABC-Clio Inc., USA, 2002.

CHANDRA Prasanna, **Finance Sense: Finance for Non-Finance Executives**, Third Edition, Tata McGraw-Hill, New Delhi, 2003.

CLİFTON M. Bradford, Henry M. B. Bird, Robert E. Albano, Wesley P.Townsend, **Target Costing: Market-Driven Product Design**, Marcel Dekker Inc., New York, 2005.

COKINS Gary, **Activity-Based Cost Management: An Executive's Guide,** John Wiley & Sons, Inc., New York, 2001.

COKINS Gary, Bill Flemming, Anthony Hill, Michael Hugos, Paul Niven, Karl Schubert, Alan Stratton, **CioBest Practices: Enabling Strategic Value with Information Technolgy**, John Wiley & Sons Inc., New Jersey, 2007.

DAVIS John, **Magic Num8ers for Sales Management: Key Measures to Evaluate Sales Success**, John Wiley & Suns (Asia) Pte. Ltd., Singapore, 2007.

DRURY Colin, **Management and Cost Accounting,** 7th Edition, South-Western Cengage Learning, London,2007.

DUGDALE David, T Colwyn Jones, Stephen Green, **Contemporary Management Accounting Practices in UK Manufactoring**, Cima Publishing, UK, 2006.

EMBLEMSVAG Jan, Bert Bras, **Activity Based Cost And Environmental Management**, Kluwer Academic Publishers, Massachusetts, USA, 2001.

EMBLEMSVAG Jan, **Life-Cycle Costing: Using Activity-Based Costing and Monte Carlo Methods to Manage Future Costs and Risk,**John Wiley & Sons, Inc.,New Jersey, 2003.

ERDEN Selman Aziz, **Üretim Ortamları Maliyet Yönetim Sistemleri İlişkisi ve Stratejik Maliyet Yönetimi,** Türkmen Kitapevi, İstanbul, 2004.

FORREST Edward, **Activity Based Management:A Comprehensive Implementation Guide**, McGraw-Hill Companies Inc., USA, 1996.

FROST William, **ABCs of Activity Based Management: Crushing Competition Trough Performance Improvement**, Iuniverse, USA, 2005.

GRANOF Michael H., David E. Platt, Igor Vaysman, **Using Activity Based Costing To Manage More Effectively**, The PricewaterhouseCoopers Endowment for the Business of Government, Austin USA, 2000.

GÜRSOY Cudi Tuncer, **Yönetim ve Maliyet Muhasebesi,**Lebib Yalkın Yayımları ve Basım İşleri A.Ş., İstanbul, 1997.

GÜRSOY Cudi Tuncer, **Yönetim ve Maliyet Muhasebesi**, Beta Yayınları, İstanbul, 1999.

HACIRÜSTEMOĞLU Rüstem, Münir Şakrak, **Maliyet Muhasebesinde Güncel Yaklaşımlar**, Türkmen Kitapevi, İstanbul, 2002.

HAFTACI Vasfi, **Maliyet Muhasebesi,** Umuttepe Yayınları, Kocaeli, 2009.

HANSEN Don R., Maryanne M. Mowen, **Cornerstones of Cost Accounting**, Cengage Learning Inc., USA, 2010.

HANSEN Don R., Maryanne, M. Mowen, Liming Guan, **Cost Management: Accounting & Control,**Sixth Edition, South-Western Press, USA, 2009.

HERMANSON Roger H., James Don Adwards, Michael W.Maher, **Accounting Principles: A Business Perspective,** Eight Edition, Freeload Press, USA, 2005.

HINDLE Tim, **Guide to Management İdeas and Gurus**, The Economist Newspaper Ltd., London,2008.

HIRSCH Maurice L., Jr., **Advanced Management Accounting**, Second Edition, Thomson Learning, London, 2006.

HOQUE Zahirul,**Handbook of Cost and Management Accounting,** Spiramus Pres Ltd., London, 2005.

HUTT Michael D.,Thomas W. Speh, **Business Marketing Management: B2B**, Tenth Edition, South Western Cengage Learning, USA, 2010.

JOHNSON H. Thomas, **Relevance Regained**, The Free Press, New York, 1992.

KALE Vivek, **A Guide to İmplementing Oracle Siebel CRM 8.x**, Tata McGraw Hill Education Private Ltd., New Delhi, 2009.

KAPIL Sheeba, **Financial Management**, Dorling Kindersley Pvt. Ltd., India, 2011.

KAPLAN Robert S., David P. Norton, **The Execution Premium: Linking Strategy to Operations for Competitive Advantage**, Harward Business School Press, USA, 2008.

KAPLAN Robert S., Steven R. Anderson, **Time-Driven Activity Based Costing**, Harvard Business School Press, Boston, 2007.

KARCIOĞLU Reşat, **Stratejik Maliyet Yönetimi: Maliyet ve Maliyet Yönetim Muhasebesinde Yeni Yaklaşımlar**, Aktif Yayınevi, 2000.

KAYGUSUZ Sait Yüksel, **Yenilikçi Yönetim Muhasebesi Sistem Araçlar Yöntemler**, Alfa Aktüel, İstanbul, 2006.

KERSTEN Wolfgang, Thorsten Blecker, Cornelius Herstatt, **Innovative Logistics Management: Competitive Advantages through new Processes and Services**, Erich Schmidt Verlag GmbH&Co., Berlin, 2007.

KOZAN Erhan, Azuma Ohuchi, **Operations Reaserch-Management Science at Work,** Kluwer Academic Publishers, USA, 2002.

KRAR Stephen F., Arthur Gill, **Exploring Advanced Manufacturing Technologies,** Industrial Press, New York, 2003.

KÜÇÜKSAVAŞNihat, **Tek Düzen Muhasebe Sisteminde Yönetim Açısından Bilgisayar Uygulamalı Maliyet Muhasebesi**, Beta Yayıncılık, İstanbul, 2002.

LEPAGE Jean-Denis G.G.,**Aircraft of The Luftwaffe 1935+1945**, Mcfarland Company, Inc. Publishers, Germany, 2009.

MAHADEVAN B.,**Operations Management: Theory and Practice**, Dorling Kindersly Pvt. Ltd., India, 2007.

MAHER Michael W., Clyde P.Stickney, Roman L.Weil, **Managerail Accounting: An Introduction to Concepts, Methods and Uses**, Tenth Edition, Thomson South Western, USA, 2007.

MCKEON Tad, **Home Health Financial Management**, Aspen Publishers, Inc., USA, 1996.

MİKESELLJohn L.,**Fiscal Administration**, Eight Edition, Cangage Learnings Inc., USA, 2010.

NEEDLES Belverd E.,Marian Powers,Susan V. Crosson, **Financial and Managerial Accounting,** Ningth Edition, South Western Cengage Learning, USA, 2010.

NEEDLES Belverd E.,Marian Powers,Susan V. Crosson, **Principles of Accounting**, South Western Cengage Learning, Eleventh Edition, USA, 2011

NOTTEBOOM Theo, **Current Issues in Shipping, Ports and Logistics**, Uitegeverij UPA University Press Antwerp, Brussels, 2011.

ÖKER Figen, **Faaliyet Tabanlı Maliyetleme**, Literatür Yayınları, İstanbul, 2003.

PANDA N. M.,**Activity Based Costing for Indian Industries**, Naurang Rai for Mittal Publications, First Edition, New Delhi India, 1999.

PLOWNMAN Brain, **Activity Based Management: Improving Processes and Profitability**, Gower Publishing Limeted, Burlington USA, 2001.

PNG Ivan, **Managerial Economics**, Second Edition, Blackwell Publishing, USA, 2002.

PORTER Michael E.,**Rekabet Stratejisi – Sektör ve Rakip Analiz Teknikleri**, (Çev. Gülen Ulubilgen), Yeni Basım, Sistem Yayıncılık, İstanbul, 2008.

RAJASEKARAN V., R.Lalitha, **Cost Accouting,** Dorling Kindersley Pvt.Ltd., India, 2011.

RAY Kamal Ghosh, **Mergers and Acquisitions: Strategy, Valuation and Integration**, Eastern Economy Edition, PHI Learning Private Limited, New Delhi, 2010.

REIDER Rob, Peter B. Heyler, **Managing Cash Flow: An Operational Focus**, John Wiley&Sons Inc., New Jersey USA, 2003.

SCARLET Bob, **Performance Operations**, Cima Publishing Elsevier Ltd., UK, 2009.

SEURING Stefan, Maria Goldbach, **Cost Management in Supply Chains,**Physica-Verlag Inc., New York, 2002.

SHAW Stephen, **Airline Marketing and Management**, Sixth Edition, Ashgate Publishing Limited, Burlington USA, 2007.

SHİM Jae K., Joel G. Siegel, **Modern Cost Management and Analysis,** Third Edition, New York, Baron's Educational Series Inc., 2009.

ŞAKRAK Münir, **Maliyet Yönetimi,** Yasa Yayınları, İstanbul, 1997.

TOIT Elda Du, **Fresh Perspectives: Cost and Management Accounting**, Maskew Miller Longman (Pty) Ltd., Cape Town, 2007.

WEIL Roman L., Michael Maher, **Handbook of Cost Management**, Second Edition, John Wiley & Sons, Inc, New Jersey, USD, 2005.

WEIL Roman L., Peter B. Frank, Christian W. Hughes, Michael J. Wagner, **Litigation Services Handbook: The Role of Financial Expert,** Forth Edition, Wiley, Canada, 2007.

WİESE Nadine, **Activity Based Costing(ABC)**Seminar Paper, Grin Verlag, Germany, 2007.

WOOD Donald F., Anthony P.Barone, Paul R.Murphy, Daniel L. Wardlow, **International Logistics**, Second Edition, Newyork, Amacom Books, 2002.

Süreli Yayınlar

ADAMS Rodney B., "Activity Based Cost Control", **Transactions of AACE International**, Florida, 1994,pp. CSC 9.1-9.5.

AKTEPE Cemalettin, R. Pars Şahbaz, "Türkiye'nin En Büyük Beş Havayolu İşletmesinin Marka Değeri Unsurları Açısından İncelenmesi ve Ankara İli Uygulaması", **C.Ü. İktisadi ve İdari Bilimler Dergisi**, 2010, Cilt: 11, Sayı: 2, ss. 69-90.

ALAMDARI Fariba E., Peter Morrell, "Airline Labour Cost Reduction:Post-liberalisation Experiance in The USA and Europa", **Journal of Air Transport Management**, 1997, Vol: 3, No: 2, pp. 53-56.

ALTUNTAŞ Önder, Hikmet Karakoç, "Türkiye'deki Bazı Hava Alanlarında İç Hat Uçuşları için Uçak Seçiminde Çevresel Etkilerin Göz Önünde Bulundurulmasının İncelenmesi", **Havacılık ve Uzay Teknolojileri Dergisi**, Ocak 2011, Cilt: 5, Sayı: 1, ss. 11-18.

ANDERSON Shannon W. , S. Mark Young, "The İmpact of Contextual and Process Factors on The Evaluation of Activity-Based Costing Systems", **Accounting, Organizations and Society**,1999, Vol: 24, pp. 525-559.

ATMACA Metin, Serkan Terzi, "Zaman Etkenli Faaliyet Tabanlı Maliyetleme", **KMÜ İİBF Dergisi,** Aralık 2007, ss. 367-384.

AYDIN Abdurrahim Fahimi, "Tayyareden Uçağa: Milli Hava Sanayinin Kuruluşunda Türk Halkının Yaptığı Bağışlar", **Karadeniz Araştırmaları**, Güz 2011, Sayı: 31, ss. 51-84.

BAİRD Kevin, "Adoption of Activity Management Practices in Public Sector Organizations", **Accounting and Finance**, Vol:47, 2007, pp.551–569.

BAMBER Linda Smith, K.E. Hughes,"Activity Based Costing in the Service Sector: The Buckeye National Bank", **Issues in Accounting Education**, Vol: 16,No:3 August 2001, pp.381-408.

BHATTACHARYA Arijit, Bijan Sarkar, Sanat K. Mukherjee, "Distance-Based Consensus Method for ABC Analysis",**International Journal of Production Research**, Vol: 45, No: 15, India, August 2007, pp. 3405–3420.

BHIMANI Alnoor, Maurice Gosselin, Mthuli Ncube, Hiroshi Okano, "Activity-Based Costing: How Far Have We Come Internationally", **Cost Management**,Vol: 21, No: 3, May/Jun 2007,pp. 12-17.

BUSHON J. Gregory, John C. Talbott, David W. Cornell, "Instructional Case Activity BasedCosting Incorporating both Activity andProduct Costing", **Accounting Education: An International Journal** Vol: 17, No: 4, December 2008,pp. 385-403.

BÜYÜKŞALVARCI Ahmet, "Faaliyet Tabanlı Maliyetleme ve Bankalarda Bir Uygulama", **Selçuk Üniversitesi Karaman İİBF Dergisi,** Yıl: 9, Sayı: 10, Haziran 2006, ss. 161-169.

CARDİNAELS Eddy, Eva Labro, "On the Determinants of Measurement Error in Time-Driven Costing", **The Accountıng Review**, Vol: 83, No: 3, 2008, pp. 735–756.

CHAPMAN Christopher S., Anthony G. Hopwood, Michael D. Shields, **Handbook of Management Accounting Research Volume II** , Elsevier Ltd., First Edition, The Netherlands, 2007.

CHARLES Shannon .L., Don .R. Hansen, An Evaluation of Activity-Based Costing and Functional-Based Costing: A Game-Theoretic Approach, **Int. J. Production Economics**, 2008, vol: 113, pp. 282–296.

CERAN Yunus, "Küresel Rekabet Ortamında Rekabetçi Üstünlük Sağlayan Sihirli Üçgen: Maliyet-Kalite-Zaman", **Muhasebe ve Denetime Bakış Dergisi**, Yıl: 4, Sayı: 11, Ocak 2004, ss. 27-51.

COOPER Robin, Robert S. Kaplan, "How Cost Accounting Distorts Product Costs", **Management Accounting,**Vol: 69, No: 10, April 1988,p. 20–27.

DEJNEGA Oleg, "Method Time Driven Activity Based Costing Literature Review", **Journal of Applied Economic Sciences**, Volume: 6, No: 1(15), Spring 2011, pp. 7-15.

DEMEERE Nathalie, Kristof Stouthuysen, Filip Roodhooft, "Time-Driven Activity-Based Costing in an Outpatient Clinic Environment: Development, Relevance and Managerial Impact", **Health Policy**, 2009, Vol: 92, pp.296–304.

DURER Salih, Arzu Ö. Çalışkan, Halil E. Akbaş, "Küçük ve Orta Büyüklükteki İşletmelerde Faaliyet Tabanlı Maliyetleme", **Maliye ve Finans,** Yıl: 23, Sayı: 84, Temmuz 2009, ss. 105-131

EMBLEMSVAG Jan, "Activity-Based Life-Cycle Costing", **Managerial Auditing Journal,** Vol: 16, No: 1/2, Billingstad, Norway, 2001, pp. 17-27.

EVERAERT Patricia, Werner Bruggeman, Gertjan De Creus, Sanac Inc.:"From ABC to Time-Driven ABC (TDABC) – An Instructional Case", **Journal of Accounting Education**, 2008, Vol: 26, pp. 118-154.

FRANCIS Graham, Ian Humphreys, Jackie Fry, "The Nature and Prevalence of The Use of Performance Measurement Techniques by Airlines", **Journal of Air Transport Management,** 2005, Vol: 11, pp. 207–217.

FRİDSTROM Lasse, Frode Hjelde, Helle Lange, Erik Murray, Antti Norkela, Torben Thoro Pedersen, Niels Rytter, Catherine Sandvig Talen, Marianne Skoven, Line Solhaug, "Towards a More Vigorous Competition Policy in Relation to The Aviation Market", **Journal of Air Transport Management**, 2004, Vol:10 pp. 71–79.

GERSİL Aydın, "Üretim Sistemleri ve Teknolojilerindeki Gelişmelerin ve Küreselleşmenin Geleneksel Maliyet Muhasebesine Etkileri", **Ankara Üniversitesi SBF Dergisi,** Sayı: 62-4, 2003, ss. 108-123.

GERVAİS Michel, Yves Levant, Charles Ducrocq, "Time-Driven Activity-Based Costing (TDABC): An Initial Appraisal through a Longitudinal Case Study ", **JAMAR**, Vol: 8, No: 2, 2010, pp. 1- 20.

GILLEN David, Ashish Lall, "Competitive Advantages of Low-Cost Carriers: Some Implications for Airports", **Journal of Air Transport Management**, 2004, Vol: 10 pp. 41–50.

GILLEN David, William G. Morrison, "Regulation, Competition and Network Evolution in Aviation", **Journal of Air Transport Manegement**, 2005, Vol: 11, pp. 161-174.

GRIFUL-MIQUELA Carles, "Activity-Based Costing Methodologyfor Third-Party Logistics Companies", **IAER: Int'l Advances in Econ. Res,** Vol: 7, No: 1,February 2001, pp. 133-134.

GUPTA,M., K.Galloway, "Activity-Based Costing/Management and its Implications for Operations Management", **Technovation,**College of Business and Public Administration, University of Louisville, Louisville, Vol: 23, USA, 2003, pp. 131-138.

HANSEN Mark M., David Gillen, Reza Djafarian-Tehrani, "Aviation Infrastructure Performance And Airline Cost: A Statistical Cost Estimation Approach", **Pergamon Transportation Research Part E**, 2001, pp. 1-23.

HARRİSON David S, J Gregory Jenkins, Michael Ritchie, "Employing Active Learning in TheDiscovery of Activity-Based Costing", **The Icfai University Journal of Accounting Research**, Vol: VII, No: 3, USA, 2008, pp. 8-26.

HOOZEE Sophie, Werner Bruggeman, Identifying Operational Improvements During The Design Process of a Time-Driven Abc System: The Role of Collective Worker Participation

And Leadership Style **Management Accounting Research**, 2010, Vol: 21, pp.185–198.

HUTCHİNSON Robert, Linking Manufacturing Strategy to Product Cost: Toward Time Based Accounting, **Management Accounting Quarterly,** Fall 2007, Vol 9, no: 1,pp: 31-42.

INNES John, Falconer Mitchell, "The Application of Activity-based Costing inthe United Kingdom's LargestFinancialInstitutions", **The Service Industries Journal**, Published By Frank Cass, Vol: 17, No: l, London, January 1997, pp.190-203.

JANIC Milan, "Aviation and Externalities: The Acccomplishments and Problems", **Pergamon Transportation Research Part D**, 1999, pp.159-180.

JOHNSON Michael, Randolph Kirchain, "Quantifying The Effects of Parts Consolidation and Development Costs on Material Selection Decisions: A Process-Based Costing Approach", **Int. J. Production Economics** 2009, Vol: 119, pp. 174–186.

JONG NO Joon, Brian H. Kleiner, "How to Implement Activity-Based Costing", **Logistics Information Management,** Vol. 10, Iss: 2, 1997, pp. 68-72.

KAPLAN Robert S, Steven R Anderson, "Time-Driven Activity-Based Costing", **Harward Business Review,** November 2004, pp.131-138.

KASZUBSKI Michael A., Steve Ebben, "Using Activity-Based Costing to Implement Behavioural Cost Initiatives Succesfully", **Journal of Facilities Management,**, Vol: 3, No: 2,Sep 2004, pp.184-192.

KAYIR Arzu, "Tayyareci Vecihi Hürkuş", **Maaş(meta aerospace society**) Dergi: Odtü Havacılık Bilimleri Topluluğu Dergisi, 2006, Cilt: 01, Sayı: 1, ss. 1-9.

KENNETT Danny L, M George Durler, Alexis Downs, "Activity-Based Costing in Large U.S. Cities: Costs & Benefits", **The Journal of Government Financial Management**; Vol: 56, No: 1,Spring 2007,pp. 20-29.

KOŞAN Levent, "Maliyet Hesaplamasında Yeni Bir Yaklaşım: Sürece Dayalı Faaliyet Tabanlı Maliyet Sistemi", **Mali Çözüm,** İSMMMO Yayın Organı, Kasım- Aralık 2007, S: 84, ss.155-168.

MALCOLM SMITH, "Managing Your ABC System", **Management Accounting**,Vol: 75, No: 10, Apr 1994, pp. 46-47.

MCGOWAN Ciaran, "Time Driven Activity Based Costing: A New Way to Drive Profitability"**Accountancy Ireland**, December 2009, Vol: 41, No: 6, pp. 60-61.

NARONG David K, "Activity-Based Costing and Management Solutions to Traditional Shortcomings of Cost Accounting", **Cost Engineering,** Vol: 51, No: 8, Aug 2009, pp. 11-22.

NEEDY Kim LaScola, Heather Nachtmann, Narcyz Roztocki, Rona Colosimo Warner, Bopaya Biranda, "Implementing Activity-Based Costing Systems in Small Manufacturing Firms: A Field Study", **Engineering Management Journal**, ,Vol: 15, No: 1, Mar 2003,pp.3-10.

OU-YANG C.,. D. Linbpmn, "BPMN- Based Business Process Model Feasibility Analysis: A Petri Net Approach", **International Journal of Production Research,** Taiwan, Vol: 46, No: 14, 15 July 2008, pp. 3763–3781.

PAPATHEODOROU Andreas, "Civil Aviation Regimes and Leisure Tourism in Europe", **Journal of Air Transport Management**, 2002, Vol: 8, pp. 381–388.

PERNOT Eli, Filip Roodhooft, Alexandra Van den Abbeele, Time-Driven Activity-Based Costing for Inter-Library Services: A Case Study in a University, **The Journal of Academic Librarianship**, 2007, Vol: 33, No: 5, pp. 551–560.

REICHMUTH Johannes, "Analyses of The European Air Transport Market Airline Business Models", **Air Transport and Airport Research**, December 2008, pp. 1-41.

REZAİE Kamran, B. Ostadi, Seyyed.A. Torabi, "Activity-Based Costing in Flexible Manufacturing Systems With a Case Study in a Forging Industry", **International Journal of Production Research**, Vol: 46, No: 4, 15 February 2008, pp. 1047–1069.

SABAN Metin, Gülay Güğerçin İrak, "Çağdaş Maliyet Yönetimi Sistemlerinden Sürece Dayalı Faaliyet Tabanlı Maliyetleme", **ZKÜ Sosyal Bilimler Dergisi**, Cilt: 5, Sayı 10, 2009, ss. 97–108.

SCHEELHAASE Janina D., Wolfgang G. Grimme, "Emissions Trading for International Aviation: An Estimation of The Economic Impact on Selected European Airlines", **Journal of Air Transport Management**, 2007, Vol: 13, pp. 253-263.

SCHIFF Jonathan B., Allen I. Schiff, "Cost Leadership for The Current Challenge", **Strategic Finance**, November 2009, pp. 35-41.

SCHIPPER Youdi, "Environmental Costs in European Aviation", **Transport Policy**, 2004, Vol: 11, pp. 141–154.

SİEVANEN Matti, Katja Tomberg, "Process Based Costing: The Best Way of Activity Based Costing", **AACE İnternational Transactions**,Tampere, Finland, 2002. pp. CSC15.1-CSC15.5.

STOUTHUYSEN Kristof, Michael Swiggers, Anne-Mie Reheul, Filip Roodhooft, "Time-Driven Activity-Based Costing for A Library Acquisition Process: A Case Study in A Belgian University", **Library Collections, Acquisitions, & Technical Services,** 2010, Vol: 34, pp. 83–91.

SZYCHTA Anna, "Time Driven Activity Based Costing in Service Industries", **Social Sciences/Socialiniai Mokslai.**, 2010, N: 1 (67), pp. 49-60.

TARDİVO Gıuseppe, Giulia Cordero Di Montezemolo, "Using Activity- Based Management To Achieve Excellence", **Journal of Financial Management and Analysis,**Vol: 22, No: 1, 2009, pp. 67-84.

TOK Gökhan, "Yeni Ufuklara Havacılık", **Bilim ve Teknik**, Tübitak, Kasım 2003 Eki, ss. 1-15.

TSENG Li-Jung, Chien-Wen Lai, "ABC Joint Products Decision with Multiple Resource Constraints", **Journal of American Academy of Business,** Vol: 11, No: 1, Cambridge, March 2007, pp. 237-243' den geliştirilmiştir.

VESPERMANN Jan, Andreas Wald, Ronald Gleich, "Aviation Growth in The Middle East - Impacts on Incumbent Players And Potential Strategic Reactions", **Journal of Transport Geography**, 2008, pp. 388-394.

WEGMANN Gregory, "The Activity-Based Costing Method: Development and Applications" **The Icfai University Journal of Accounting Research**, Vol: 8, No: 1, 2009, pp. 7-22.

Kongre ve Sempozyum Bildirileri

"Airline Maintenance Cost Executive Commentary-January 2011", **IATA,** 2011.

"Airline Operational Cost Task Force Data Collection: 2008 Data Collection for year 2007 and year 2008", **IATA**, 2009.

AVCI Sedat, "Ulaşım Coğrafyası Açısından Türkiye'nin Ulaşım Politikaları ve Coğrafi Sonuçları", **Ulusal Coğrafya Kongresi**, Eylül 2005, Bildiri Kitabı, ss. 87-96.

CİVELEK Muzaffer, **Maliyet Muhasebesi,** Erciyes Üniversitesi İktisadi ve İdari Bilimler Fakültesi Yayınları No: 7, Kayseri, 1997.

"Intermodal Taşımacılık Ulusal Ülke İncelemesi: Türkiye Yönetici Özeti", **Uluslararası Ulaştırma Forumu**, OECD, 2009, p. 6.

KUŞAN Melih Cemal, "Sivil Havacılığımızın Dünü Bugünü ve Geleceği", **I.Ulusal Uçak, Havacılık ve Uzay Mühendisliği Kurultayı**, Eskişehir, 2001, ss. 41-47.

ÖZEN Ülkü, **45 Yıllık Öykü Çelebi Hava Servisi**, Türkiye Ekonomik ve Toplumsal Tarih Vakfı, İstanbul, 2004.

"Taşımacılık ve Lojistik Sektörü Raporu", **Türkiye Cumhuriyeti Başbakanlık Yatırım Destek ve Tanıtım Ajansı**, Ocak 2010, s. 5.

"US DOT Form 41 Airline Operational Cost Analysis Report", **IATA,** March 2011.

"US DOT Form 41 Airline Operational Cost Analysis Report", **IATA,**March 2001.

"Vizyon 2023 Teknoloji Öngörüsü Projesi" **Ulaştırma ve Turizm Paneli Raporu**, , Ankara, Temmuz 2003, s. 8-9.

"2008 - Distribution of Airline Operational Costs, IATA SO&I/Economics", **Airline Maintenance Cost Executive Commentary-January,** IATA,2011.

Yayınlanmamış Tezler

ÖZEN İrfan, "Hastane İşletmelerinde Etkin Maliyet Yönetimi ve Uygulaması", **Marmara Üniversitesi Sosyal Bilimler Enstitüsü, Yayınlanmamış Doktora Tezi,** İstanbul, 2010.

TAŞÇI Hasan, "Aktiviteye Dayalı Maliyet Sistemi ve Türkiye Cumhuriyet Merkez Bankası Uygulama Örneği", (Uzmanlık Yeterlilik Tezi), TCMB Muhasebe Müdürlüğü, Ankara, Aralık 2004.

İnternetten Alınan Yayınlar

"Airline Fuel and Labour Cost Share", IATA Economic Briefing, February 2010, www.iata.org/economics (20 Mart 2011).

"Airline Fuel and Labour Cost Share", **IATA Economic Briefing**, February 2010, www.iata.org/economics (18 Nisan 2011).

Weakly Monior, 03/2012, (AEA) Association of European Airlines, p. 3. www.aea.be(14 Mayıs 2011).

Tayyare ve Motor Türk Anonim Şirketi(TOMTAŞ), Hakkında, http://www.havayolu101.com/2006/11/02/tomtas-kayseri-ucak-fabrikasi/(05.01 .2012).

2003-2011 dönemine ait Sivil Havacılık Genel Müdürlüğü (SHGM) verileri, Hakkında, http://www.turkishairlines.com/tr-TR/corporate/about_us/new/annual_reports.aspx p. 6.(06.01.2012).

Türk Sivil Havacılığı'nın Geldiği Nokta Hakkında, http://www.ubak.gov.tr/ (12.01.2012).

Türk Sivil Havacılığı'nın Geldiği Nokta, Hakkında, http://www.dunya.com/t%C3%BCrkiyedeki-havayolu-%C5%9Firketleri-filo-zengini_140281_haber.html (12.01.2012).

Türkiye'deki HavayoluİşletmelerininŞ2011 Filo Durumları, http://web.shgm.gov.tr/doc3/2011kmd.pdf (16.01.2012).

2012 Yılı Ocak-Şubat Ayı Ortalama Jet Yakıtı Varil Fiyatı,http://www.iata.org/whatwedo/economics/fuel_monitor/Pages/index.aspx (15.02.2012).

Havacılık sektörü, 2010 Yılı Kaza Oranları, Hakkında, http://www.iata.org/pressroom/pr/pages/2011-02-23-01.aspx (14.03.2012).

Havacılık Sektörü 2010 Yılı Taşınan Yolcu Sayısı, Hakkında, http://www.atag.org/facts-and-figures.html (14.03.2012).

FSC
www.fsc.org
MIX
Papier | Fördert gute Waldnutzung
FSC® C083411

Kolibri 360 GmbH
Ferdinand-Jühlke-Straße 7
99095 Erfurt, Deutschland
produktsicherheit@kolibri360.de

Druck:
CPI Druckdienstleistungen GmbH
im Auftrag der
Kolibri 360 GmbH
Ferdinand-Jühlke-Str. 7
99095 Erfurt